T0254712

Berthold Noll

Numerische Strömungsmechanik

Grundlagen

Mit 87 Abbildungen

Springer-Verlag
Berlin Heidelberg New York
London Paris Tokyo
Hong Kong Barcelona Budapest

Dr.-Ing habil. Berthold Noll

Bergblickstraße 33, D- 77654 Offenburg

ISBN-13: 978-3-540-56712-7 e-ISBN-13: 978-3-642-84960-2
DOI: 10.1007/978-3-642-84960-2

Die Deutsche Bibliothek - CIP-Einheitsaufnahme
Noll, Berthold: Numerische Strömungsmechanik: Grundlagen / Berthold Noll.
Berlin; Heidelberg; New York; London; Paris; Tokyo; Hong Kong;Barcelona;
Budapest: Springer, 1993
ISBN-13: 978-3-540-56712-7

Satz: Reproduktionsfertige Vorlage vom Autor
Druck: Color-Druck, Dorfi GmbH, Berlin; Bindearbeiten: Lüderitz & Bauer, Berlin
60 / 3020 - 5 4 3 2 1 0 - Gedruckt auf säurefreiem Papier

Vorwort

Numerische Verfahren zur Simulation von Strömungen finden heute in allen technischen Bereichen eine zunehmende praktische Bedeutung. Verantwortlich für diese Entwicklung sind zum einen die stürmisch gestiegene Leistung der Rechenanlagen und zum anderen der ebenso gewaltige Fortschritt, der im Bereich der numerischen Lösungsverfahren und bei den die physikalischen und chemischen Vorgänge beschreibenden Modellen erzielt werden konnte.

In diesem Buch wird ein Überblick über derzeit angewandte Methoden der numerischen Strömungsberechnung geboten. Wegen der Vielfalt an verschiedenen Methoden darf jedoch nicht eine vollständige Darstellung erwartet werden. Vielmehr ist das vorrangige Ziel dieses Buches, Grundlagen und Begriffe der numerischen Strömungsmechanik zu vermitteln. Dabei liegt ein Schwerpunkt auf dem Themenkreis der Diskretisierung von differentiellen Transportgleichungen mit der Methode der Finiten Volumen. Weiterhin wird auch eine Einführung in das Gebiet der numerischen Algorithmen zur Lösung der aus der Diskretisierung stammenden, sehr großen algebraischen Gleichungssysteme gegeben.

An dieser Stelle sei davor gewarnt, die in diesem Buch angegebenen Formeln 'blind' zu benutzen. Erfahrungsgemäß stellt sich leider immer wieder heraus, daß trotz größtmöglicher Sorgfalt, bei der Niederschrift von mathematischen Beziehungen Fehler nicht auszuschließen sind. Es ist daher ratsam, jede Formel vor ihrer Anwendung kritisch zu prüfen. Dies sollte in diesem Buch in den meisten Fällen schon aus dem Kontext heraus möglich sein.

Meiner Frau und meinen Kindern danke ich für die Geduld, die sie mit mir während der Abfassung dieses Buches hatten. Dem Springer-Verlag danke ich für die angenehme Zusammenarbeit.

Offenburg im April 1993 Berthold Noll

Inhalt

Zusammenstellung der wichtigsten Formelgrößen

a	Koeffizienten
A	Kontrollvolumenoberfläche
a, b	Geradensteigungen
A, B, C	Konstanten
$\mathsf{A}, \mathsf{B}, \mathsf{M}$	Koeffizientenmatrizen
$\mathbf{c}$	Geschwindigkeitsvektor
$\mathbf{b}, \mathbf{c}$	rechte Gleichungsseiten
c_p	spezifische Wärmekapazität bei konstantem Druck
D	Diagonalmatrix
$\mathbf{e}$	Fehlervektor
F	Fehlermatrix
G	Iterationsmatrix
h	Maschenweite
h	Enthalpie
h_i	Koeffizienten
J	Jacobi Matrix
l, u	Elemente der Matrizen L und U
L, U	untere, obere Dreiecksmatrix
NX	Anzahl der Gitterlinien in x-Richtung
NY	Anzahl der Gitterlinien in y-Richtung
NZ	Anzahl der Gitterlinien in z-Richtung
p	Druck
p'	Druckkorrektur
$\mathbf{p}$	Richtungsvektor
Pe	Peclet-Zahl
Pr	Prandtl-Zahl
q_{ij}	metrische Größen der Koordinatentransformation
$\mathbf{r}$	Residuenvektor
r, θ, z	Zylinderkoordinaten
Re	Reynoldszahl
s	Geradensteigung
S	Quellterm
S°	konstanter Anteil des Quellterms
S'	linearer Anteil des Quellterm

Sc	Schmidt-Zahl
T	Temperatur
u, v, w	Geschwindigkeitskomponenten
$\mathbf{v}$	Geschwindigkeitsvektor
V	Kontrollvolumen
x, y, z	kartesische Koordinaten
$\mathbf{x}$	Lösungsvektor
α	Relaxationsfaktor
α	Wärmeübergangszahl
α, β	Parameter des CG-Algorithmus
ϵ	Fehlergrenze
Γ	allgemeiner Austauschkoeffizient
λ	Wärmeleitfähigkeit
λ	Eigenwert
ξ, η, ζ	krummlinige Koordinaten
ρ	Dichte
Φ	allgemeine Strömungsgröße
$\mathbf{\Phi}$	Vektor einer Strömungsgröße

Indizes

E, W, N, S, H, L	Nachbarpunkte zu P
HOS	Higher Order Scheme
i	Gitterpunktindex
i, j	Matrizenindizes
nb	Nachbarn
P	Rechenpunkt
ref	Referenzwert
UPW	UPWIND

Hochgestellte Indizes

(m)	Iterationsindex
T	transponiert
*	exakte Lösung
*	Größe, mit der die Impulsbilanz erfüllt wird.

1 Einleitung

Die Auslegung von strömungsführenden Anordnungen ist wegen der oft unüberschaubaren Komplexität der in einer Strömung ablaufenden Vorgänge und oftmals auch wegen zum Teil widersprüchlicher Anforderungen schwierig. Aufgrund der Komplexität der Strömungsvorgänge werden selbst sehr erfahrene Fachleute immer wieder von der Vielfalt an unvorhergesehenen Erscheinungsformen, die in technischen Strömungen beobachtet werden können, überrascht.

Traditionell können Strömungen in technischen Anwendungen basierend auf vielen empirisch und dekuktiv gewonnenen Erkenntnissen beurteilt und auch ausgelegt werden. Sicherheit über die so angestellten Überlegungen liefert jedoch in vielen Fällen erst die experimentelle Überprüfung. In vielen technischen Anwendungen verursacht der experimentelle Aufwand jedoch außerordentlich hohe Kosten. Beispiele hierfür sind Strömungen in Gasturbinen-Brennkammern, in denen sehr hohe Drücke und Temperaturen herrschen. Weiterhin sind beispielsweise in vielen verfahrenstechnischen Anwendungen die Abmessungen der strömungsführenden Kanäle so groß, daß experimentelle Untersuchungen, die vorab zur Optimierung der Strömungsführung dienen, nur im Modellmaßstab möglich sind. Einfache Modellversuche sind jedoch oft kritisch, da die Ähnlichkeit zu den wirklichen Gegebenheiten oft nur unvollständig zu realisieren ist. Bei den hohen Anforderungen, die oft an die Strömungsführung einer Maschine oder Anlage gestellt werden, kann davon ausgegangen werden, daß sehr viel mehr Detailinformation zur aerodynamischen Optimierung erforderlich ist als in Versuchen mit vertretbarem Aufwand gewonnen werden kann. Experimentelle Untersuchungen können daher in vielen Anwendungen nur in einem begrenzten Umfang die Information liefern, die zur Weiterentwicklung eines bestimmten Konzeptes beiträgt.

Numerische Verfahren zur zielsicheren und kostengünstigen aerodynamischen Gestaltung werden daher in Zukunft an Bedeutung gewinnen: in Verbindung mit wenigen experimentellen Untersuchungen zur zwingend erforderlichen Absicherung der aus der Theorie stammenden Resultate kann mit geeigneten Berechnungsverfahren alle Information ermittelt werden, die zum Verständnis und damit zur Optimierung einer Konfiguration benötigt wird.

Die Entwicklung von numerischen Methoden zur Strömungssimulation wurde in den letzten Jahren stark vorangetrieben, wobei die Zuverlässigkeit und Geschwindigkeit dieser Verfahren in Verbindung mit leistungsfähigen Rechnern erheblich gesteigert werden konnte. Die Zielsetzung dieser Anstrengungen sind möglichst universell einsetzbare Rechenprogramme. Unterschiedliche Zuströmbedingungen aber auch komplexe geometrische Randbedingungen sowie alle chemischen und physikalischen Vorgänge in Strömungen sollen mit solchen Verfahren simuliert werden können.

In diesem Buch werden die Grundlagen der numerischen Strömungssimulation erörtert. Hierzu gehört die Einführung und Erläuterung einiger wesentlicher Fachbegriffe ebenso wie die Vorstellung von derzeit bekannten Methoden zur Diskretisierung der differentiellen Transportgleichungen von Strömungen und der Methoden zur Lösung der in der Strömungsberechnung sehr großen algebraischen Gleichungssysteme. Aufgrund der Vielfalt an bekannten Methoden darf hier jedoch nicht der Anspruch auf Vollständigkeit erhoben werden. Die Zielsetzung dieses Buches ist vielmehr, eine verständliche Einführung in die numerische Strömungsmechanik zu vermitteln.

2 Modellbildung

Eine Strömung ist ein Zusammenspiel vieler komplexer Vorgänge. Die numerische Simulation von Strömungen hat zur Aufgabe, die einzelnen Vorgänge als auch ihr Zusammenspiel in Form von mathematischen Beziehungen aufzulösen. Der Ablauf einer solchen numerischen Simulation von der Vorbereitung der Rechnung bis hin zur Lösung der Transportgleichungen ist in Bild 2.1 schematisch dargestellt.

Im ersten Schritt ist zunächst das zu behandelnde Problem klar zu definieren. Es ist beispielsweise herauszustellen, ob die zu berechnende Strömung zwei- oder dreidimensional zu beschreiben ist und welches Koordinatensystem die meisten Vorteile bietet. Hierzu gehört auch die Abgrenzung des Rechenfeldes, d.h. des Strömungsbereichs, den die numerische Simulation umfassen soll. Weiterhin ist zu klären, welche physikalischen Phänomene von Bedeutung sind. Hier wird beispielsweise der Frage nachgegangen, ob in der interessierenden Strömung Reibungseffekte eine Rolle spielen oder nicht. Insgesamt sollte in diesem Abschnitt die Zielsetzung verfolgt werden, das zu behandelnde Problem so eng wie möglich einzugrenzen. Aus Gründen der Übersichtlichkeit gehört hierzu auch das Bestreben, die Problemstellung so weit wie möglich zu vereinfachen.

Beispiel 2.1: Berechnung der Strömung in einer Gasturbinen-Brennkammer
Die Definition der Problemstellung soll anhand der Aufgabe erläutert werden, die mit der Berechnung der Strömungsvorgänge in einer Gasturbinen-Brennkammer gestellt ist.

Die Auslegung der Brennkammer (Bild 2.2) einer Gasturbine ist wegen vielfältiger, zum Teil widersprüchlicher Anforderungen schwierig. Bei den angestrebten, sehr hohen Drücken und Temperaturen (bei Flugtriebwerken $p > 35$ bar, $T > 1700$K) verursacht der experimentelle Aufwand zur Entwicklung von Gasturbinenbrennkammern außerordentlich hohe Kosten. Einfache Modellversuche sind kritisch, da die Ähnlichkeit zu den wirklichen Gegebenheiten oft nur unvollständig realisierbar ist. Bei den gestiegenen Ansprüchen laufender und künftiger Entwicklungen kann außerdem davon ausgegangen werden, daß wesentlich mehr Detailinformation zur aerodynamischen Optimierung erforderlich sein wird als in der Vergangenheit. Experimentelle Untersuchungen können daher nur in einem begrenztem Umfang die Information liefern, die zur Weiterentwicklung eines bestimmten Konzeptes beiträgt.

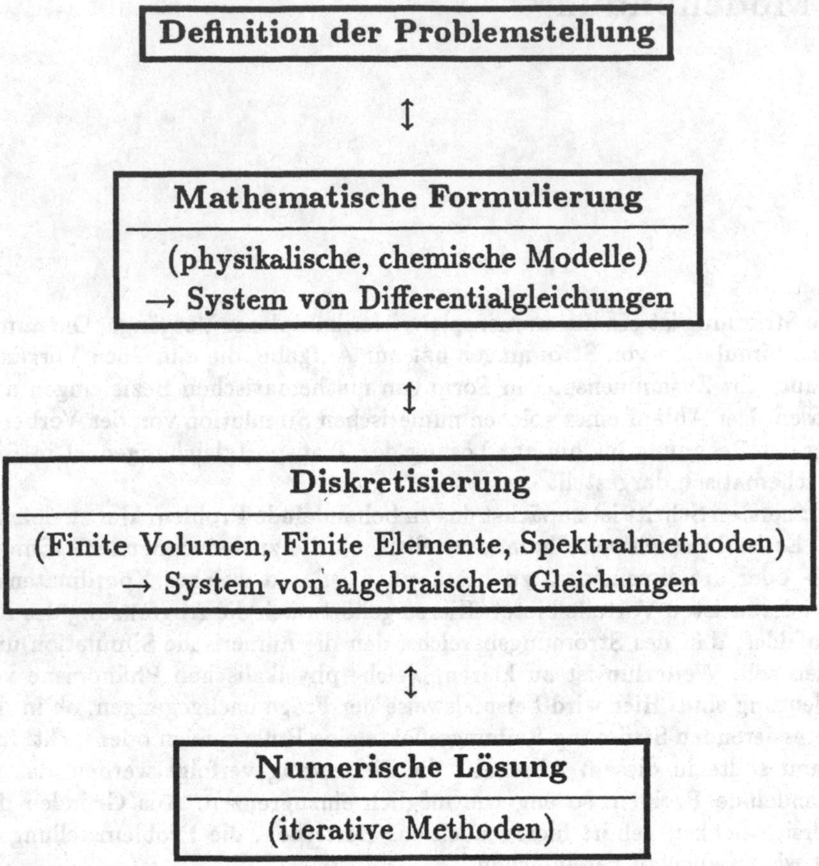

Definition der Problemstellung

↕

Mathematische Formulierung

(physikalische, chemische Modelle)
→ System von Differentialgleichungen

↕

Diskretisierung

(Finite Volumen, Finite Elemente, Spektralmethoden)
→ System von algebraischen Gleichungen

↕

Numerische Lösung

(iterative Methoden)

Bild 2.1. Numerische Simulation von Strömungen

Die nach üblichen Maßstäben außerordentlich hohen Zielsetzungen, die von stationären Gasturbinen und Flugtriebwerken in Zukunft zu erfüllen sind, haben somit zur Folge, daß die Entwicklung ihrer Brennkammern nicht mehr allein auf experimentelle Untersuchungen abgestützt werden kann. Die Bedeutung von numerischen Verfahren zur zielsicheren und kostengünstigen aerodynamischen und verbrennungstechnischen Gestaltung wird daher in Zukunft an Bedeutung gewinnen: in Verbindung mit wenigen experimentellen Untersuchungen zur Absicherung der aus der Theorie stammenden Resultate muß mit geeigneten Berechnungsverfahren alle Information ermittelt werden, die zum Verständnis und damit zur Optimierung einer Konfiguration benötigt wird.

Bevor die Berechnung der Vorgänge in der Brennkammer begonnen wird, ist zu prüfen, welche physikalischen und chemischen Effekte in der Rech-

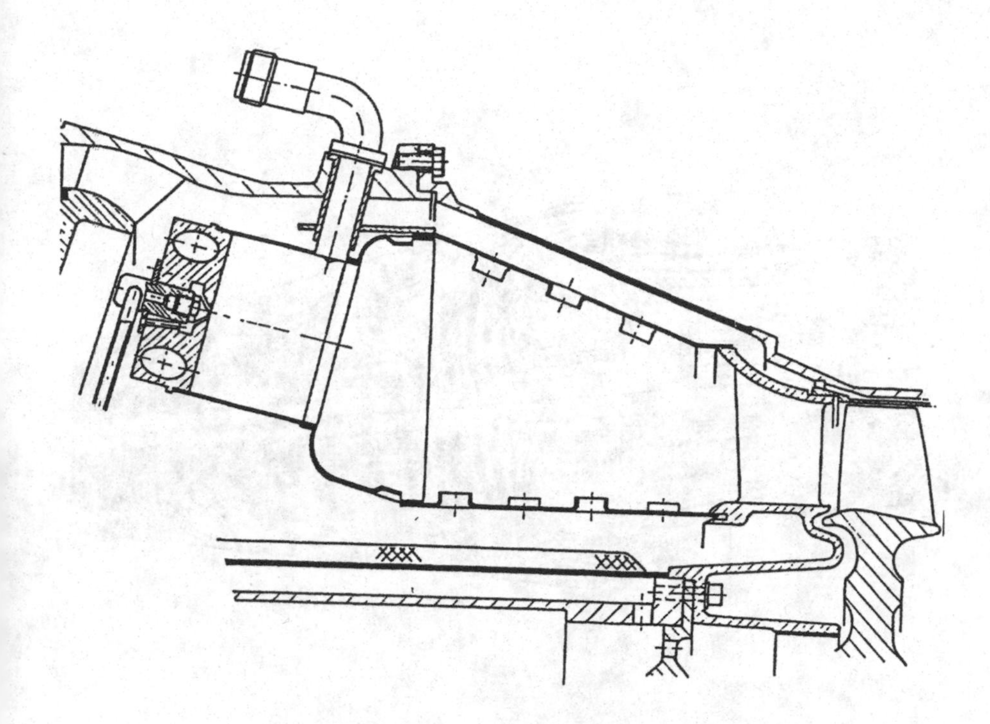

Bild 2.2. Gasturbinen-Versuchsbrennkammer (Fa. BMW-RollsRoyce)

nung zu berücksichtigen sind. Bei der in Bild 2.2 dargestellten Brennkammer werden einzelne Luftstrahlen über mehrere am Umfang verteilte Bohrungen quer in die Hauptströmung eingeblasen (vgl. hierzu auch ein in Bild 2.3 dargestelltes berechnetes Strömungsbild, das für die in Bild 2.2 dargestellte Brennkammer unter stark vereinfachten geometrischen Bedingungen gefunden wurde). Schon aufgrund dieser quer eingeblasenen Luftstrahlen ist eine aussagekräftige Strömungsberechnung nur dreidimensional möglich.

Dient die Rechnung nur zur Optimierung eines einzelnen Abschnitts der Brennkammer, muß geklärt werden, ob es möglich ist, nur die Vorgänge in dem interessierenden Brennkammerabschnitt allein zu berechnen. Soll in einer Phase der Brennkammerauslegung beispielsweise nur die sogenannte Mischzone der Brennkammer optimiert werden, ist zu überlegen, ob es möglich ist, die Rechnung auf diesen Brennkammerabschnitt zu beschränken. In der Mischzone der Brennkammer werden die heißen Abgase aus der Verbrennungszone durch Einmischen von kalten seitlich eingeblasenen Luftstrahlen abgekühlt. Für eine aussagekräftige Simulation der Strömungs- und Vermischungsvorgänge in dieser Brennkammerzone muß aber die Temperatur- und

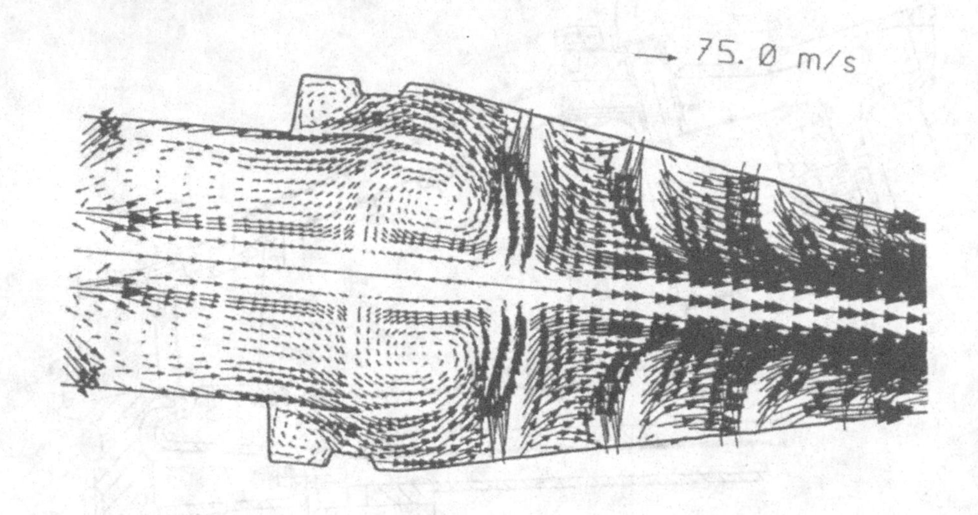

Bild 2.3. Berechnete Strömung in einer Gasturbinen-Brennkammer

Geschwindigkeitsverteilung der in die Mischzone einströmenden Abgase bekannt sein. Sind diese Verteilungen beispielsweise aus einer vorausgehenden Rechnung oder aus Messungen bekannt (was hier sehr unwahrscheinlich ist), muß untersucht werden, ob durch eine veränderte Mischzone nicht auch die Verteilungen stromauf zur Mischzone, also z.B. die Verbrennung, beeinflußt werden.

Besteht also der Wunsch, das Rechenfeld auf einen Ausschnitt des gesamten Strömungsfeldes einzugrenzen, muß gefragt werden, ob die erforderlichen Randbedingungen auch verfügbar sind. Weiterhin ist zu überlegen, ob der interessierende Strömungsabschnitt in starker Wechselwirkung mit anderen Strömungsbereichen steht, die in der Rechnung nicht berücksichtigt werden. Findet eine solche Interaktion statt, ist zu fragen, ob die zur Eingrenzung des Rechenfeldes ausgewählten Randbedingungen aufrechterhalten werden können.

Da in einer Brennkammer Luft und Brennstoff möglichst intensiv miteinander vermischt werden sollen, wird dafür gesorgt, daß die Strömung in Gasturbinen-Brennkammern immer hochturbulent ist. Daher kann eine erfolgreiche Simulation der Strömung nur unter Berücksichtigung der Strömungsturbulenz erfolgen. Weiterhin wird gewöhnlich zur Stabilisierung der Flamme in Brennkammern lokale Rückströmung erzeugt. Aufgrund dieser Rückströmzonen und der Turbulenz spielt die innere Reibung der Strömung bei der Berechnung des Geschwindigkeitsfeldes immer eine Rolle und sollte in der Rechnung berücksichtigt werden.

Bei der Simulation der Verbrennung ist zu fragen, ob aus der geplanten Rechnung auch Aussagen über die Produktion von Schadstoffen wie NO_x resultieren sollen. Steht diese Frage in einer gewissen Entwicklungsstufe noch nicht zur Debatte, ist die Verbrennung nur als eine Form der Wärmezufuhr an die Strömung zu sehen, was die Rechnung deutlich vereinfacht (vgl. hierzu Noll (1992b)). Ist dagegen auch in der Rechnung die Schadstoffbildung von Interesse, ist vorab zu klären welche Schadstoffe von Bedeutung sein sollen.

Weiterhin ist in der Definition der Problemstellung klarzustellen, ob auch Fragen der thermische Wandwärmebelastung nachgegangen werden soll. Wenn ja, ist zu prüfen, ob die in der Verbrennungszone intensive Strahlung für die thermischen Wandwärmebelastung wichig ist, oder ob die Wärmestrahlung gegenüber der Wärmebelastung aufgrund des Kontakts der Brennkammerwände mit den heißen Verbrennungsgasen vernachlässigbar ist.

Da eine Brennkammerströmung äußerst vielschichtig ist, sind im allgemeinen noch weitere Fragen vorab zu beantworten. Zum Abschluß dieses Beispiels sei noch darauf hingewiesen, daß in vielen Brennkammern flüssiger Brennstoff verbrannt wird. In diesem Fall ist eine reagierende mehrphasige Strömung zu berechnen. Da die Berechnung von Mehrphasenströmungen im allgemeinen sehr aufwendig ist, kann überlegt werden, ob die eigentlich mehrphasige Strömung auch in einer einphasigen Rechnung genügend genau angenähert werden kann, wobei statt des flüssigen Brennstoffs eine entspechende Menge gasförmigen Brennstoffs berücksichtigt wird.

Ausgehend von einer definierten Problemstellung muß im zweiten Schritt eine geeignete mathematische Formulierung gefunden werden (Bild 2.1). Diese mathematische Formulierung wird an physikalischen und chemischen Modellen orientiert, die ihrerseits auf Vorstellungen basieren, die letztendlich aus der Erfahrung, z.B. aus Experimenten, stammen.

Die Entwicklung von Modellvorstellungen zur mathematischen Formulierung der physikalischen und chemischen Prozesse kann teilweise auf als sicher geltende naturwissenschaftliche Erkenntnisse abgestützt werden. Viele Vorgänge in Strömungen sind jedoch noch nicht so vollständig geklärt, daß hierfür universelle Rechenmodelle entworfen werden können. Bekannte Beispiele hierfür sind die Nachbildung von turbulenten Transportvorgängen und die Simulation der chemischen Vorgänge in technischen Flammen. Meist muß die Modellbildung stark vereinfacht werden, wenn das komplexe Zusammenspiel einer Vielzahl von einzelnen, 'mikroskopischen' Teilvorgängen zu berücksichtigen ist. Beispiele hierfür sind neben den reaktionskinetischen

Vorgängen und den turbulenten Transportvorgängen die Zerstäubung von flüssigem Kraftstoff und die Wärmestrahlung. Die Modelle, mit denen solche Vorgänge beschieben werden, basieren daher oft auf empirischen Korrelationen, die nicht universell gültig sind und die daher nur für bestimmte Bedingungen zuverlässig anwendbar sind.

Für die in der Wirklichkeit oft nichtlinearen Überlagerungen von Detailvorgängen, die oft im einzelnen bekannt und auch mathematisch zu fassen sind, fehlen häufig geeignete Vorgehensweisen, aus denen die 'makroskopischen' Effekte abgeleitet werden können. Ein Beispiel für eine einfache Methode zur Überlagerung von Einzelvorgängen ist die Berechnung von einzelnen Teilchenbahnen und deren lineare Überlagerung, um auf makroskopische Transportvorgänge zu schließen. Liegt nun eine wechselseitige Beeinflussung der einzelnen Teilchen untereinander vor, scheitert diese Methode gewöhnlich schon am dann viel zu hohen Rechenaufwand.

Aus den genannten Gründen ist die numerische Berechnung von Strömungen häufig nur auf Hypothesen und empirischen Korrelationen aufzubauen. Da damit oft grobe Vereinfachungen der tatsächlichen Vorgänge verbunden sind, müssen in vielen Fällen Einbußen an Universalität hingenommen werden. Die Genauigkeit der eingesetzten physikalischen und chemischen Modelle variiert daher in Abhängigkeit davon, wie zutreffend die einzelnen Voraussetzungen für bestimmte Problemstellungen sind. Als Konsequenz daraus sind in den letzten Jahren für die im Prinzip gleichen physikalischen oder chemischen Prozesse unterschiedliche Modelle entwickelt worden, die sich in ihrer Komplexität aber auch in ihrer Eignung für unterschiedliche Situationen unterscheiden.

Bei der Zusammenstellung der für eine vorliegende Problemstellung geeigneten Modelle ist die Komplexität der ausgewählten Modelle einerseits an den Erfordernissen der Problemstellung und andererseits aber auch an den Möglichkeiten zu orientieren, die von den zur Verfügung stehenden Rechnern (Speicherkapazität und Rechenleistung) geboten sind. Aber auch die Anforderungen, die von den Modellen an die verfügbaren numerischen Methoden (Stabilität der Lösungsalgorithmen bei der Lösung von stark gekoppelten Gleichungssystemen) gestellt werden, haben zur Folge, daß sehr komplexe Modelle oft nicht angewandt werden können.

Mathematische Formulierungen von physikalischen Modellvorstellungen für die Transportvorgänge in Strömungen münden meist in Differentialgleichungen. Beispiele hierfür sind die im dritten Kapitel angeführten Transportgleichungen. Zur mathematischen Beschreibung einer Strömung muß gewöhnlich eine Vielzahl dieser Differentialgleichungen, von denen jede nur den Transport einer einzelnen Strömungsgröße wiedergibt, gekoppelt gelöst werden.

Analytische Lösungen dieser differentiellen Transportgleichungen, die oft nichtlinear und partiell sind, sind nur für wenige Ausnahmefälle bekannt. Zur Lösung dieser Gleichungen müssen vielmehr numerische Methoden eingesetzt werden. In den numerischen Methoden werden in einem ersten Schritt die differentiellen Transportgleichungen durch algebraische Beziehungen approximiert ('Diskretisierung', vgl. Bild 2.1)). Unterschiedliche Diskretisierungsmethoden werden im vierten Kapitel vorgestellt.

Eine Erhöhung der Genauigkeit bei der numerischen Berechnung von Strömungen kann oftmals nur durch eine Verbesserung oder auch Neuentwicklung der physikalischen und chemischen Modelle erreicht werden. Vergleiche von Rechenergebnissen mit Messungen zeigen aber auch, daß in sehr vielen Fällen insbesondere den Fehlern eine übergeordnete Rolle zukommt, die bei der Approximation der differentiellen Transportgleichungen durch algebraische Beziehungen entstehen ('Diskretisierungsfehler', Kap. 4.2.2). An dieser Stelle sei angemerkt, daß den Diskretisierungsfehlern oft zu wenig Beachtung geschenkt wird. Der Erhöhung der Diskretisierungsgenauigkeit durch feinere und angepaßte Rechennetze sind durch die gleichzeitig meist überproportional ansteigenden Rechenkosten enge Grenzen gesetzt. Durch verbesserte Diskretisierungsansätze (Kap. 4.2.1) können dagegen auch schon bei relativ groben Gittern erhebliche Steigerungen in der Rechengenauigkeit erzielt werden, ohne den Rechenaufwand übermäßig zu steigern.

Neben der Verbesserung der Diskretisierungsgenauigkeit steht heute die Anpassung der in technischen Anwendungen oftmals komplexen Geometrie des Strömungskanals im Vordergrund des Interesses (vgl. hierzu Kap. 8). Die Diskretisierung der Strömungstransportgleichungen durch ein unstrukturiertes Rechennetz in Verbindung mit der sogenannten Finite-Elemente Methode bietet eine Möglichkeit zur Anpassung von komplexen geometrischen Bedingungen. Werden die Strömungstransportgleichungen in allgemeinen krummlinigen Koordinaten formuliert, kann in vielen Fällen auch ein strukturiertes Rechengitter an die jeweilige Kanalkontur angepaßt werden. Damit kann auch die im Vergeich zu den Finiten Elementen einfachere Finite-Volumen-Diskretisierung zur Berechnung von Strömungen in komplexer Geometrie herangezogen werden.

Von entscheidender Bedeutung für die numerische Strömungssimulation sind die numerischen Methoden zur Lösung der aus der Diskretisierung stammenden algebraischen Gleichungssysteme. Da diese Systeme nichtlinear sind, ist der Entwurf von geeigneten Lösungsalgorithmen schwierig. Aus diesem Grund sind die derzeit modernen Lösungsverfahren i.a. lediglich Verallgemeinerungen von Algorithmen für lineare Gleichungssysteme (vgl. hierzu Kap. 7).

Aus den angeführten Überlegungen heraus wird klar, daß die Bildung eines Rechenmodells zur Simulation von Strömungen nicht allein an dem jeweils ins Auge gefaßten Problem orientiert werden kann. Entscheidend ist vielmehr stets die Gesamtheit aller Aspekte der mathematischen Formulierung, der Diskretisierung und der numerischen Lösung der aus der Diskretisierung resultierenden algebraischen Gleichungssysteme.

3 Transportgleichungen

Wie im vorigen Kapitel bereits erörtert wurde, basiert die numerische Simulation von Strömungen auf physikalischen und chemischen Modellen. Die mathematische Formulierung dieser Modelle resultiert gewöhnlich in Differentialgleichungen, in denen der Transport einer Strömungsgröße beschrieben wird. Im folgenden werden einige dieser Transportgleichungen vorgestellt. Es sei jedoch zuvor klargestellt, daß das vorliegende Buch kein Lehrbuch der Strömungsmechanik sein soll. Mit der folgenden Vorstellung einzelner Transportgleichungen wird in erster Linie das Ziel verfolgt, die Begriffe einzuführen, die in den späteren Kapiteln über die numerische Lösung der Transportgleichungen benötigt werden.

Die Transportgleichungen der Strömungsmechanik können aus integralen Bilanzen an einem ortsfesten Kontrollvolumen hergeleitet werden. In solchen Bilanzen müssen die Flüsse einer interessierenden Strömungsgröße über die Berandungen des Kontrollvolumens sowie Quellen oder Senken im und am Kontrollvolumen berücksichtigt werden (Bild 3.1). Stimmt die Summe aller zu- und abfließenden Flüsse mit zum Kontrollvolumen gehörenden Quelle oder Senke nicht überein, ändert sich der Wert der bilanzierten Größe im Kontrollvolumen mit der Zeit.

Flüsse einer Größe über die Kontrollvolumenoberfläche entstehen durch die 'Verschiebung' des Strömungsmediums mit der mittleren, makroskopischen Strömungsgeschwindigkeit; diese Flüsse werden als konvektive Flüsse bezeichnet. Die der makroskopischen Bewegung des Fluids überlagerten molekularen Schwankungen bewirken in ihrer Gesamtheit eine zweite Form von Flüssen: die sogenannten diffusiven Flüsse. Während die Stärke der konvektiven Flüsse von der lokalen Strömungsgeschwindigkeit abhängt, sind die diffusiven Flüsse gewöhnlich an die lokal herrschenden Gradienten der interessierenden Strömungsgröße gekoppelt.

Im folgenden werden nun einige der Grundgleichungen der Strömungsmechanik in kartesischen Koordinaten angeführt. Es wurde bereits darauf hingewiesen, daß diese Transportgleichungen hier jedoch nicht im einzelnen hergeleitet werden. Eine Herleitung und Erörterung der einzelnen Transportgleichungen wird beispielsweise von Schlichting (1982), Bird u.a. (1960), Jischa (1982) und Zierep (1979) gegeben.

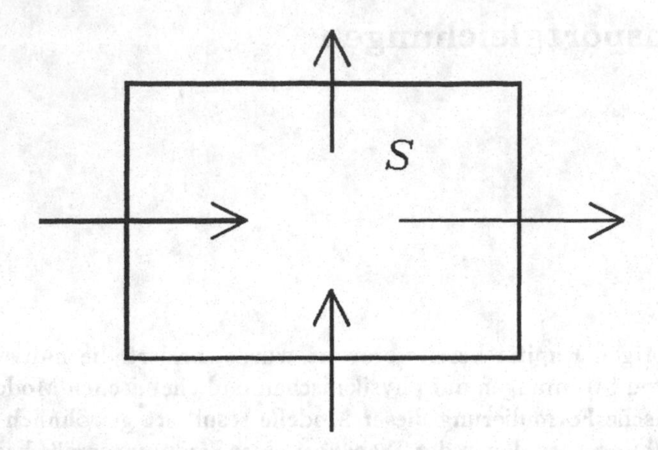

Bild 3.1. Bilanz am Kontrollvolumen

3.1 Massenbilanz

Die Massenbilanz an einem ortsfesten Kontrollvolumen ergibt für die zeitliche Änderung der in dem Kontrollvolumen enthaltenen Masse:

$$\int_V \frac{\partial \rho}{\partial t} dV = -\int_A \rho(\mathbf{v} \cdot d\mathbf{A})\ . \tag{3.1}$$

In dieser als Kontinuitätsgleichung bezeichneten Transportgleichung wird die zeitliche Änderung der Masse im Volumen V mit dem auf der linken Gleichungsseite befindlichen Volumenintegral erfaßt. Der Massezu- und -abfluß wird mit dem auf der rechten Gleichungsseite stehenden Oberfächenintegral über die gesamte Oberfläche A des Kontrollvolumens bilanziert.

Mit dem Satz von Gauß

$$\int_V \mathrm{div}(\mathbf{f}) dV = \int_A (\mathbf{f} \cdot d\mathbf{A}) \tag{3.2}$$

und der Definition der Divergenz eines Vektors $\mathbf{f}$ für kartesische Koordinaten x_1, x_2, x_3

$$\mathrm{div}(\mathbf{f}) = \frac{\partial f_1}{\partial x_1} + \frac{\partial f_2}{\partial x_2} + \frac{\partial f_3}{\partial x_3} \tag{3.3}$$

folgt aus der integralen Form der Massenbilanz (3.1) die differentielle Form der Massenbilanz:

$$\frac{\partial \rho}{\partial t} + \frac{\partial(\rho v_j)}{\partial x_j} = 0 \,. \tag{3.4}$$

Um Schreibarbeit zu sparen, wurde in Gleichung (3.4) die sogenannte Tensornotation benutzt. Bei der Tensornotation ist die Summenkonvention nach Einstein zu beachten. Diese lautet:

'Über alle in einem Term doppelt vorkommenden Indizes soll von eins bis drei summiert werden'.

So ist beispielsweise

$$\frac{\partial v_j}{\partial x_j} = \frac{\partial v_1}{\partial x_1} + \frac{\partial v_2}{\partial x_2} + \frac{\partial v_3}{\partial x_3} \,. \tag{3.5}$$

Neben der Formulierung der Massenbilanz in Tensornotation kann auch die vektorielle Schreibweise eingesetzt werden, um Schreibarbeit zu sparen. Mit der Definition der Divergenz eines Vektors in Gleichung (3.3) folgt so

$$\frac{\partial \rho}{\partial t} + \mathrm{div}(\rho \mathbf{v}) = 0 \tag{3.6}$$

als Transportgleichung der Gesamtmasse.

In vielen technischen Anwendungen interessiert nicht nur die Verteilung der gesamten Masse des Strömungsmediums sondern auch die Verteilung der einzelnen Stoffe, aus denen das Strömungsmedium zusammengesetzt ist. Beispiele hierfür sind Strömungen mit chemischen Reaktionen: zur Simulation der chemischen Vorgänge müssen die lokalen Konzentrationen der einzelnen an den Reaktionen beteiligten Spezies bekannt sein.

Zur Berechnung dieser Verteilungen sind die sogenannten Stoffaustauschgleichungen zu lösen, die wie die Kontinuitätsgleichung aus einer Massenbilanz gewonnen werden. Mit der Massenkonzentration einer Spezies i

$$Y_i = \frac{\rho_i}{\sum_{k=1}^{N_S} \rho_k} \,, \tag{3.7}$$

wobei N_S die Anzahl aller in der Strömung enthaltenen Spezies ist, folgt so

$$\frac{\partial(\rho Y_i)}{\partial t} + \frac{\partial(\rho u_j Y_i)}{\partial x_j} = \frac{\partial}{\partial x_j}\left[\frac{\mu}{Sc}\frac{\partial Y_i}{\partial x_j}\right] + S_i \,, \tag{3.8}$$

wobei in Gleichung (3.8) zweitrangige Transportmechanismen wie die Thermodiffusion (z.B. Williams (1988), Bird u.a. (1960)) nicht enthalten sind. Mit $Sc = \mu/\rho D$ ist in dieser Gleichung die Schmidt-Zahl angeführt; D ist ein geeigneter Diffusionskoeffizient zur Beschreibung der diffusiven Ausbreitung der Spezies i (Bird u.a. (1960), Jischa (1982)).

Die Dichte kann bei Kenntnis aller Konzentrationen Y_k beispielsweise aus

$$\rho = \frac{p}{\mathcal{R} \cdot T \cdot \sum_{k=1}^{N_S}(Y_k/M_k)} \tag{3.9}$$

errechnet werden, wobei $\mathcal{R}$ die allgemeine Gaskonstante, T die Temperatur und M_k die Molmasse einer Spezies k sind.

3.2 Impulsbilanz

Zur Berechnung des Geschwindigkeitsfeldes einer Strömung können Impulsbilanzen aufgestellt werden. Bei reibungsbehafteten Strömungen kann dabei auf die Navier-Stokesschen Gleichungen zurückgegriffen werden. Damit ist beispielsweise die Impulsbilanz in i-Richtung:

$$\frac{\partial(\rho u_i)}{\partial t} + \frac{\partial(\rho u_j u_i)}{\partial x_j} = -\frac{\partial p}{\partial x_i} + \frac{\partial}{\partial x_j}\left[\mu\left(\frac{\partial u_i}{\partial x_j} + \frac{\partial u_j}{\partial x_i} - \frac{2}{3}\delta_{ij}\frac{\partial u_k}{\partial x_k}\right)\right], \tag{3.10}$$

wobei $\delta_{ij} = 0$ für $i \neq j$ und $\delta_{ij} = 1$ für $i = j$.

Bei vernachlässigbarer Strömungsreibung kann von den sogenannten Eulerschen Bewegungsgleichungen ausgegangen werden:

$$\frac{\partial(\rho u_i)}{\partial t} + \frac{\partial(\rho u_j u_i)}{\partial x_j} = -\frac{\partial p}{\partial x_i} \cdot \tag{3.11}$$

Die Gleichungen (3.10) und (3.11) können wieder aus einer Bilanz an einem ortsfesten Kontrollvolumen aufgestellt werden.

Die Impulsgleichungen können auch aus dem Newtonschen Grundgesetz $\mathbf{F} = m \cdot \mathbf{a}$ abgeleitet werden. Hieraus folgt für die i-Richtung mit $m = \rho \cdot V$

$$\rho \frac{dv_i}{dt} = f_i \,. \tag{3.12}$$

Dabei sind $f_i = F_i/V$ und $dv_i/dt = a_i$ die volumenbezogene Kraft und die Beschleunigung in i-Richtung.

Gleichung (3.12) gibt für ein in der Strömung mitbewegtes Koordinatensystem die Impulsbilanz wieder. Hierbei wird also nicht wie in der bereits erläuterten Vorgehensweise von einem ortsfesten Kontrollvolumen ausgegangen. Das ortsfeste Bezugssystem wird als Eulersches Bezugssystem, das mitbewegte Bezugssystem dagegen als Lagrangesches Bezugssystem bezeichnet. Für eine Strömungsgröße $\Phi(t, x_j)$, die in der Zeit und im Ort veränderlich ist

(Φ ist beispielsweise eine der Geschwindigkeitskomponenten oder die Konzentration einer Spezies), kann folgender Zusammenhang zwischen Eulerscher und Lagrangescher Formulierung hergestellt werden:

$$\frac{d\Phi}{dt} = \frac{\partial \Phi}{\partial t} + v_j \frac{\partial \Phi}{\partial x_j} = \frac{\partial \Phi}{\partial t} + (\mathbf{v} \cdot \mathrm{grad}\Phi) , \tag{3.13}$$

wobei der Gradient eines Skalars f in kartesischen Koordinaten mit

$$\mathrm{grad}(f) = [\frac{\partial f}{\partial x_1}, \frac{\partial f}{\partial x_2}, \frac{\partial f}{\partial x_3}]^T \tag{3.14}$$

definiert ist. Dieser Zusammenhang soll in folgenden Beispiel veranschaulicht werden.

Beispiel 3.1: Messung von Schadstoffkonzentrationen in einem Fluß
Wenn die Messung von lokalen Schadstoffgehalten in einem Fluß in einem Eulerschen Bezugssystem durchgeführt werden soll, wird beispielsweise von einer Brücke aus die Meßsonde in dem Fluß an verschiedenen Meßpunkten positioniert.

In einem Lagrangeschen Bezugssystem wird dagegen in dem gleichen Abschnitt wie beim Eulerschen Bezugssystem die Meßsonde von einem Boot aus in den Fluß gehalten. Die Geschwindigkeit des Boots soll dabei gleich der Geschwindigkeit des strömenden Wassers sein. Bei stationären Verhältnissen ist die damit gemessene zeitliche Änderung der Schadstoffkonzentration nur abhängig von der Geschwindigkeit des Bootes und dem örtlichen Gradienten in Fortbewegungsrichtung. Bei instationären Verhältnissen, wenn also auch im Eulerschen Bezugssystem an den einzelnen Meßpunkten zeitlich veränderliche Konzentrationen gemessen werden, wird die im Lagrangeschen System gemessene zeitliche Änderung zusätzlich durch die Instationarität der Strömung beeinflußt.

Mit Gleichung (3.13) kann Gleichung (3.12) ins Eulersche Bezugssystem transformiert werden:

$$\rho(\frac{\partial v_i}{\partial t} + v_j \frac{\partial v_i}{\partial x_j}) = f_i . \tag{3.15}$$

Zusammen mit der Kontinuitätsgleichung (3.4) folgt aus Gleichung (3.15)

$$\frac{\partial(\rho v_i)}{\partial t} + \frac{\partial(\rho v_j v_i)}{\partial x_j} = f_i . \tag{3.16}$$

Für $f_i = -\partial p/\partial x_i$ ist Gleichung (3.16) identisch mit Gleichung (3.11).

3.3 Energiebilanz

Aus dem ersten Hauptsatz der Thermodynamik, angewandt auf ein Kontrollvolumen als Bilanzraum, folgt eine Gleichung für die Energieerhaltung. Durch Umformen (z.B. Bird u.a. (1960), Jischa (1982)) kann hieraus die folgende Bilanzgleichung für die Temperatur gewonnen werden:

$$\frac{\partial(\rho c_p T)}{\partial t} + \frac{\partial(\rho c_p v_j T)}{\partial x_j} = \frac{\partial}{\partial x_j}(\lambda \frac{\partial T}{\partial x_j}) + S_T \,. \tag{3.17}$$

Im Quellterm S_T sind beispielsweise die Temperaturerhöhung durch Dissipation in kompressiblen Strömungen oder durch Wärmestrahlung zu berücksichtigen.

Mit der Prandtl-Zahl

$$Pr = \frac{\mu \cdot c_p}{\lambda} \tag{3.18}$$

und für eine konstante spezifische Wärmekapazität c_p folgt Gleichung (3.17) zu

$$\frac{\partial(\rho T)}{\partial t} + \frac{\partial(\rho v_j T)}{\partial x_j} = \frac{\partial}{\partial x_j}(\frac{\mu}{Pr} \frac{\partial T}{\partial x_j}) + S_T \,. \tag{3.19}$$

Wird in Gleichung (3.19) die Temperatur T durch eine Geschwindigkeitskomponente u_i ersetzt und die Prandtl-Zahl zu Pr=1 gesetzt, folgt die Impulsgleichung in i-Richtung. Der Grund dafür liegt in den allen Gleichungen gemeinsamen Transportmechanismen der Konvektion und der Diffusion, die in ihrer Form unabhängig von der jeweils betrachteten Strömungsgröße sind.

3.4 Allgemeine Form der Transportgleichungen

Aufgrund der erwähnten Ähnlichkeit, die bei den angeführten Transportgleichungen besteht, können diese Gleichungen in einer allgemeinen Form dargestellt werden:

$$\underbrace{\frac{\partial(\rho \Phi)}{\partial t}}_{\text{lok. zeitl. Änderung}} + \underbrace{\frac{\partial(\rho v_j \Phi)}{\partial x_j}}_{\text{Konvektion}} = \underbrace{\frac{\partial}{\partial x_j}(\Gamma \frac{\partial \Phi}{\partial x_j})}_{\text{Diffusion}} + \underbrace{S_\Phi}_{\text{Quellterme}} \tag{3.20}$$

Dabei ist für die abhängige Variable Φ die jeweils interessierende Strömungsgröße einzusetzen. Γ ist der zugehörige Diffusionskoeffizient. Zur Anpassung einer beliebigen Transportgleichung an die allgemeine Form werden alle Terme, die nicht zur Konvektion oder Diffusion gehören, einfach im Quellterm versammelt.

In Vektorschreibweise lautet die allgemeine Transportgleichung

$$\frac{\partial(\rho\Phi)}{\partial t} + \mathrm{div}(\rho \mathbf{v}\Phi) = \mathrm{div}(\Gamma \mathrm{grad}\Phi) + S_\Phi \,. \tag{3.21}$$

Die abhängige Variable Φ ist im allgemeinen eine Funktion des Ortes und der Zeit, d.h. $\Phi = \Phi(x,y,z,t)$. x, y, z und t sind in Gleichung (3.20) die unabhängigen Variablen. Hierzu sei angemerkt, daß durch eine geschickte Wahl des Koordinatensystems manchmal die Anzahl der relevanten Gleichungen reduziert werden kann. So ist beispielsweise eine rotationssymmetrische Rohrströmung in kartesischen Koordinaten dreidimensional; in Zylinderkoordinaten r, θ, z genügen dagegen schon die zwei Dimensionen r und z.

Gewöhnlich können alle Transportgleichungen einer Strömung in der Form der allgemeinen Transportgleichung (3.20,3.21) dargestellt werden. Dies hat zur Folge, daß die in der numerischen Strömungsberechnung angewandten Methoden nur zur Lösung von partiellen Differentialgleichungen zweiter Ordnung in der Lage sein müssen, die die Form der allgemeinen Transportgleichung aufweisen.

3.5 Grenzschichtgleichungen

Die oben angegebenen Transportgleichungen können für einige spezielle Anwendungen vereinfacht werden. Hierbei werden zunächst die einzelne Terme der Transportgleichungen auf ihre Bedeutung hin geprüft und gegebenenfalls vernachlässigt. Ein Beispiel für diese Vorgehensweise sind die Transportgleichungen, die für die Berechnung von Grenzschichten gefunden werden können. Strömungen mit Grenzschichtcharakter sind gekennzeichnet durch (Schlichting (1982), Jischa (1982))

$$Re = \frac{\rho \cdot u_\infty \cdot L}{\mu} = \frac{u_\infty \cdot L}{\nu} \gg 1;$$

$$\frac{\delta}{L} \approx 0; \quad \frac{v}{u} \approx 0; \quad \frac{\partial p}{\partial y} \approx 0;$$

$$\frac{\partial^2 u}{\partial y^2} \gg \frac{\partial^2 u}{\partial x^2}\,,$$

wobei L eine geeignete Bezugslänge und δ die Dicke der Grenzschicht sind (Bild 3.2).

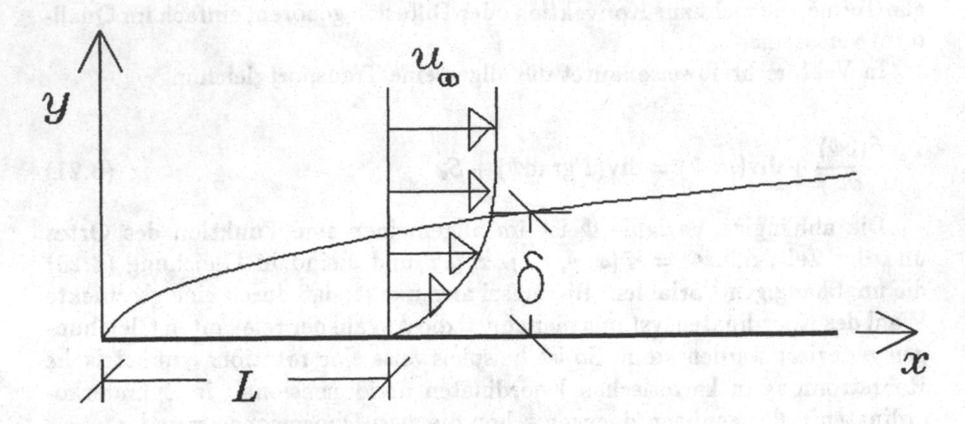

Bild 3.2. Wandgrenzschicht

Mit diesen Abschätzungen können in den Navier-Stokesschen Gleichungen einige Glieder vernachlässigt werden. Es folgen die sogenannten Grenzschichtgleichungen nach Prandtl zu (hier für stationäre Strömungen und $\rho, \mu =$ konst.):

$$\frac{\partial u}{\partial x} + \frac{\partial v}{\partial y} = 0 \tag{3.22a}$$

$$\rho u \frac{\partial u}{\partial x} + \rho v \frac{\partial u}{\partial y} = -\frac{\partial p}{\partial x} + \mu \frac{\partial^2 u}{\partial y^2}. \tag{3.22b}$$

Unbekannte sind hier die Geschwindigkeitskomponenten u und v. Der Druckgradient $\partial p/\partial x$ wird am Grenzschichtrand als Randbedingung vorgegeben. Mit dem System aus zwei Differentialgleichungen (Gleichungen (3.22a) und (3.22b) kann daher das Geschwindigkeitsfeld einer Grenzschichtströmung bestimmt werden.

3.6 Klassifikation der Transportgleichungen

Wie schon bei den Grenzschichtgleichungen genügt eine einzige Transportgleichung nur in Ausnahmefällen zur Beschreibung einer Strömung. Vielmehr ist gewöhnlich zur Strömungsberechnung ein System von untereinander gekoppelten differentiellen Transportgleichungen zu lösen. Gerade für die numerische Strömungsberechnung ist zu beachten, daß sich gewisse prägnante Eigenheiten der jeweils betrachteten Strömung auch in dem 'mathematischen

Charakter' des zu lösenden Gleichungssystems niederschlägt. Zur Charakterisierung einer Strömung werden oftmals die Adjektive 'parabolisch', 'elliptisch', 'hyperbolisch' verwandt. Diese Begriffe stammen aus einer Analogie, die zwischen der Form der Differentialgleichungen, die die Strömung beschreiben, und der allgemeinen Form der Kurven zweiter Ordnung hergestellt werden kann (z.B. Smith (1978), Hirsch (1989)).

Die allgemeine Form der Differentialgleichung zweiter Ordnung für zweidimensionale Verhältnisse lautet:

$$a \cdot \frac{\partial^2 \Phi}{\partial x^2} + b \cdot \frac{\partial^2 \Phi}{\partial x \partial y} + c \cdot \frac{\partial^2 \Phi}{\partial y^2} + d \cdot \frac{\partial \Phi}{\partial x} + e \cdot \frac{\partial \Phi}{\partial y} + f \cdot \Phi + g = 0 . \quad (3.23)$$

Wie bereits angedeutet wurde, kann dazu die allgemeine Form der Kurven zweiter Ordnung

$$ax^2 + bxy + cy^2 + dx + ey + h = 0 \quad (3.24)$$

als analog gesehen werden. Je nach Wahl der Koeffizienten a, b, c folgen mit Gleichung (3.24) die drei verschiedenen Typen von Kurven zweiter Ordnung: Parabel, Ellipse und Hyperbel. Aus der Analogie zwischen der allgemeinen Form der Kurven zweiter Ordnung und der allgemeinen Form der Differentialgleichung zweiter Ordnung für ebene Probleme wurde folgende Bezeichnungsweise abgeleitet:

Eine Differentialgleichung ist:
- parabolisch für $b^2 - 4ac = 0$ (Beispiel: Grenzschichtgleichungen);
- hyperbolisch für $b^2 - 4ac > 0$ (Beispiel: eindimensionale Wellenausbreitung einer kleinen Störung mit $(\partial^2\varphi/\partial t^2) - c^2 \cdot (\partial^2\varphi/\partial r^2) = 0$ (Zierep (1979)). Dabei sind c die Schallgeschwindigkeit und $\varphi(r,t)$ ein Potential mit $\partial\varphi/\partial r = v$ und $-\partial\varphi/\partial t = (c^2/\kappa)(p - p_0)/p_0$; v ist die Geschwindigkeit in r-Richtung und c ist die Schallgeschwindigkeit.);
- elliptisch für $b^2 - 4ac < 0$ (Beispiel: zweidimensionale Wärmeleitungsprobleme).

Oft werden, ausgehend von dieser Klassifizierung, auch die Strömungen gemäß der sie beschreibenden Differentialgleichungen in 'parabolische', 'elliptische' oder 'hyperbolische' Strömungen eingeteilt. Welcher Klasse eine interessierende Strömung zuzuordnen ist, kann oft unmittelbar schon dem Erscheinungsbild der Strömung entnommen werden. Der Grund hierfür liegt darin, daß die Auswirkungen von lokalen Störungen oder lokalen Änderungen in den verschiedenen Strömungsklassen qualitativ unterschiedlich sind.

Wird in einer Strömung der Zustand an einem Punkt P, wie in Bild 3.3 angedeutet, durch alle Zustände in seiner Umgebung mitbestimmt und beeinflußt der Zustand am Punkt P seinerseits auch die gesamte Umgebung, ist die

Strömung vom elliptischen Typ. Ein solches Verhalten liegt strenggenommen in allen Unterschallströmungen vor, in denen beispielsweise eine an einem beliebigen Punkt des Strömungsfeldes hervorgerufene kleine Druckstörung in allen Strömungsbereichen wirksam wird.

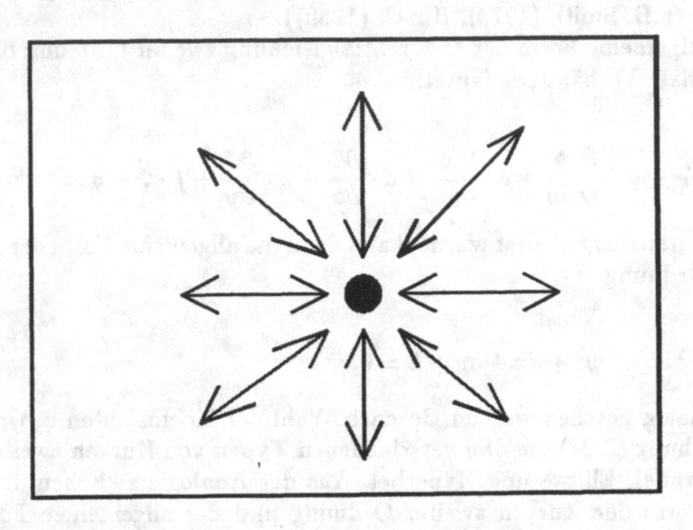

Bild 3.3. Elliptisches Verhalten einer Strömung

Beeinflußt eine Änderung des Strömungszustandes an einem Punkt P in der Strömung nur Gebiete, die stromab liegen, oder existiert eine Koordinate, bei der sich Änderungen nur in einer Richtung der Koordinate ausbreiten, dann ist die Strömung parabolisch (Bild 3.4). Beispiele hierfür sind instationäre Strömungen. In instationären Strömungen kann der zeitliche Zustand an einer Stelle der Strömung nur durch die vorhergehenden Zustände beeinflußt werden. Dagegen kann umgekehrt zum Zeitpunkt t keine Änderung des Zustandes zum Zeitpunkt t-Δt mehr erreicht werden. Weiterhin werden oft auch stationäre Grenzschichtströmungen als parabolisch angesehen, da in diesen Strömungen bei aufgeprägtem, fest vorgegebenem axialem Druckverlauf der 'Stromauf-Einfluß' gewöhnlich vernachlässigbar gegenüber dem 'Stromab-Einfluß' ist (vgl. Grenzschichtannahmen in Kap. 3.5).

Hyperbolische Strömungen sind daran zu erkennen, daß in ihnen Diskontinuitäten in der Verteilung der Strömungsgrößen möglich sind. Hier existieren im Strömungsfeld durch Kurven begrenzte Einfluß- und Abhängigkeitsgebiete eines Punktes P (Bild 3.5). Diese begrenzenden Kurven sind die zwei sogenannten Charakteristiken, die durch den Punkt P führen (z.B. Smith (1978)). Störungen oder anhaltende Änderungen in P können sich hier nur in dem Einflußgebiet von P bemerkbar machen. Umgekehrt wird mit dem Abhängigkeitsgebiet von P die Gesamtheit aller Punkte erfaßt, die den

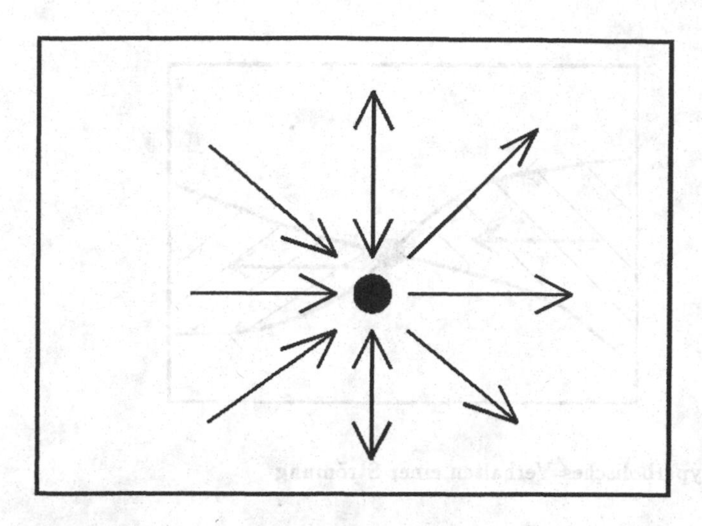

Bild 3.4. Parabolisches Verhalten einer Strömung

Punkt P in ihrem Einflußgebiet haben (vgl. hierzu auch Zierep (1976), Hirsch (1989)). Über die Charakteristiken, d.h. die Grenzen der Einfluß- und Abhängigkeitsgebiete, hinweg können auch sprunghafte Änderungen in der Verteilung der Strömungsgrößen vorliegen. Als typische Vertreter von hyperbolischen Strömungen sind Überschallströmungen mit Druckstößen zu nennen.

Den bisherigen Ausführungen kann entnommen werden, daß in Unterschallströmungen gewöhnlich elliptisches Verhalten und in Überschallströmungen dagegen hyperbolisches Verhalten angenommen werden kann. Der Zusammenhang zwischen der Strömungsgeschwindigkeit und dem Typ einer Strömung kann in einem einfachen Experiment veranschaulicht werden, das im folgenden Beispiel 3.2 beschrieben wird.

Beispiel 3.2: Ausbreitung von Wellenfronten auf der Oberfläche eines fließenden Gewässers

In diesem Beispiel soll die Ausbreitung der Wellenfronten beobachtet werden, die entstehen, wenn auf einer sonst glatten Wasseroberfläche eine lokale, periodische Störung aufgebracht wird. Diese Störung kann beispielsweise durch wiederholtes, kurzes Eintauchen einer Nadel an einem Punkt P erzeugt werden.

Das Bild, das sich einem Beobachter bei ruhender Wasseroberfläche, d.h. Strömungsgeschwindigkeit $u = 0$, darbietet, ist in Bild 3.6a skizziert.

Die eingebrachten Störungen breiten sich bei ruhender Wasseroberfläche in allen Richtungen mit gleicher Geschwindigkeit, der Wellenausbreitungsgeschwindigkeit w, ringförmig aus. Auf diese Weise ist bei einer ungedämpften

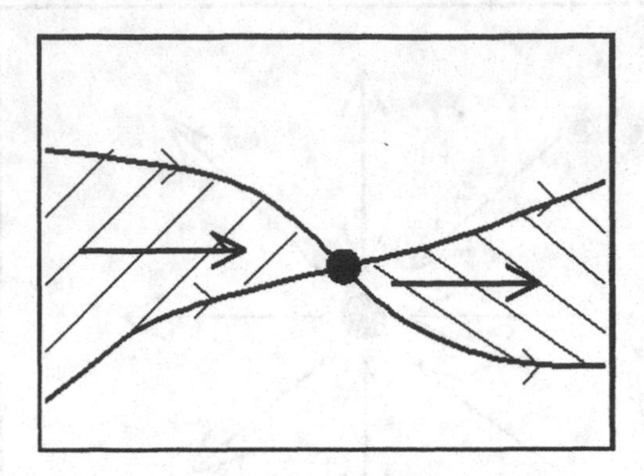

Bild 3.5. Hyperbolisches Verhalten einer Strömung

Wellenausbreitung eine an einem beliebigen Punkt hervorgerufene Störung überall auf der Wasseroberfläche bemerkbar.

Wird die punktförmige Störung in einem fließenden Gewässer, d.h. auf einer mit der Geschwindigkeit u bewegten Wasseroberfläche, aufgebracht, stellen sich die in Bild 3.6b dargestellen Verhältnisse ein. Ein mit der Strömungsgeschwindigkeit u mitbewegter Beobachter (Lagrangesches Bezugssystem) sieht auch in diesem Fall wie sich die Wellenfronten von der Punktquelle aus mit der Ausbreitungsgeschwindigkeit w entfernen. Im Eulerschen Bezugssystem dagegen, breiten sich die von der Störung generierten Wellenfronten in verschiedenen Richtungen mit unterschiedlichen Geschwindigkeiten aus. Wie in Bild 3.6 skizziert, weisen die stromabwärts in x-Richtung laufenden Wellenfronten im Eulerschen Bezugssystem eine Geschwindigkeit von $w + u$ auf, während sich die dazu entgegengesetzten Wellenfronten mit einer Geschwindigkeit von $w - u$ ausbreiten. Ist die Geschwindigkeit u kleiner als die Ausbreitungsgeschwindigkeit der Störung w, wandern die Wellenfronten auch stromauf. In diesem Fall werden wieder alle Strömungsbereiche von der Störung erreicht. Für $u < w$ ist die Strömung daher elliptisch.

Für $u > w$ ist die Strömung dagegen hyperbolisch. Hier werden die von den periodischen Störungen hervorgerufenen Wellenfronten stromauf vom Punkt P nicht bemerkt. Einem ortfesten Beobachter bietet sich die in Bild 3.7 skizzierte Struktur der Wasseroberfläche dar. Diesem Bild kann auch entnommen werden, daß die in P erzeugten Störungen sich nur in einem begrenzten Gebiet, dem Einflußgebiet des Punktes P, ausbreiten. Dieses Einflußgebiet wird hier durch zwei Geraden begrenzt, die jeweils Tangenten an die kreisförmigen Wellenfronten sind (vgl. hierzu 'Machscher Kegel', z.B. in Zierep (1976)). Der Winkel α dieser Tangenten zur Richtung der Geschwindigkeit u kann, wie in Bild 3.8 dargestellt, aus der im Berührungspunkt B

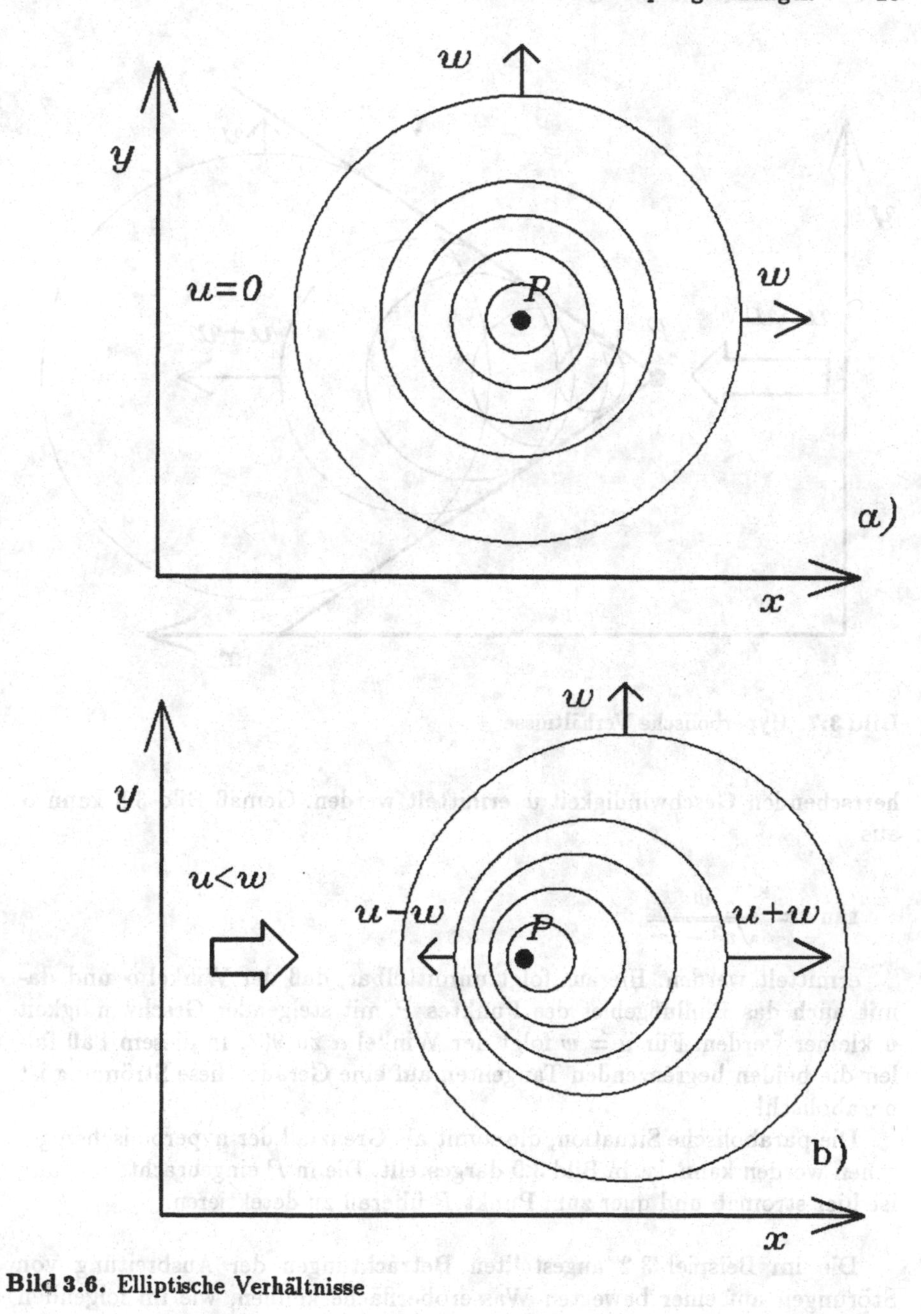

Bild 3.6. Elliptische Verhältnisse

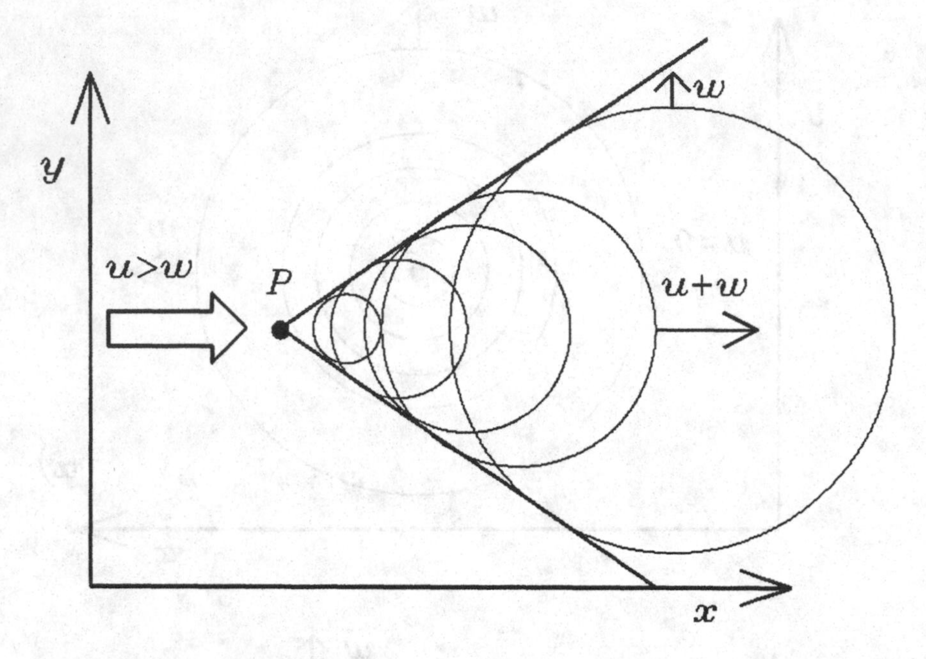

Bild 3.7. Hyperbolische Verhältnisse

herrschenden Geschwindigkeit w ermittelt werden. Gemäß Bild 3.8 kann α aus

$$\tan\alpha = \frac{w}{\sqrt{u^2 - w^2}}$$

ermittelt werden. Hieraus folgt unmittelbar, daß der Winkel α und damit auch das Einflußgebiet des Punktes P mit steigender Geschwindigkeit u kleiner werden. Für $u = w$ folgt der Winkel α zu 90°. In diesem Fall fallen die beiden begrenzenden Tangenten auf eine Gerade; diese Strömung ist parabolisch!

Die parabolische Situation, die somit als Grenzfall der hyperbolischen gesehen werden kann, ist in Bild 3.9 dargestellt. Die in P eingebrachte Störung ist hier stromab und quer zum Punkt P überall zu detektieren.

Die im Beispiel 3.2 angestellten Betrachtungen der Ausbreitung von Störungen auf einer bewegten Wasseroberfläche können, wie im folgenden Beispiel gezeigt wird, auch auf Gasströmungen übertragen werden.

Beispiel 3.3: Ebene Potentialströmung
Für die stationäre zweidimensionale Potentialströmung eines idealen Gases gilt:

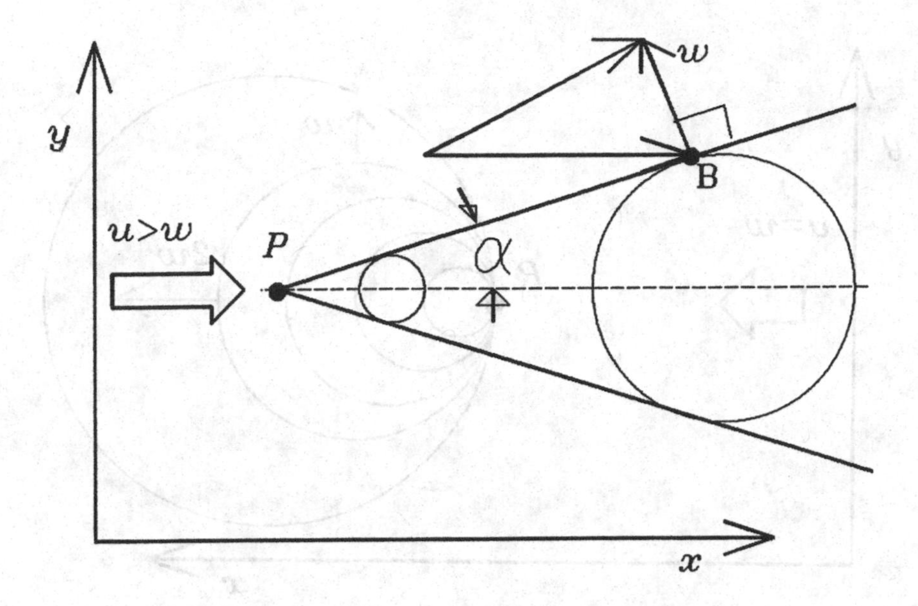

Bild 3.8. Einflußgebiet von P

$$\left(1-\frac{u^2}{w^2}\right)\frac{\partial^2\phi}{\partial x^2}-\frac{2uv}{w^2}\frac{\partial^2\phi}{\partial x\partial y}+\left(1-\frac{v^2}{w^2}\right)\frac{\partial^2\phi}{\partial y^2}=0\,,$$

wobei ϕ die Potentialfunktion mit $\mathbf{c} = [u, v]^T = \text{grad}\,\phi$ und w die lokale Schallgeschwindigkeit sind. Hier sei daran erinnert, daß die Schallgeschwindigkeit die Geschwindigkeit ist, mit der sich kleine Druckstörungen ausbreiten (vgl. hierzu auch Bosnjakovic und Knoche (1988)).

Die in der Gleichung (3.24) für die Kurven zweiter Ordnung aufgeführten Koeffizienten sind damit

$$a = 1 - \frac{u^2}{w^2} \qquad b = -\frac{uv}{w^2} \qquad c = 1 - \frac{v^2}{w^2}\,.$$

Für $b^2 - ac$ folgt so rein formal mit der Mach-Zahl $M = (u^2 + v^2)/w^2$

$$b^2 - ac = M^2 - 1\,.$$

Die Potentialgleichung ist daher elliptisch in Unterschallgebieten, hyperbolisch in Überschallgebieten und parabolisch für $M = 1$.

In einer ebenen Parallelströmung kann analog zum obigen Beispiel die Ausbreitung kleiner Störungen beobachtet werden. Ist die Mach-Zahl der

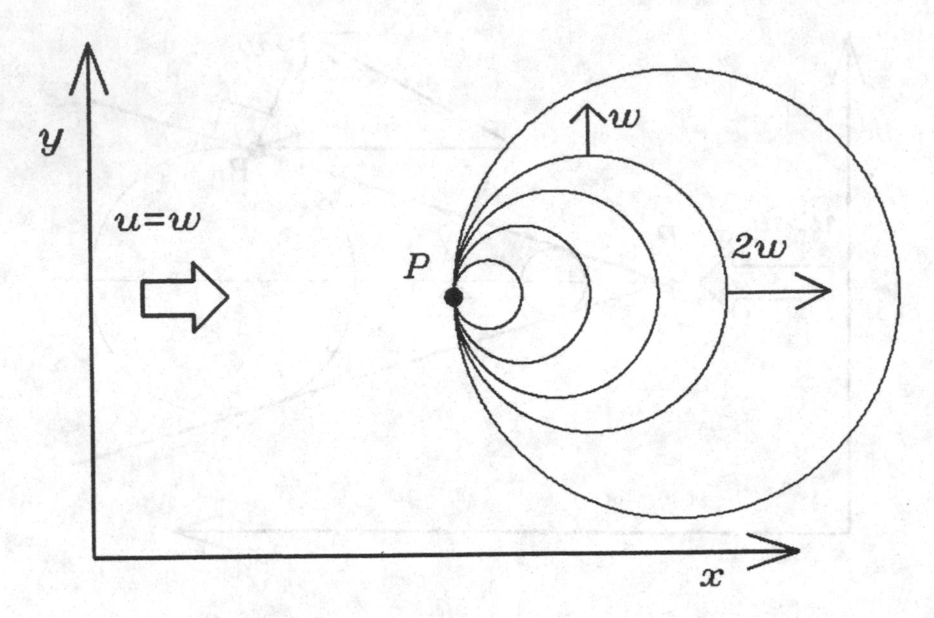

Bild 3.9. Parabolische Verhältnisse

Grundströmung größer als Eins, folgen die Charakteristiken, die sogenannten 'Machschen Linien' aus (z.B. Zierep (1976)):

$$x \pm y \cdot \sqrt{M^2 - 1} = \text{konst.}\,.$$

In diesem Beispiel kann die Klassifizierung allein von der maßgeblichen Mach-Zahl der Grundströmung abgeleitet werden. Variiert die lokal herrschende Geschwindigkeit der Grundströmung von Unterschall- bis hin zu Überschallgeschwindigkeiten, dann ändert sich lokal auch der Typ der Transportgleichung. Damit können in einem Strömungsfeld auch die verschiedenen Erscheinungsformen elliptisch, parabolisch und hyperbolisch zutage treten. Ein typisches Beispiel hierfür ist die in Bild 3.10 dargestellte Strömung durch eine Lavaldüse. Für ein genügend hohes Verhältnis des Druckes am Eintritt zu dem am Austritt der Düse ergibt sich die Machzahl im Düseneinlauf zu $M < 1$, im engsten Düsenquerschnitt zu $M = 1$ und im Düsenauslauf zu $M > 1$.

Die Klassifikation einer zu berechnenden Strömung ist von entscheidender Bedeutung für die Auswahl und den Entwurf von Rechenverfahren. Je nach Typ der Transportgleichungen werden unterschiedliche Rechenverfahren zur numerischen Lösung eingesetzt. So kann in parabolischen Strömungen die Lösung durch ein sukzessives Vorwärtsschreiten in der parabolischen Rich-

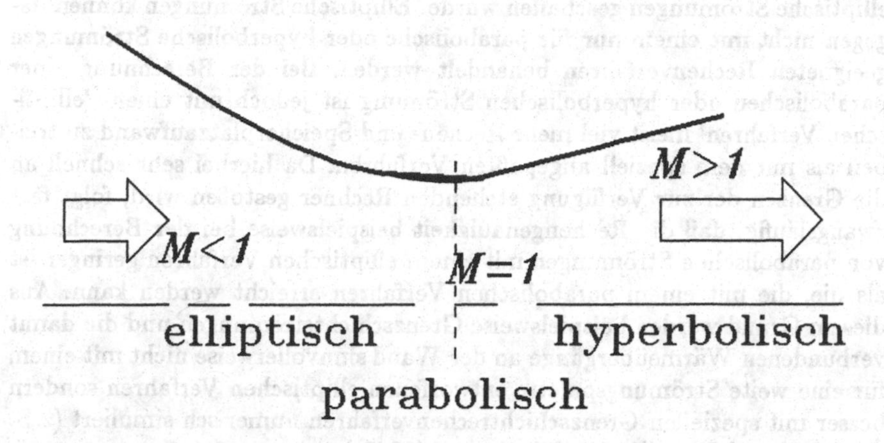

Bild 3.10. Strömung durch eine Lavaldüse

tung gefunden werden. In der parabolischen Richtung genügt eine einseitige Vorgabe von Randbedingungen. In hyperbolischen Strömungen kann die Lösung durch Integration längs der Charakteristiken gefunden werden. Dabei werden sogenannte 'Charakteristikenverfahren' eingesetzt (Smith (1978)). Auch hier muß nicht an allen Grenzen des Rechengebiets eine Randbedingung bekannt sein. In elliptischen Strömungen dagegen können keine Richtungen gefunden werden, in denen die Lösung durch ein reines Vorwärtschreiten ermittelt werden kann. Hier muß immer das gesamte Strömungsfeld im Auge behalten werden. Entsprechend sind an allen Begrenzungen des Rechenfeldes Randbedingungen vorzugeben.

Im folgenden werden in erster Linie die für elliptische Strömungen geeigneten numerischen Methoden behandelt. Hierbei sei betont, daß die im folgenden Kapitel besprochenen Methoden, mit denen die differentiellen Transportgleichungen in algebraische Differenzengleichungen überführt werden ('Diskretisierungsmethoden'), nur wenig oder gar nicht im Zusammenhang mit dem jeweils vorliegenden Strömungstyp zu sehen ist. Vielmehr Auswirkungen auf ein numerischen Verfahren hat der Umstand, daß parabolische und hyperbolische Strömungen durch ein wie auch immer geartetes Vorwärtsschreiten zu berechnen sind. Hiervon ist in erster Linie die Strategie betroffen, mit der die Lösung der algebraischen Differenzengleichungen vorangetrieben wird. Ganz entscheidende Bedeutung kommt dem Typ einer Strömung auf den jeweils aufzuwendenden Speicherplatzaufwand zu. Aufgrund des vorwärtsschreitenden Lösungsverfahrens kann der Speicherplatzaufwand in parabolischen und in hyperbolischen Problemstellungen wesentlich geringer gehalten werden als in elliptischen Problemen.

Elliptische Strömungen stellen die höchsten Anforderungen an das numerische Verfahren. Parabolische Strömungen und die meisten hyperbolischen Strömungen sind im Prinzip auch mit einem Verfahren berechenbar, das für elliptische Strömungen geschaffen wurde. Elliptische Strömungen können dagegen nicht mit einem nur für parabolische oder hyperbolische Strömungen geeigneten Rechenverfahren behandelt werden. Bei der Berechnung einer parabolischen oder hyperbolischen Strömung ist jedoch mit einem 'elliptischen Verfahren' meist viel mehr Rechen- und Speicherplatzaufwand zu treiben als mit dem speziell angepaßten Verfahren. Da hierbei sehr schnell an die Grenzen der zur Verfügung stehenden Rechner gestoßen wird, folgt fast zwangsläufig, daß die Rechengenauigkeit beispielsweise bei der Berechnung von parabolischen Strömungen mit einem elliptischen Verfahren geringer ist als die, die mit einem parabolischen Verfahren erreicht werden kann. Aus diesem Grund werden beispielsweise Grenzschichtströmungen und die damit verbundenen Wärmeübergänge an der Wand sinnvollerweise nicht mit einem für eine weite Strömungspalette entworfenen elliptischen Verfahren sondern besser mit speziellen Grenzschichtrechenverfahren numerisch simuliert (z.B. Crawford und Kays (1976), Wittig u.a. (1982)).

Ähnliche Einschränkungen sind auch für die Berechnung von hyperbolischen Strömungen geltend zu machen. Soll beispielsweise die Stoßausbreitung in einer hyperbolischen Strömung numerisch simuliert werden, ist ein elliptisches Rechenverfahren hierbei oft überfordert oder eben mit wesentlich mehr Aufwandwand verbunden als beispielsweise ein nur für hyperbolische Strömungen geeignetes Charakteristikenverfahren. Liegen in einem Rechengebiet jedoch unterschiedliche Gebiete mit elliptischem, parabolischem und hyperbolischem Charakter vor und soll das gesamte Rechengebiet mit nur einem Verfahren berechnet werden, kann nur auf ein elliptischen Rechenverfahren zurückgegriffen werden.

4 Diskretisierung der Transportgleichungen

Wie im vorigen Kapitel gezeigt wurde, bilden die in der Modellbildung gewonnenen mathematischen Beziehungen zur Beschreibung von Strömungen i.a. ein System von gekoppelten, nichtlinearen partiellen Differentialgleichungen. Analytische Lösungen eines solchen Systems von Differentialgleichungen können in der Regel nicht gefunden werden; hier sind numerische Lösungsmethoden erforderlich. In der numerischen Lösung werden zunächst die differentiellen Transportgleichungen durch eine sogenannte Diskretisierung in algebraische Gleichungen überführt.

Die allgemeine Transportgleichung für eine Strömungsgröße Φ lautet in Tensornotation (vgl. Kap. 3.4)

$$\frac{\partial \rho \Phi}{\partial t} + \frac{\partial (\rho v_j \Phi)}{\partial x_j} = \frac{\partial}{\partial x_j}(\Gamma \frac{\partial \Phi}{\partial x_j}) + S_\Phi \, . \tag{4.1}$$

Zur Diskretisierung solcher Gleichungen sind unterschiedliche Verfahren bekannt. In der numerischen Strömungsberechnung werden derzeit vorwiegend die Methoden der Finiten Elemente, der Finiten Volumen und der Finiten Differenzen eingesetzt. Diesen Methoden ist gemeinsam, daß im interessierenden Strömungsbereich ('Rechenfeld') ein 'Rechengitter' gelegt wird (Bild 4.1). Die Verteilung einer abhängigen Variablen Φ soll an diskreten Punkten, den 'Rechenpunkten', bestimmt werden. Dabei können beispielsweise die Knotenpunkte des Rechengitters als Rechenpunkte definiert werden.

Die kontinuierliche Verteilung von Φ wird somit durch die Φ-Werte an diskreten Stellen dargestellt; die analytische Lösung der Differentialgleichungen wird durch die numerische Lösung ersetzt. Dabei werden die algebraischen Beziehungen zur Berechnung der diskreten Verteilung durch die Diskretisierungsmethode gefunden.

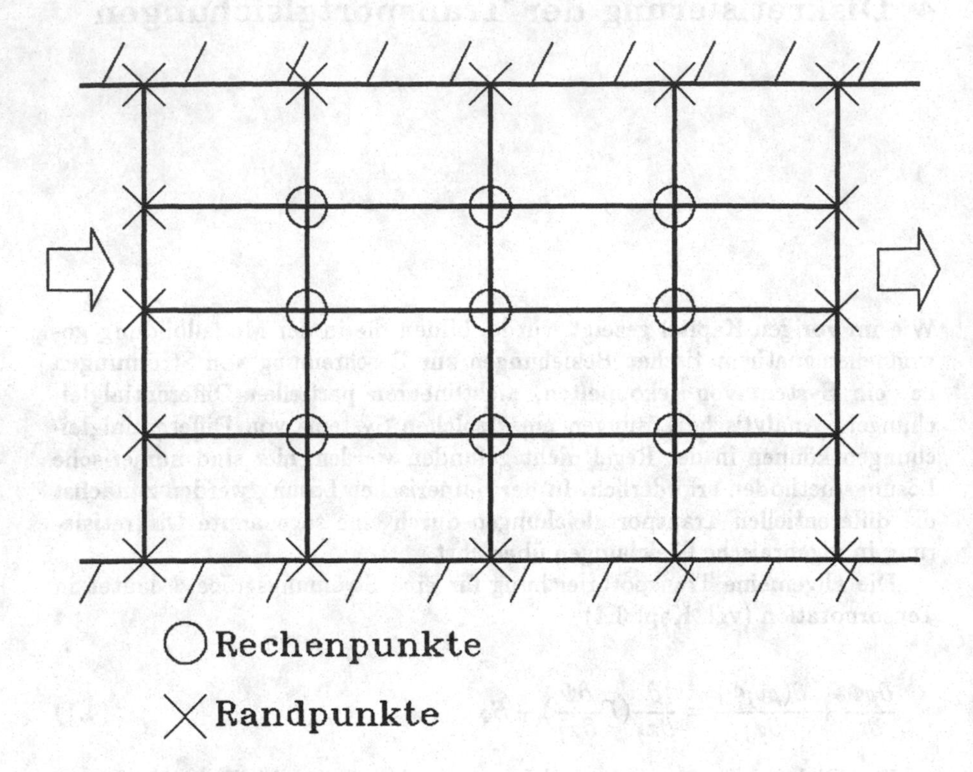

Bild 4.1. Rechengitter

4.1 Diskretisierungsmethoden

Im folgenden werden nacheinander die Methode der Finiten Differenzen ('FD-Methode') und die Methode der Finiten Volumen ('FV-Methode') vorgestellt. Die FV-Methode sowie die Methode der Finiten Elemente ('FE-Methode') und die sogenannten Spektralverfahren sind Spezialfälle des Prinzips der gewichteten Residuen, das in Kap. 4.4 erläutert wird. Dort werden auch die Ideen vorgestellt, die bei der FE-Methode und den Spektralmethoden verfolgt werden.

4.1.1 Finite Differenzen

Bei der Methode der Finiten Differenzen ('Differenzenverfahren', vgl. Smith (1978), Peyret und Taylor (1985), Hirsch (1989)) werden die Ableitungen in den Transportgleichungen (3.1) durch Approximationen aus der Taylor-Reihenentwicklung ersetzt. So gilt beispielsweise für ein Rechengitter mit konstanten Abständen zwischen den einzelnen Rechenpunkten in der x-Richtung:

$$\Phi_i = \Phi_{i+1} - \Delta x(\frac{\partial \Phi}{\partial x})_{i+1} + \frac{1}{2}\Delta x^2(\frac{\partial^2 \Phi}{\partial x^2})_{i+1} - ... \tag{4.2a}$$

$$\Phi_{i+2} = \Phi_{i+1} + \Delta x(\frac{\partial \Phi}{\partial x})_{i+1} + \frac{1}{2}\Delta x^2(\frac{\partial^2 \Phi}{\partial x^2})_{i+1} + ... \tag{4.2b}$$

Aus Umformungen und Kombinationen dieser Reihenansätze können bei Vernachlässigung von Gliedern höherer Ordnung die verschiedenen Terme in Differentialgleichungen angenähert werden. Aus Gleichung (4.2a) können so beispielsweise die sogenannten 'Rückwärtsdifferenzen' abgeleitet werden:

$$(\frac{\partial \Phi}{\partial x})_{i+1} = \frac{\Phi_{i+1} - \Phi_i}{\Delta x} + O(\Delta x^1) . \tag{4.3}$$

In Gleichung (4.3) bedeutet $O(\Delta x^1)$, daß die Approximationsfehler mit der ersten Ordnung des Abstands Δx zwischen zwei benachbarten Rechenpunkten wachsen.

Aus der Differenz (4.2b)-(4.2a) folgen die sogenannten Zentraldifferenzen:

$$(\frac{\partial \Phi}{\partial x})_{i+1} = \frac{\Phi_{i+2} - \Phi_i}{2\Delta x} + O(\Delta x^2) \tag{4.4}$$

und aus (4.2b)+(4.2a) folgt

$$(\frac{\partial^2 \Phi}{\partial x^2})_{i+1} = \frac{\Phi_i + \Phi_{i+2} - 2\Phi_{i+1}}{\Delta x^2} + O(\Delta x^2) . \tag{4.5}$$

Natürlich sind auch andere Kombinationen zur Approximation der einzelnen Terme denkbar.

Beispiel 4.1: FD-Diskretisierung der Kontinuitätsgleichung für eindimensionale, stationäre Strömungen

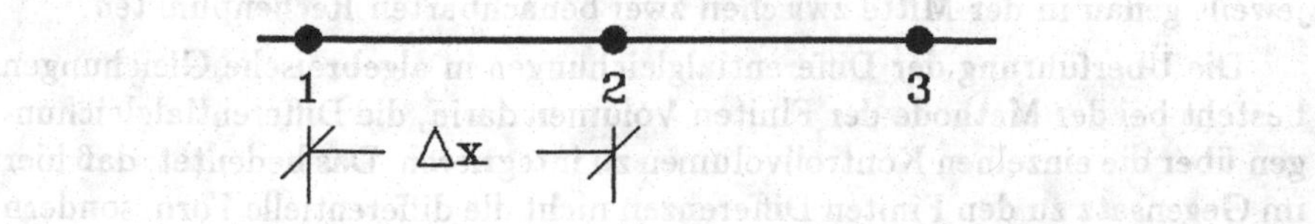

$$\frac{\partial(\rho u)}{\partial x} = 0$$

Die FD-Diskretisierung mit Zentraldifferenzen ergibt:

$$\Rightarrow \frac{(\rho u)_3 - (\rho u)_1}{2\Delta x} = 0 \quad \Rightarrow (\rho u)_3 - (\rho u)_1 = 0$$

Durch die Finiten Differenzen werden also die Ableitungen in den differentiellen Transportgleichungen an diskreten Punkten mit Differenzenformeln approximiert. Als Diskretisierungsfehler werden die Abweichungen der auf einem endlichen Rechengitter erzielten Werte zu denen des unendlich feinen Rechengitters (exakte, analytische Lösung) bezeichnet. Die Verringerung der Diskretisierungsfehler wird bei der FD-Methode durch Berücksichtigung von Termen höherer Ordnung in der Entwicklung der Taylor-Reihe erreicht.

4.1.2 Finite Volumen

Bei der Methode der Finiten Volumen wird das gesamte Rechenfeld in einzelne Kontrollvolumen ('Rechenzellen') unterteilt. Die Begrenzungen der einzelnen Kontrollvolumen können beispielsweise aus den Linien des Rechengitters abgeleitet werden (Bild 4.1). Als Lage der zu jeweils einem bestimmten Kontrollvolumen gehörenden Rechenpunkte kann in diesem Fall beispielsweise der Mittelpunkt der einzelnen Volumen festgelegt werden (Bild 4.2). Alternativ hierzu können aber auch zuerst die Knoten des Rechengitters als Rechenpunkte aufgefaßt werden und die Kontrollvolumengrenzen jeweils in der Mitte zwischen zwei benachbarten Gitterknoten gezogen werden. Ein Vergleich zwischen diesen beiden Vorgehensweisen zur Definition der Kontrollvolumen und der zugehörigen Rechenpunkte wird später noch angestellt. Festzuhalten bleibt, daß mit beiden Prozeduren zur Festlegung der Diskretisierung des Rechenfeldes nichtüberlappende Kontrollvolumen erzeugt werden.

In den folgenden Ausführungen wird, wenn nicht ausdrücklich etwas anderes vereinbart wird, davon ausgegangen, daß die Knoten des Rechengitters die Lage der Rechenpunkte definieren. Die Kontrollvolumengrenzen liegen dabei jeweils genau in der Mitte zwischen zwei benachbarten Rechenpunkten.

Die Überführung der Differentialgleichungen in algebraische Gleichungen besteht bei der Methode der Finiten Volumen darin, die Differentialgleichungen über die einzelnen Kontrollvolumen zu integrieren. Das bedeutet, daß hier im Gegensatz zu den Finiten Differenzen nicht die differentielle Form sondern die integrale Form der Transportgleichungen der eigentliche Ausgangspunkt ist (vgl. Kap. 3.4).

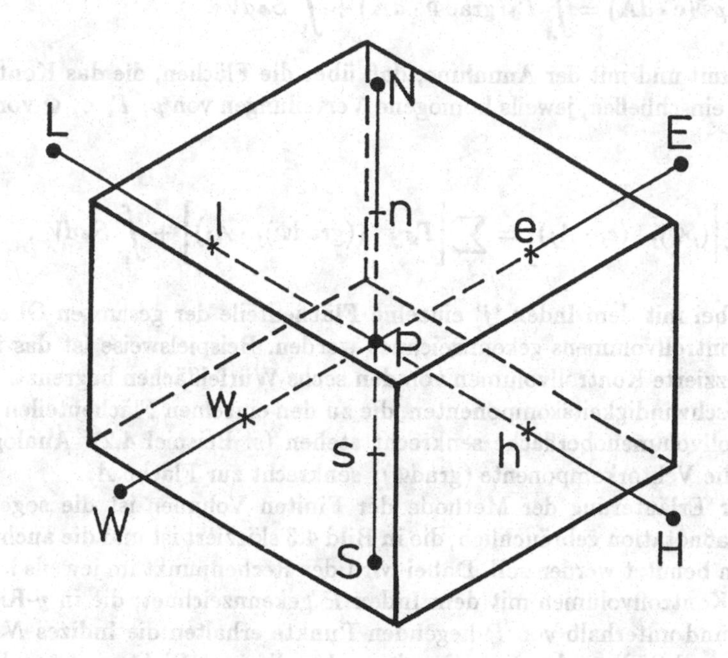

Bild 4.2. Kontrollvolumen

Die Ableitung der algebraischen Beziehungen soll im folgenden anhand der in vektorieller Schreibweise formulierten allgemeinen Transportgleichung (vgl. Kap. 3.4) erfolgen:

$$\mathrm{div}(\rho \mathbf{c} \Phi) = \mathrm{div}(\Gamma_\Phi \cdot \mathrm{grad}\Phi) + S_\Phi \ . \tag{4.6}$$

Gleichung (4.6) lautet in integraler Form für ein Kontrollvolumen V

$$\int_V \mathrm{div}(\rho \mathbf{c} \Phi) dV = \int_V \mathrm{div}(\Gamma_\Phi \cdot \mathrm{grad}\Phi) dV + \int_V S_\Phi dV \ . \tag{4.7}$$

Mit dem Satz von Gauß

$$\int_V \mathrm{div}(\rho \mathbf{c} \Phi) dV = \int_A (\rho \Phi) \mathbf{c} \, d\mathbf{A} \tag{4.8}$$

können in Gleichung (4.7) die Integrale über das Kontrollvolumen V in Integrale über die das Kontrollvolumen umhüllende Oberfläche $\mathbf{A}$ umgewandelt werden (Bild 4.2):

$$\int_A \rho\Phi(\mathbf{c}\cdot d\mathbf{A}) = \int_A \Gamma_\Phi(\mathrm{grad}\Phi\cdot d\mathbf{A}) + \int_V S_\Phi dV\,. \tag{4.9}$$

Damit und mit der Annahme, daß über die Flächen, die das Kontrollvolumen einschließen, jeweils homogene Verteilungen von ρ, Γ, $\mathbf{c}$, Φ vorliegen, folgt

$$\sum_j \Big[(\rho\Phi)_j\cdot(c_j\cdot A_j)\Big] = \sum_j \Big[\Gamma_{\Phi,j}\cdot((\mathrm{grad}\Phi)_j\cdot A_j)\Big] + \int_V S_\Phi dV\,, \tag{4.10}$$

wobei mit dem Index 'j' einzelne Flächenteile der gesamten Oberfläche des Kontrollvolumens gekennzeichnet werden. Beispielsweise ist das in Bild 4.2 skizzierte Kontrollvolumen von den sechs Würfelflächen begrenzt. c_j sind die Geschwindigkeitskomponenten, die zu den einzelnen Flächenteilen A_j der Kontrollvolumenoberfläche senkrecht stehen (s. Beispiel 4.2). Analog steht auch die Vektorkomponente $(\mathrm{grad}\Phi)_j$ senkrecht zur Fläche A_j.

Zur Erläuterung der Methode der Finiten Volumen ist die sogenannte Kompaßnotation gebräuchlich, die in Bild 4.3 skizziert ist und die auch im folgenden benutzt werden soll. Dabei wird der Rechenpunkt im jeweils betrachteten Kontrollvolumen mit dem Index P gekennzeichnet; die in y-Richtung ober- und unterhalb von P liegenden Punkte erhalten die Indizes N und S (Nord und Süd) und entsprechend werden die in x-Richtung benachbarten Punkte mit W (für West) und E (für englisch East) markiert. Die einzelnen Flächen, die das Kontrollvolumen um P begrenzen, werden mit den entsprechenden Buchstaben n, s, e, w gekennzeichnet.

Beispiel 4.2: FV-Diskretisierung der Kontinuitätsgleichung in kartesischen Koordinaten für zweidimensionale stationäre Strömungen

$$\frac{\partial(\rho v_j)}{\partial x_j} = 0 \quad\Rightarrow\quad \mathrm{div}(\rho\mathbf{v}) = 0$$

$$\int_V \mathrm{div}(\rho\mathbf{v})dV =$$

$$\int_A \rho(\mathbf{v}d\mathbf{A}) = \int_{A_e}\rho u_e dA_e - \int_{A_w}\rho u_w dA_w + \int_{A_n}\rho v_n dA_n - \int_{A_s}\rho v_s dA_s$$

$$\Rightarrow (\rho uA)_e - (\rho uA)_w + (\rho vA)_n - (\rho vA)_s = 0$$

Für eindimensionale Strömungen folgt hieraus (vgl. Beispiel 4.1):

$$(\rho u)_e - (\rho u)_w = 0$$

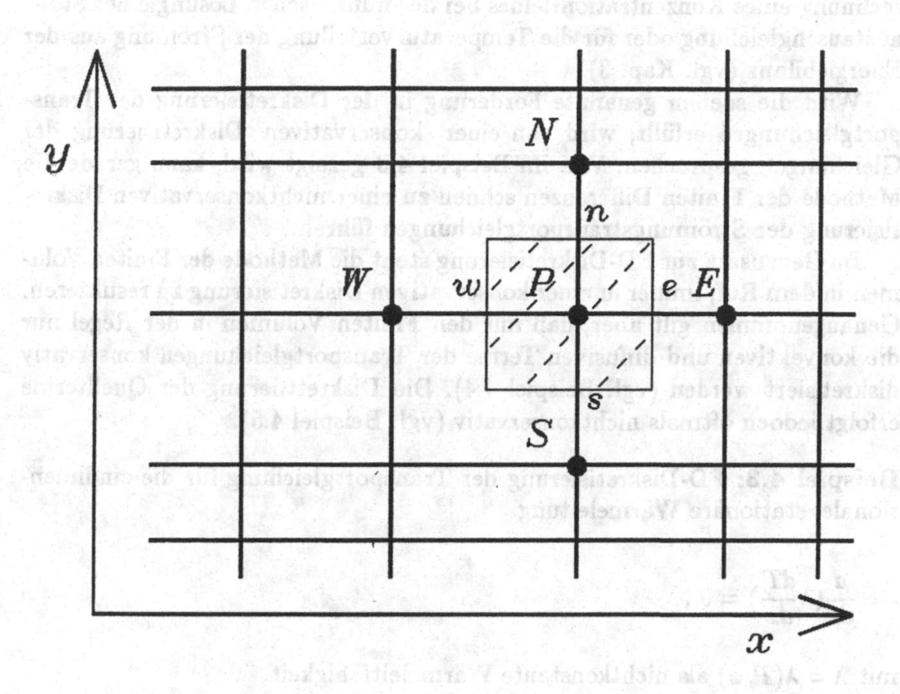

Bild 4.3. Finite Volumen, Kompaßnotation

4.1.3 Forderungen an die Diskretisierung der Transportgleichungen

Neben dem Anspruch an eine möglichst hohe Genauigkeit (vgl. Kap. 4.2.2) muß an die Diskretisierung der differentiellen Transportgleichungen eine Reihe weiterer allgemeingültiger Forderungen gestellt werden, die dafür Sorge tragen, daß die physikalische Problemstellung in der numerischen Formulierung möglichst gut wiedergegeben wird. Solche Forderungen werden im folgenden besprochen.

Wie in Kap. 3 schon verschiedentlich erläutert wurde, wird in den diversen Transportgleichungen stets die Bilanz einer Strömungsgröße an infinitesimalen Kontrollvolumen und damit in der Summe auch für das gesamte betrachtete Strömungsfeld gezogen. Eine wichtige Bedingung, die an die Diskretisierung dieser Gleichungen gestellt werden kann, lautet, daß auch mit den aus der Diskretisierung stammenden algebraischen Beziehungen die einzelnen Strömungsgrößen so berechnet werden, daß damit die entsprechenden integralen Bilanzen im Strömungsfeld erfüllt werden. So wird beispielsweise verlangt, daß mit den numerisch berechneten Geschwindigkeits- und Dichtefeldern der aus dem Rechenfeld austretende Massenstrom gleich dem in das Rechenfeld eintretenden Massenstrom ist. Entsprechendes gilt bei der Berechnung eines Konzentrationsfeldes bei der numerischen Lösung einer Stoffaustauschgleichung oder für die Temperaturverteilung der Strömung aus der Energiebilanz (vgl. Kap. 3).

Wird die soeben genannte Forderung in der Diskretisierung der Transportgleichungen erfüllt, wird von einer 'konservativen' Diskretisierung der Gleichungen gesprochen. Wie im Beispiel 4.3 gezeigt wird, kann gerade die Methode der Finiten Differenzen schnell zu einer nichtkonservativen Diskretisierung der Strömungstransportgleichungen führen.

Im Gegensatz zur FD-Diskretisierung steht die Methode der Finiten Volumen in dem Ruf, immer in einer konservativen Diskretisierung zu resultieren. Genaugenommen gilt aber, daß mit den Finiten Volumen in der Regel nur die konvektiven und diffusiven Terme der Transportgleichungen konservativ diskretisiert werden (vgl. Beispiel 4.4). Die Diskretisierung der Quellterme erfolgt jedoch oftmals nichtkonservativ (vgl. Beispiel 4.5).

Beispiel 4.3: FD-Diskretisierung der Transportgleichung für die eindimensionale, stationäre Wärmeleitung

$$\frac{d}{dx}(\lambda \frac{dT}{dx}) = 0 ,$$

mit $\lambda = \lambda(T, x)$ als nichtkonstante Wärmeleitfähigkeit.

Gesucht ist beispielsweise die Temperaturverteilung in einem langen, adiabatisch isolierten Stab, dessen Enden auf verschiedenen, aber jeweils konstanten und bekannten Temperaturen gehalten werden (s. Bild 4.4). Die Wärmeleitfähigkeit dieses Stabs kann im allgemeinen von der jeweils herrschenden Temperatur aber auch von einer lokal verschiedenen Materialzusammensetzung abhängig sein.

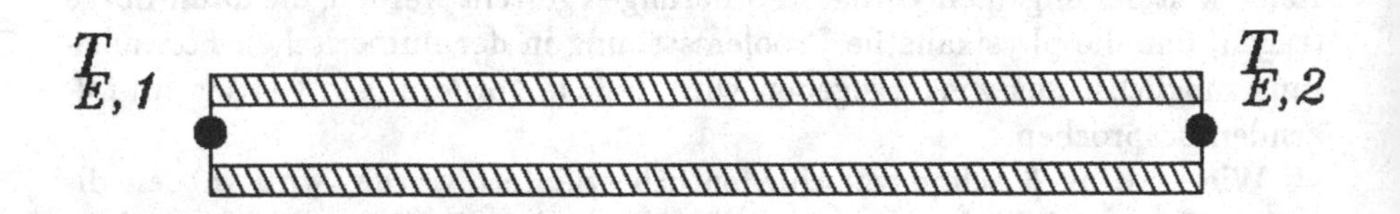

Bild 4.4. Problemstellung in Beispiel 4.3

Zur Anwendung der FD-Diskretisierung ist die obige Temperaturgleichung wegen der mit x variierenden Wärmeleitfähigkeit mit Hilfe der Produktregel folgendermaßen umzuformulieren:

$$\frac{d\lambda}{dx}\frac{dT}{dx} + \lambda\frac{d^2T}{dx^2} = 0\,.$$

Diese Gleichung soll auf einem Rechengitter mit konstanten Abständen Δx zwischen den einzelnen Rechenpunkten gelöst werden:

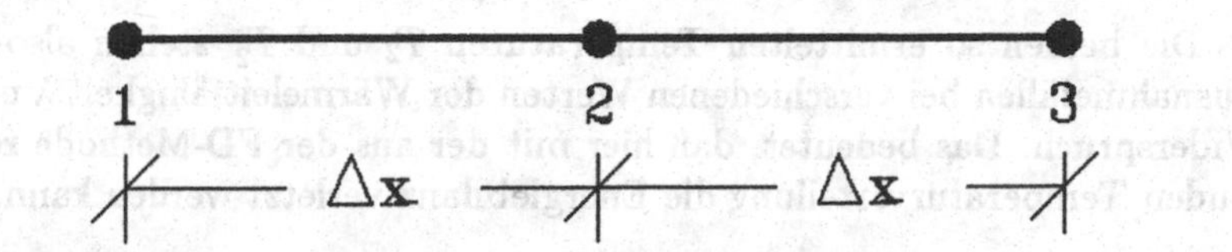

Punkt 1 liegt hier auf dem linken Rand und Punkt 3 auf dem rechten Rand des gesamten Rechenfeldes. Da in diesem Beispiel die beiden Endtemperaturen T_1 und T_3 als bekannt vorausgesetzt werden ('Randbedingungen') ist als einzige Unbekannte die Temperatur beim Punkt 2 zu berechnen. Natürlich ist eine derartige Diskretisierung des Rechengebietes mehr als grob; sie genügt allerdings, um einige typische Eigenheiten der Diskretisierung herauszustellen. Mit Rückwärtsdifferenzen (Gleichung (4.3)) für die Approximation der Ableitungen erster Ordnung und Gleichung (4.5) für die Ableitung zweiter Ordnung folgt am Punkt 2:

$$\frac{\lambda_2 - \lambda_1}{\Delta x}\cdot\frac{T_2 - T_1}{\Delta x} + \lambda_2\cdot\frac{T_3 - 2T_2 + T_1}{(\Delta x)^2} = 0\,.$$

Damit ist

$$\lambda_1\cdot\frac{T_2 - T_1}{(\Delta x)^2} = \lambda_2\cdot\frac{T_3 - T_2}{(\Delta x)^2}\,.$$

Mit den vorgegebenen Randtemperaturen T_1 und T_3 kann aus dieser Gleichung die Temperatur am Punkt 2 bestimmt werden:

$$T_2 = \frac{\lambda_1 T_1 + \lambda_2 T_3}{\lambda_1 + \lambda_2}\,.$$

An dieser Bestimmungsgleichung für T_2 ist verwunderlich, daß der Wert der Wärmeleitfähigkeit beim Punkt 3 keine Rolle spielt.

Nun soll kontrolliert werden, ob mit der so gefunden Temperatur T_2 auch die integrale Energiebilanz erfüllt wird. Dazu sei vorausgeschickt, daß in der Temperaturgleichung keine Wärmequellen auftreten und somit die Wärmeströme an jedem Punkt des Rechengebietes gleich sind. Die mit T_2 an den Punkten 1 und 3 ermittelten jeweils ein- oder ausfließenden Wärmeströme sind:

$$q_1 = \lambda_1 \cdot \frac{T_2 - T_1}{\Delta x} \qquad \text{und} \qquad q_3 = \lambda_3 \cdot \frac{T_3 - T_2}{\Delta x} .$$

Aus $q_1 = q_3$ folgt jetzt die Temperatur am Punkt 2 zu:

$$T_2^* = \frac{\lambda_1 T_1 + \lambda_3 T_3}{\lambda_1 + \lambda_3} .$$

Die beiden so ermittelten Temperaturen T_2 und T_2^* stehen also nur in Ausnahmefällen bei verschiedenen Werten der Wärmeleitfähigkeit λ nicht im Widerspruch. Das bedeutet, daß hier mit der aus der FD-Methode resultierenden Temperaturverteilung die Energiebilanz verletzt werden kann.

Beispiel 4.4: FV-Diskretisierung der Transportgleichung für die eindimensionale, stationäre Wärmeleitung (vgl. Beispiel 4.3)

$$\frac{d}{dx}(\lambda \frac{dT}{dx}) = 0 .$$

Auch in diesem Beispiel sei die Wärmeleitfähigkeit $\lambda = \lambda(T, x)$ als nichtkonstant vorausgesetzt.

Diese Gleichung soll auf der skizzierten Anordnung mit konstanten Abständen Δx zwischen den einzelnen Rechenpunkten und den Kontrollvolumengrenzen jeweils in der Mitte zwischen den Punkten 1 und 2 sowie den Punkten 2 und 3 gelöst werden:

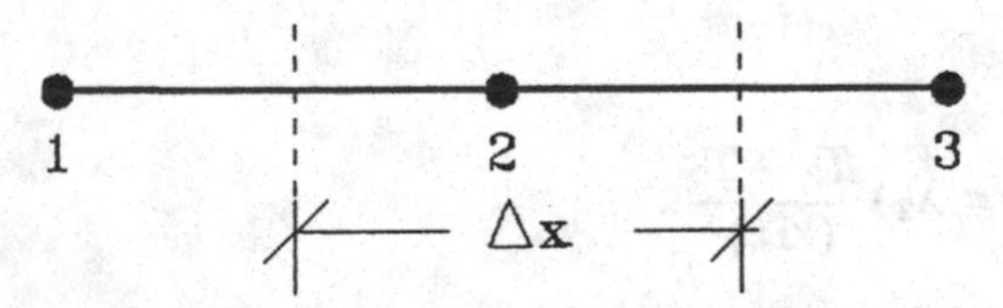

Wie in Beispiel 4.3 liegen die Punkte 1 und 3 auch hier auf dem linken und rechten Rand des gesamten Rechenfeldes. Die Kontrollvolumen dieser beiden Punkte sollen sich vom Rand aus bis zur Mitte zum Punkt 2 hin erstrecken. Die Kontrollvolumengrenzen der Punkte 1 und 3 fallen so mit dem Rechenfeldrand zusammen.

Da auch in diesem Beispiel die beiden Endtemperaturen T_1 und T_3 als bekannte Randbedingungen vorausgesetzt werden, ist wieder nur die Temperatur beim Punkt 2 zu berechnen. Aus der Integration der Temperaturgleichung über die Rechenzelle um Punkt 2 folgt:

$$\int_{\Delta x} \frac{d}{dx}(\lambda \frac{dT}{dx}) dx = 0 .$$

Mit dem Satz von Gauß ergibt sich:

$$\left\{\lambda\frac{dT}{dx}\right\}_{[2-3]} - \left\{\lambda\frac{dT}{dx}\right\}_{[1-2]} = 0 .$$

$[1-2]$ und $[2-3]$ bezeichnen hierbei die Zellgrenzen zwischen den Punkten 1 und 2 sowie zwischen den Punkten 2 und 3 . Zur Bestimmung des Temperaturgradienten dT/dx an den Zellgrenzen wird bei der FV-Methode gewöhnlich nach einem hierfür abgewandelten Zentraldifferenzen-Ansatz verfahren. Dabei werden abschnittsweise lineare Verläufe der Temperatur zwischen den Punkten 1 und 2 und zwischen den Punkten 2 und 3 angenommen (Bild 4.5):

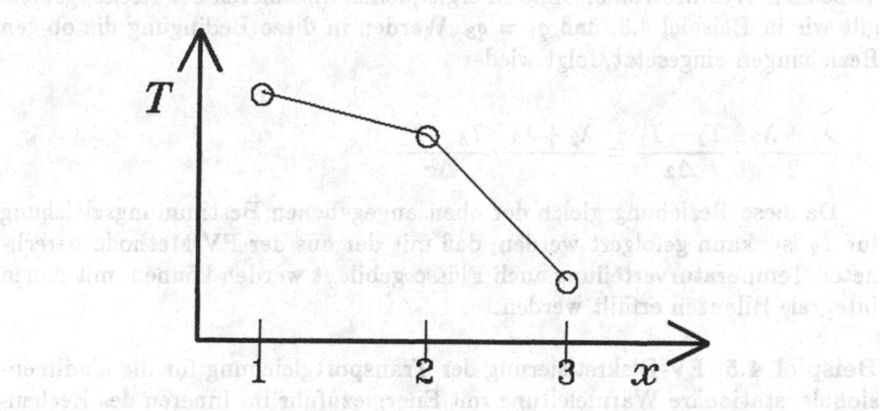

Bild 4.5. Abschnittsweise lineare Verteilung

$$\left\{\frac{dT}{dx}\right\}_{[1-2]} = \frac{T_2 - T_1}{\Delta x} \qquad \left\{\frac{dT}{dx}\right\}_{[2-3]} = \frac{T_3 - T_2}{\Delta x} .$$

Die Werte für die Wärmeleitzahl λ an den Zellgrenzen können beispielsweise aus den Werten an den benachbarten Rechenpunkten linear interpoliert werden. Insgesamt folgt so:

$$\frac{\lambda_1 + \lambda_2}{2} \cdot \frac{T_2 - T_1}{\Delta x} = \frac{\lambda_2 + \lambda_3}{2} \cdot \frac{T_3 - T_2}{\Delta x} .$$

Aus dieser Gleichung kann T_2 bestimmt werden.

Da bei dieser Vorgehensweise unmittelbar die in die Rechenzelle um Punkt 2 ein- und ausfließenden Wärmeströme die Ausgangsbasis zur Ableitung der

Bestimmungsgleichung der Temperatur T_2 bilden, wird mit T_2 auch in jedem Fall die Energiebilanz um die Rechenzelle des Punktes 2 erfüllt.

Um zu erkennen, ob auch die Energiebilanz im gesamten Rechenfeld nicht verletzt wird, wird die ursprüngliche Differentialgleichung über die Rechenzellen um Punkt 1 und um Punkt 3 integriert:

$$\frac{\lambda_1+\lambda_2}{2}\cdot\frac{T_2-T_1}{\Delta x}-\left\{\lambda\frac{dT}{dx}\right\}_1=0. \quad \text{mit} \quad \left\{\lambda\frac{dT}{dx}\right\}_1=q_1$$

$$\left\{\lambda\frac{dT}{dx}\right\}_3-\frac{\lambda_2+\lambda_3}{2}\cdot\frac{T_3-T_2}{\Delta x}=0. \quad \text{mit} \quad \left\{\lambda\frac{dT}{dx}\right\}_3=q_3 .$$

Hierbei sind q_1 und q_3 die an den beiden Rechenfeldrändern ein- oder ausfließenden Wärmeströme. Ohne Energiequellen im Inneren des Rechengebiets gilt wie in Beispiel 4.3, daß $q_1 = q_3$. Werden in diese Bedingung die obigen Beziehungen eingesetzt, folgt wieder

$$\frac{\lambda_1+\lambda_2}{2}\cdot\frac{T_2-T_1}{\Delta x}=\frac{\lambda_2+\lambda_3}{2}\cdot\frac{T_3-T_2}{\Delta x} .$$

Da diese Beziehung gleich der oben angegebenen Bestimmungsgleichung für T_2 ist, kann gefolgert werden, daß mit der aus der FV-Methode berechneten Temperaturverteilung auch Flüsse gebildet werden können, mit denen integrale Bilanzen erfüllt werden.

Beispiel 4.5: FV-Diskretisierung der Transportgleichung für die eindimensionale, stationäre Wärmeleitung mit Energiezufuhr im Inneren des Rechengebietes

Gesucht ist jetzt beispielsweise die Temperaturverteilung in dem bereits in den Beispielen 4.3 und 4.4 betrachteten Stab, dem aber jetzt auch in seinem Inneren Wärme zugeführt wird. Dies wird bei einem metallischen Stab beispielsweise durch den Anschluß an eine Stromquelle erreicht, da der Stab einen elektrischen Widerstand hat (Bild 4.6).

Die Temperaturgleichung lautet in diesem Fall:

$$\frac{d}{dx}(\lambda\frac{dT}{dx})+S=0 .$$

Die Diskretisierung mittels der FV-Methode führt für die wie in Beispiel 4.4 gewählte Anordnung der Rechenpunkte und Rechenzellen auf:

$$\frac{\lambda_2+\lambda_3}{2}\cdot\frac{T_3-T_2}{\Delta x}-\frac{\lambda_1+\lambda_2}{2}\cdot\frac{T_2-T_1}{\Delta x}+\int_{\Delta x} S\,dx=0 .$$

S ist hierbei die auf das Einheitsvolumen bezogene Wärmequelle.

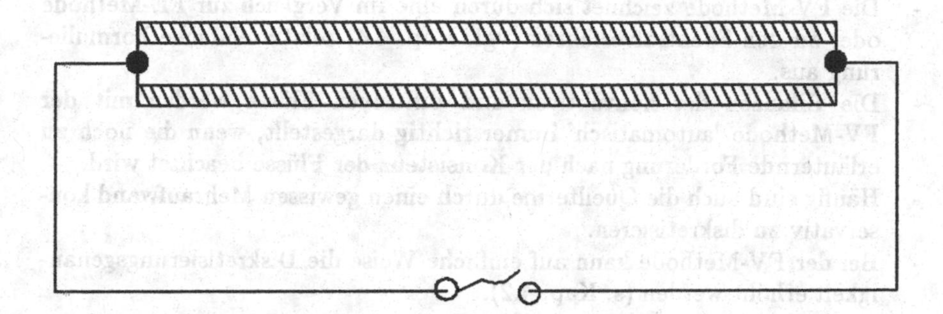

Bild 4.6. Problemstellung in Beispiel 4.5

Das die Energiezufuhr beschreibende Integral kann beispielsweise durch

$$\int_{\Delta x} S\,dx = \overline{S} \cdot \Delta x$$

approximiert werden, wobei $\overline{S}$ ein repräsentativer Wert für die Energiequelle um den Punkt 2 ist. Wenn nun beispielsweise $S = S(T)$ und dieser funktionelle Zusammenhang bekannt ist, aber $\overline{S}$ aus $S = S(T_2)$ bestimmt wird, kann

$$\overline{S} \neq \frac{1}{\Delta x} \int_{\Delta x} S\,dx$$

sein. Damit wird auch mit der FV-Methode die integrale Bilanz des betrachteten Systems in den diskretisierten Gleichungen nicht richtig wiedergegeben. An dieser Stelle sei darauf hingewiesen, daß diese Gefahr immer bei einem nichtlinearen Verlauf des Quellterms $S(x)$ gegeben ist. Weiter sei betont, daß in dem betrachteten Beispiel bei einem nichtlinearen Verlauf eine konservative Diskretisierung des Quellterms tatsächlich nur durch die Integration des Quellterms über die einzelnen Kontrollvolumen erreicht werden kann; um aber die in Realität herrschende Wärmezufuhr auch in der Rechnung zu erfassen, muß auch die real vorliegende Temperaturverteilung in den Kontrollvolumen bekannt sein. Durch solche Umstände werden dann die in Wirklichkeit vorliegenden integralen Bilanzen in der Rechnung nicht richtig erfaßt.

Trotz der Gefahr, daß auch mit der FV-Methode nichtkonservativ diskretisiert wird, ist diese Methode derzeit eine sehr weit verbreitete wenn nicht sogar die am meisten benutzte Diskretisierungsmethode bei der numerischen Simulation von Strömungen. Folgende Gründe sind hierfür anzuführen:

- Die FV-Methode zeichnet sich durch eine im Vergleich zur FE-Methode oder zu den Spektralverfahren (vgl. Kap. 4.4) relativ einfache Formulierung aus.
- Die Bilanzen der konvektiven und diffusiven Flüsse werden mit der FV-Methode 'automatisch' immer richtig dargestellt, wenn die noch zu erläuternde Forderung nach der Konsistenz der Flüsse beachtet wird.
- Häufig sind auch die Quellterme durch einen gewissen Mehraufwand konservativ zu diskretisieren.
- Bei der FV-Methode kann auf einfache Weise die Diskretisierungsgenauigkeit erhöht werden (s. Kap. 4.2).

Aus den genannten Gründen werden alle im folgenden angeführten Aspekte der numerischen Strömungssimulation überwiegend aus dem Blickwinkel der FV-Methode beleuchtet.

Analog zur der in den Beispielen 4.4 und 4.5 eingeschlagenen Vorgehensweise bei der Diskretisierung der Temperaturgleichung für die Wärmeleitung kann auch im allgemeinen Fall des rein diffusiven Transports einer beliebigen Größe Φ vorgegangen werden. Aus der ursprünglichen Differentialgleichung

$$\frac{\partial}{\partial x_j}(\Gamma \frac{\partial \Phi}{\partial x_j}) + S = 0$$

folgt so bei einer dreidimensionalen Problemstellung für einen Rechenpunkt P (Bild 4.2):

$$\left\{\Gamma \frac{\partial \Phi}{\partial x} A\right\}_e - \left\{\Gamma \frac{\partial \Phi}{\partial x} A\right\}_w + \left\{\Gamma \frac{\partial \Phi}{\partial y} A\right\}_n - \left\{\Gamma \frac{\partial \Phi}{\partial y} A\right\}_s +$$
$$\left\{\Gamma \frac{\partial \Phi}{\partial z} A\right\}_h - \left\{\Gamma \frac{\partial \Phi}{\partial z} A\right\}_l + \int_V S\, dV = 0\,. \tag{4.11}$$

Unter der Annahme eines abschnittsweise linearen Verlaufs der Größe Φ folgt hierfür:

$$\frac{\Gamma_e(\Phi_E - \Phi_P)}{\Delta x_e} A_e - \frac{\Gamma_w(\Phi_P - \Phi_W)}{\Delta x_w} A_w +$$
$$\frac{\Gamma_n(\Phi_N - \Phi_P)}{\Delta y_n} A_n - \frac{\Gamma_s(\Phi_P - \Phi_S)}{\Delta y_s} A_s +$$
$$\frac{\Gamma_h(\Phi_H - \Phi_P)}{\Delta z_h} A_h - \frac{\Gamma_l(\Phi_P - \Phi_L)}{\Delta z_l} A_l + \overline{S} \cdot V = 0\,, \tag{4.12a}$$

wobei bei einer konservativen Diskretisierung (vgl. Beispiel 4.5):

$$\overline{S} = \frac{1}{V} \int_V S \, dx \, . \tag{4.12b}$$

Es ist üblich, Gleichung (4.12a) in der Form der sogenannten allgemeinen Differenzengleichung zu schreiben:

$$a_P \Phi_P = \sum_i (a_i \Phi_i) + b \qquad i = E, W, N, S, H, L \tag{4.13}$$

mit

$$a_E = \frac{\Gamma_e}{\Delta x_e} A_e \quad a_W = \frac{\Gamma_w}{\Delta x_w} A_w \quad a_N = \frac{\Gamma_n}{\Delta y_n} A_n \quad a_S = \frac{\Gamma_s}{\Delta y_s} A_s$$

$$a_H = \frac{\Gamma_h}{\Delta z_h} A_h \qquad a_L = \frac{\Gamma_l}{\Delta z_l} A_l$$

$$a_P = \frac{\Gamma_e}{\Delta x_e} A_e + \frac{\Gamma_w}{\Delta x_w} A_w + \frac{\Gamma_n}{\Delta y_n} A_n + \frac{\Gamma_s}{\Delta y_s} A_s + \frac{\Gamma_h}{\Delta z_h} A_h + \frac{\Gamma_l}{\Delta z_l} A_l =$$

$$a_E + a_W + a_N + a_S + a_H + a_L = \sum_{nb} a_{nb}$$

$$b = \overline{S} \cdot V \, .$$

$a_E, a_W, a_N, \ldots$ sind Koeffizienten, die den Einfluß der Nachbarwerte bei $E, W, N, \ldots$ auf den Wert der Größe Φ im Punkt 'P' beschreiben.

Die allgemeine Differenzengleichung (4.13) ist eine algebraische Gleichung, die immer dann nichtlinear ist, wenn auch die ursprüngliche Differentialgleichung nichtlinear ist. Dies ist beispielsweise für die Temperaturgleichung bei $\lambda = \lambda(T)$ oder für die Navier-Stokesschen-Gleichungen der Fall.

Bei der Überführung der differentiellen Transportgleichungen in die algebraischen Differenzengleichungen sollte stets die Konsistenz der Flüsse beachtet werden. Gemeint ist damit, daß zur Wahrung der integralen Bilanzen in den Differenzengleichungen der Fluß über die gemeinsame Fläche zweier benachbarter Kontrollvolumen für beide Volumen gleich sein sollte.

Beispiel 4.6: Eindimensionale Wärmeleitung in einem Stab aus zwei aneinanderstoßenden Materialien mit verschiedenen Wärmeleitzahlen λ_1 = konst. und λ_2 = konst.

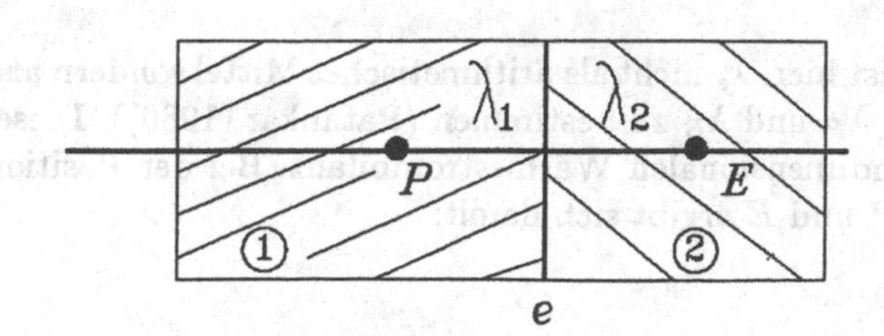

In diskretisierter Form folgt der Wärmefluß zwischen Volumen '1' und Volumen '2' zu:

$$q_{12} = \lambda_e \cdot \frac{T_E - T_P}{(x_E - x_P)} \,.$$

Volumen '1':

Da bei der oben skizzierten Anordnung, bei der die Kontrollvolumenfläche e genau an der Stelle liegt, wo die beiden unterschiedlichen Materialien aufeinanderstoßen, liegt im Volumen '1' folgende Annahme nahe:

$$\lambda_e = \lambda_P \qquad \Rightarrow \qquad q_e = q_1 = \lambda_P \cdot \frac{T_E - T_P}{(x_E - x_P)} \,.$$

Entsprechend gilt dann für das Volumen '2':

$$\lambda_e = \lambda_E \qquad \Rightarrow \qquad q_e = q_2 = \lambda_E \cdot \frac{T_E - T_P}{(x_E - x_P)} \,.$$

Da aufgrund des Sprungs in der Wärmeleitfähigkeit $\lambda_P \neq \lambda_E$ gilt, ist $q_1 \neq q_2$ und damit ist die Wärmebilanz verletzt.
Wird hingegen die Wärmeleitzahl bei e für beide Kontrollvolumen aus ein und derselben linearen Interpolation ermittelt, so ist die integrale Energiebilanz erfüllt. Liegt e beispielsweise in der Mitte zwischen P und E, folgt:

$$\lambda_e = \frac{1}{2}(\lambda_P + \lambda_E)$$

In vielen praktischen Anwendungen mit stetiger Änderung der Wärmeleitzahl ist diese Interpolation ausreichend. In dem gewählten Beispiel mit sprungartiger Änderung von λ wird jedoch die Physik durch diesen Ansatz nicht gut wiedergegeben. Ist beispielsweise die Wärmeleitfähigkeit im Volumen '2' gleich Null, wird $\lambda_e = 0.5 \cdot \lambda_P$. Damit wird in der Rechnung noch bei e ein Wärmestrom ermittelt, was in Wirklichkeit ja nicht der Fall ist.

Besser ist hier, λ_e nicht als arithmetisches Mittel sondern als harmonisches Mittel von λ_P und λ_E zu bestimmen (Patankar (1980)). Dieser Ansatz folgt aus der eindimensionalen Wärmestrombilanz. Bei der Position in der Mitte zwischen P und E ergibt sich damit:

$$\lambda_e = \frac{2\,\lambda_P\lambda_E}{\lambda_P + \lambda_E}$$

Bei dieser Bestimmung von λ_e ist mit $\lambda_E = 0$ auch $\lambda_e = 0$, so daß über die Fläche e kein Wärmestrom mehr ermittelt wird.

Eine weitere Möglichkeit, λ_e unter den gegebenen Umständen zu bestimmen, besteht darin, in die Grenzfläche, wo sich der Sprung in der λ -Verteilung befindet, einen Rechenpunkt zu legen (z.B. Punkt 'E'). Für diesen Punkt wird wie in Bild 4.7 skizziert eine sogenannte 'Halbzelle' als Kontrollraum der FV-Methode definiert. Dabei sei angenommen, daß sich dieser Rechenpunkt ein infinitesimal kleines Stück weit im Bereich des Materials rechts der Grenzfläche befindet ($\Rightarrow \lambda_E = \lambda_{EE}$). Damit folgt für das Volumen '1' der Wärmefluß bei 'E' zu:

$$q_E = q_e = q_1 = \lambda_E \cdot \frac{T_E - T_P}{(x_E - x_P)}$$

Entsprechend folgt für das Volumen '2':

$$q_E = q_e = q_2 = \lambda_E \cdot \frac{T_E - T_P}{(x_E - x_P)}$$

Neben der Konsistenz der Flüsse wird oft verlangt, daß die Koeffizienten in der für die allgemeine Differenzengleichung (4.13) gewählten Formulierung alle das gleiche Vorzeichen haben. Ungleiche Vorzeichen der Koeffizienten sind die Ursache für das Versagen von vielen Iterationsverfahren zur Lösung des Systems von Differenzengleichungen (vgl. Kap.7.2). Positive und negative Koeffizienten können jedoch auch zu Oszillationen in der Lösung und damit zu physikalisch unsinnigen Ergebnissen führen.

Beispiel 4.7: Eindimensionale Differenzengleichung für die Energiegleichung zur Bestimmung der Temperatur

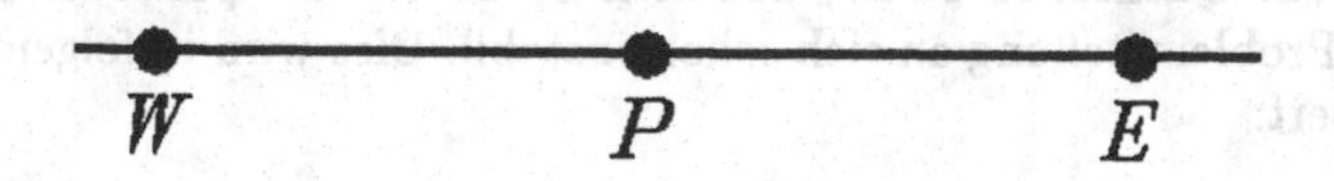

Aus der Differenzengleichung

$$a_P T_P = a_W T_W + a_E T_E$$

folgt

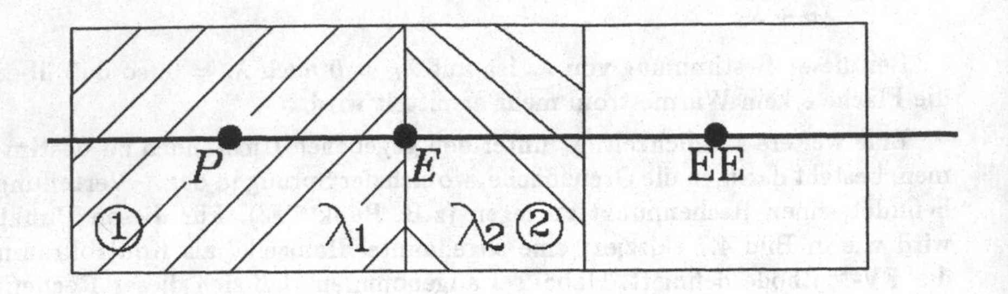

Bild 4.7. Halbzelle um E

$$T_P = \frac{a_W}{a_P} T_W + \frac{a_E}{a_P} T_E \,.$$

Ist T_W = konst. (z.B. fester Randwert) folgt mit $a_W > 0$, $a_E < 0$ und $a_P > 0$ aus einer Zunahme von T_E eine Abnahme von T_P. Dies ist jedoch physikalisch unsinnig.

Eine weitere Diskretisierungsregel betrifft die Quellterme in den Differenzengleichungen. Häufig ist der Quellterm eine Funktion der zu berechnenden Größe, d.h. $S = S(\Phi)$. Auch in den Fällen, in denen $S(\Phi)$ eine nichtlineare Funktion von Φ ist, kann eine Zerlegung des Quellterms in

$$S(\Phi) = S_0 + S' \cdot \Phi \tag{4.14}$$

zweckmäßig sein. Unter der Bedingung, daß S' negativ ist, kann mit der Linearisierung des Quellterms in Gleichung (4.14) eine Beschleunigung und Stabilisierung der Lösungsprozedur erreicht werden (vgl. Kap. 7.2). Ist dagegen S' ein positiver Wert, werden iterative Lösungsverfahren leicht instabil, so daß die Linearisierung des Quellterms unterbleiben sollte. Wenn die Abhängigkeit des Quellterms so ist, daß sich S' überall als positiver Wert ergibt, ist die Problemstellung an sich schon instabil. Dies wird in folgendem Beispiel erläutert.

Beispiel 4.8: Eindimensionale Wärmeleitung mit Wärmezufuhr (vgl. Beispiel 4.5)
Der Quellterm, der hier die dem Stab durch elektrischen Strom zugeführte Wärmeenergie beschreibt, ist beispielsweise dann eine Funktion der Temperatur, wenn der elektrische Widerstand temperaturabhängig ist:

$$S(T) = U \cdot I = R(T) * I^2 \,.$$

Wenn $R(T)$ eine monoton steigende Funktion von T ist, folgt bei konstantem Strom I ('Konstantstromquelle') $S' > 0$. Nimmt aber der Widerstand mit wachsender Temperatur zu, dann steigt bei konstantem Strom die Temperatur immer weiter.

Ist ein zu berechnendes System schon aufgrund der Problemstellung instabil, kann die Rechnung natürlich nicht dadurch stabilisiert werden, daß die Linearisierung des Quellterms unterbleibt. Der Nutzen der Linearisierung des Quellterms ist vielmehr immer dann gegeben, wenn S' stets negativ ist. Auch in den Fällen, in denen das Vorzeichen von S' wechseln kann, ist die Linearisierung des Quellterms manchmal hilfreich.

Beispiel 4.9: Eindimensionale Wärmeleitung mit Wärmezufuhr
Wie in Beispiel 4.8 sei der Quellterm, der hier die dem Stab durch elektrischen Strom zugeführte Wärmeenergie beschreibt, eine Funktion der Temperatur. In diesem Beispiel soll dagegen die Temperaturverteilung gesucht werden, die sich bei Vorgabe einer konstanten Spannung einstellt. Dafür gilt:

$$S(T) = U \cdot I = \frac{U^2}{R(T)} = S_0 + S' \cdot T \,.$$

Wenn $R(T)$ eine monoton steigende Funktion von T ist, nimmt in diesem Beispiel die Wärmequelle mit steigendem elektrischem Widerstand und damit mit steigender Temperatur kleinere Werte an. Für den elektrischen Widerstand folgt beispielsweise mit $R(T) = R_0(1 + \alpha \cdot T)$

$$S(T) = \frac{U^2}{R_0(1 + \alpha \cdot T)} \,,$$

wobei $\alpha > 0$ ist. Der Quellterm in den Differenzengleichungen zur Bestimmung der diskreten Temperaturverteilung ist hier also eine nichtlineare Funktion der Temperatur. Wie in Kap. 7 noch erläutert wird, sind die Differenzengleichungen in diesem Fall iterativ zu lösen. Dabei werden in aufeinanderfolgenden 'Iterationen' die Werte der Temperatur an den Rechenpunkten laufend verbessert. In jeder Iteration werden dabei die Werte der einzelnen Quellterme mit den jeweils 'neuen' Temperaturwerten berechnet. Dies muß solange fortgeführt werden bis an jedem Rechenpunkt eine Temperatur gefunden ist, mit der die zugehörige Differenzengleichung erfüllt wird.

Bei der Linearisierung eines nichtlinearen Quellterms wird der nichtlineare Verlauf einer Funktion durch Geraden angenähert. Dies kann in unterschiedlicher Art und Weise erfolgen. In Bild 4.8 sind zwei Möglichkeiten vorgestellt.

Die in diesem Bild eingezeichnete Kurve stellt qualitativ den obigen Zusammenhang zwischen der Temperatur und der sich bei einer festen Spannung U einstellenden Wärmequelle dar. Im Laufe des iterativen Rechengangs sei

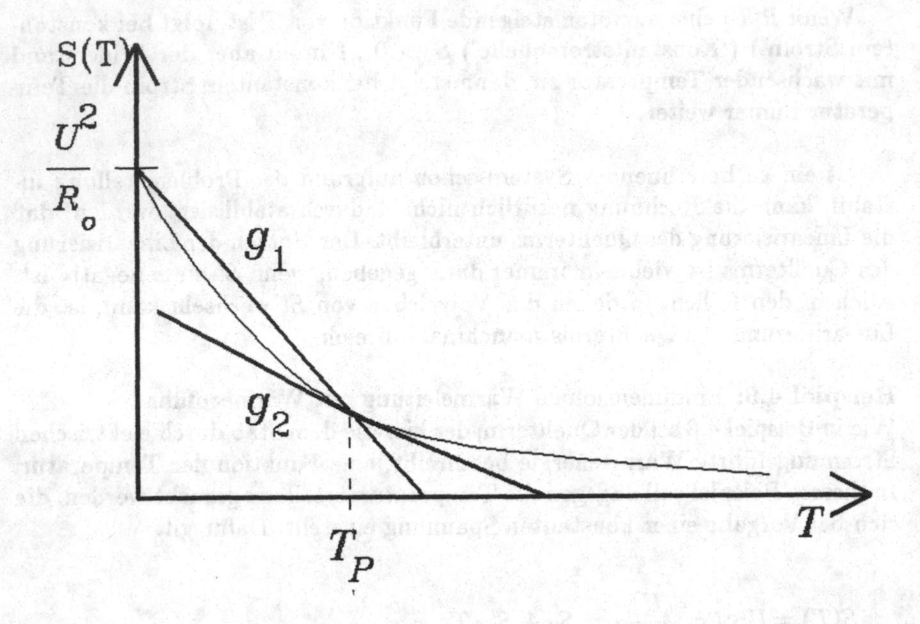

Bild 4.8. Linearisierung des Quellterms

der Wert der Temperatur am Rechenpunkt P gerade T_P. Der bei T_P vorliegende Kurvenverlauf kann durch die eingezeichneten Geraden g_1 und g_2 mehr oder weniger gut angenähert werden.

Für die Gerade g_1 folgt:

$$S_0 = \frac{U^2}{R_0} \qquad \text{und} \qquad S' = -\frac{U^2}{R_0 T}\left(1 - \frac{1}{1 + \alpha \cdot T}\right) .$$

Für die Gerade g_2, die eine Tangente an die Kurve S(T) bei der Temperatur T_P ist, folgt:

$$S_0 = \frac{U^2}{R_0(1+\alpha T)} \cdot \left(1 + \frac{\alpha T}{1+\alpha T}\right)$$

und

$$S' = -\frac{U^2}{R_0} \cdot \frac{\alpha}{(1+\alpha T)^2}$$

Es sei darauf hingewiesen, daß unabhängig davon, ob die Linearisierung des Quellterms mit der Geraden g_1 oder mit der Geraden g_2 ausgeführt wird, der Quellterm zu $S(T) = S + S' \cdot T = U^2/(R_0(1+\alpha T))$ folgt.

Wie aus Bild 4.8 ersichtlich ist, wird der Verlauf von $S(T)$ durch die Gerade g_2 besser angenähert als durch die mit etwas weniger Rechenaufwand verbundene Gerade g_1, wenn die Temperatur im Laufe des iterativen Rechenganges steigt. Sinkt die Temperatur, bietet dagegen die Gerade g_1 Vorteile. Wenn S' sehr groß im Vergleich zu den Nachbarkoeffizienten ist, kann davon ausgegangen werden, daß die Temperatur T_P in der nächsten Iteration kleiner wird und somit ist die Linearisierung mit der Geraden g_1 anzustreben. Allerdings sollte beachtet werden, daß nur in den wenigsten Fällen schon vorab klar ist, in welcher Richtung der Verlauf einer nichtlinearen Funktion in einem iterativen Rechengang verfolgt wird.

Mit der Linearisierung des Quellterms wie in Gleichung (4.14) folgt a_P und b in der allgemeinen Differenzengleichung zu:

$$a_P = \sum_{nb} a_{nb} - \overline{S'} \cdot V \qquad b = \overline{S_0} \cdot V . \tag{4.15}$$

Bei der Diskretisierung einer Transportgleichung mit diffusiven Termen in der allgemeinen Differenzengleichung ergibt sich immer der in Gleichung (4.15) genannte Zusammenhang: bei $S' = 0$ folgt a_P als Summe der Nachbarkoeffizienten. Wie später noch gezeigt wird, gilt Gleichung (4.15) bei einer Einschränkung auch für die Diskretisierung der allgemeinen Transportgleichung (4.1) (also auch unter Einschluß von konvektiven Termen).

Die Einschränkung, die hier zu beachten ist, lautet, daß in der Kontinuitätsgleichung keine Quelle zu berücksichtigen ist. Hier sei daran erinnert, daß in Mehrphasenströmungen mit Phasenübergang solche Massenquellen auftreten.

Für $S_0 = 0$ und $S' = 0$ folgt Gleichung (4.15) zu $a_P = \sum_{nb} a_{nb}$. Mit $a_P \Phi_P = \sum_{nb} a_{nb} \Phi_{nb}$ ist Φ_P immer dann ein gewichtes Mittel der Werte an den Nachbarpunkten Φ_{nb}, wenn alle Koeffizienten a_{nb} gleiches Vorzeichen haben. Das bedeutet, daß Φ_P immer zwischen dem minimalen und maximalen Φ-Wert der Nachbarpunkte liegen muß. Weist einer der Koeffizienten a_{nb} ein von den anderen verschiedenes Vorzeichen auf, kann Φ_P außerhalb des Werteintervalls der Nachbarwerte liegen. Wie im nächsten Kap. 4.2 gezeigt wird, kann dieser Umstand bei einigen der zur Diskretisierung des Konvektionsterms eingesetzten Ansätze leicht eintreten. Dabei kann der Wert Φ_P sogar Werte annehmen, die außerhalb des physikalisch sinnvollen Bereichs liegen. Auf diese Weise können beispielsweise negative Konzentrationen in der Lösung erscheinen.

4.2 Diskretisierung des Konvektionsterms

Wie bereits im Kap. 4.1.2 erläutert wurde, folgt bei der FV-Diskretisierung der Konvektionsterme div($\rho c\Phi$) für die einzelnen Kontrollvolumen im dreidimensionalen Fall

$$\int_V \operatorname{div}(\rho c\Phi)dV = \int_A \rho\Phi(c d\mathbf{A}) =$$

$$\{\rho uA\}_e\Phi_e - \{\rho uA\}_w\Phi_w + \{\rho vA\}_n\Phi_n - \{\rho vA\}_s\Phi_s + \{\rho wA\}_h\Phi_h - \{\rho wA\}_l\Phi_l \,. \tag{4.16}$$

An dieser Stelle sei daran erinnert, daß die Auswertung des Oberflächenintegrals auf der Voraussetzung basiert, daß über die Einzelflächen der gesamten Kontrollvolumenoberfläche jeweils homogene Verteilungen vorliegen.

Wie schon bei der Diskretisierung der Diffusionsterme müssen auch hier Annahmen über den Verlauf verschiedener Größen zwischen den Rechenpunkten getroffen werden. Während die Dichte ρ und die Geschwindigkeitskomponenten u, v, w an den einzelnen Kontrollvolumenoberflächen aus dem naheliegenden Ansatz, der linearen Interpolation, gewöhnlich ohne Schwierigkeiten ermittelt werden können, ist die lineare Interpolation für die Bestimmung der Größe Φ ('Zentraldifferenzen-Ansatz') an den Kontrollvolumengrenzen oftmals nicht zweckmäßig. Insgesamt existieren eine Vielzahl von Ansätzen zur Ermittlung der Größe Φ an den Kontrollvolumengrenzen. Im folgenden Kapitel werden einige dieser Ansätze, die gewöhnlich als 'Diskretisierungsansätze' bezeichnet werden, vorgestellt.

4.2.1 Diskretisierungsansätze

4.2.1.1 Zentraldifferenzen-Ansatz

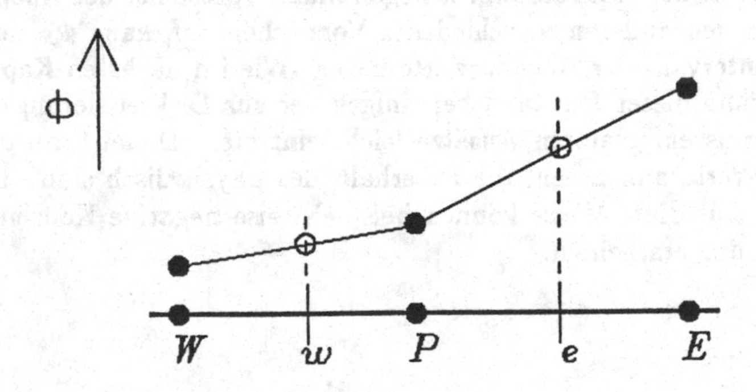

Wie bereits angesprochen wurde, werden die unbekannten Werte einer Größe Φ an den Kontrollvolumengrenzen beim Zentraldifferenzen-Ansatz aus der Annahme eines stückweise linearen Verlaufs von Φ zwischen zwei benachbarten Punkten gewonnen. Liegen die Kontrollvolumengrenzen immer genau in der Mitte zwischen zwei benachbarten Rechenpunkten, folgt mit diesem Ansatz beispielsweise bei e und w:

$$\Phi_e = \frac{1}{2}\cdot(\Phi_E + \Phi_P) \qquad \Phi_w = \frac{1}{2}\cdot(\Phi_P + \Phi_W)\,. \tag{4.17}$$

Damit sind die Koeffizienten der allgemeinen Differenzengleichung

$$a_P\Phi_P = \sum_{nb}(a_{nb}\Phi_{nb}) + b \quad \text{mit} \quad nb = E, W, N, S, H, L \tag{4.18a}$$

$$a_E = \Big(\frac{\Gamma_e}{\Delta x_e} - 0.5\cdot\{\rho u\}_e\Big)\cdot A_e \qquad a_W = \Big(\frac{\Gamma_w}{\Delta x_w} + 0.5\cdot\{\rho u\}_w\Big)\cdot A_w \tag{4.18b}$$

$$a_N = \Big(\frac{\Gamma_n}{\Delta y_n} - 0.5\cdot\{\rho v\}_n\Big)\cdot A_n \qquad a_S = \Big(\frac{\Gamma_s}{\Delta y_s} + 0.5\cdot\{\rho v\}_s\Big)\cdot A_s \tag{4.18c}$$

$$a_H = \Big(\frac{\Gamma_h}{\Delta z_h} - 0.5\cdot\{\rho w\}_h\Big)\cdot A_h \qquad a_L = \Big(\frac{\Gamma_l}{\Delta z_l} + 0.5\cdot\{\rho w\}_l\Big)\cdot A_l \tag{4.18d}$$

$$\begin{aligned} a_P = {} & \Big(\frac{\Gamma_e}{\Delta x_e} + 0.5\cdot\{\rho u\}_e\Big)\cdot A_e + \Big(\frac{\Gamma_w}{\Delta x_w} - 0.5\cdot\{\rho u\}_w\Big)\cdot A_w + \\ & \Big(\frac{\Gamma_n}{\Delta y_n} + 0.5\cdot\{\rho v\}_n\Big)\cdot A_n + \Big(\frac{\Gamma_s}{\Delta y_s} - 0.5\cdot\{\rho v\}_s\Big)\cdot A_s + \\ & \Big(\frac{\Gamma_h}{\Delta z_h} + 0.5\cdot\{\rho w\}_h\Big)\cdot A_h + \Big(\frac{\Gamma_l}{\Delta z_l} - 0.5\cdot\{\rho w\}_l\Big)\cdot A_l\,. \end{aligned} \tag{4.18e}$$

Den Gleichungen (4.18b-e) kann entnommen werden, daß bei der Diskretisierung von Transportgleichungen mit konvektiven Termen nur dann $a_P = \sum_{nb} a_{nb} - S'$ ist, wenn aufgrund der Kontinuitätsgleichung in diskretisierter Form

$$\{\rho u A\}_e - \{\rho u A\}_w + \{\rho v A\}_n - \{\rho v A\}_s + \{\rho w A\}_h - \{\rho w A\}_l = 0. \tag{4.19}$$

gilt. Dies kann in analoger Weise auch für die in den folgenden Kapiteln vorgestellten alternativen Diskretisierungsansätze für die Konvektion gefunden werden.

Aus den angegebenen Gleichungen zur Berechnung der Koeffizienten wird klar, daß bei Verwendung des Zentraldifferenzen-Ansatzes zur Diskretisierung des Konvektionsterms negative Koeffizienten entstehen können. So folgt beispielsweise $a_E < 0$, wenn

$$\frac{\{\rho u\}_e}{(\Gamma_e/\Delta x_e)} > 2 \tag{4.20}$$

ist. Dieses charakteristische Verhältnis ist als Peclet-Zahl Pe bekannt:

$$Pe = \frac{\rho u \Delta x}{\Gamma} \,. \tag{4.21}$$

In der Peclet-Zahl wird die Stärke der Konvektion ins Verhältnis zur Stärke der Diffusion gesetzt. Ist die zu berechnende Größe Φ eine der Geschwindigkeitskomponenten, wird mit der Peclet-Zahl eine Reynolds-Zahl für die Rechenzelle gebildet.

Für $Pe > 2$ folgen also bei Verwendung des Zentraldifferenzen-Ansatzes positive und negative Koeffizienten. Damit wird die schon im vorigen Kapitel erläuterte Regel verletzt, nach der die Koeffizienten in der allgemeinen Differenzengleichung (4.13) alle das gleiche Vorzeichen aufweisen sollten. Welche Auswirkungen negative Koeffizienten auf das Resultat einer Rechnung haben können, wird in Beispiel 4.10 illustriert.

Vor allem wegen der Gefahr, mit negativen Koeffizienten zu rechnen, wird der Zentraldifferenzen-Ansatz gewöhnlich nicht zur Diskretisierung der konvektiven Terme benutzt.

4.2.1.2 UPWIND-Ansatz

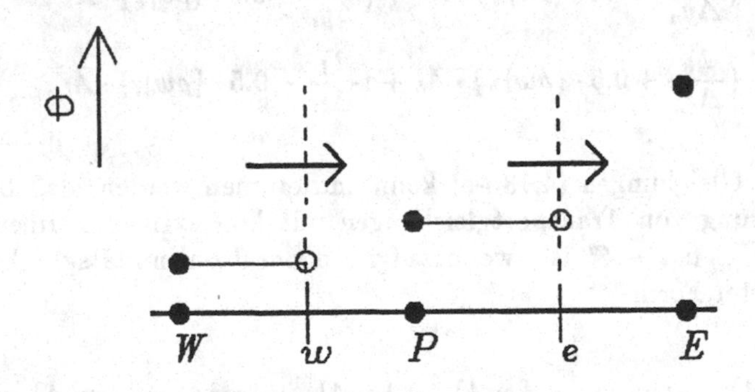

Bei dem sogenannten UPWIND-Ansatz zur Ermittlung der Werte einer Größe Φ an den Kontrollvolumengrenzen wird der an einer Fläche gefragte Wert gleich dem am nächsten stromauf gelegenen Rechenpunkt gesetzt. Damit ergibt sich beispielsweise bei e folgende Vorschrift:

$$\Phi_e = \begin{cases} \Phi_P & \text{für} \quad u_e > 0 \\ \Phi_E & \text{für} \quad u_e < 0 \end{cases} . \tag{4.22}$$

Die Approximation von Φ an den anderen Kontrollvolumengrenzen erfolgt analog.

Zur Diskretisierung der Diffusionsterme wird auch beim UPWIND-Ansatz von einem stückweise linearen Verlauf ausgegangen. Da dies gewöhnlich überrascht, sei angemerkt, daß unterschiedliche Ansätze für Konvektion und Diffusion immer dann zulässig sind, wenn keine der im vorigen Kap. 4.1.3 erhobenen Forderungen verletzt wird.

Aus Gleichung (4.22) und den analogen Beziehungen für die anderen Kontrollvolumenoberflächen folgen die Koeffizienten der allgemeinen Differenzengleichung. Beispielsweise sind die mit dem UPWIND-Ansatz bei e und w errechneten Koeffizienten

$$a_E = \left(\frac{\Gamma_e}{\Delta x_e} + [\![-\{\rho u\}_e, 0]\!] \right) \cdot A_e \tag{4.23a}$$

$$a_W = \left(\frac{\Gamma_w}{\Delta x_w} + [\![+\{\rho u\}_w, 0]\!] \right) \cdot A_w . \tag{4.23b}$$

Dabei wird mit $[\![\ ,\ ]\!]$ das Maximum zweier Werte bezeichnet.

Bei dem UPWIND-Ansatz ist daher gewährleistet, daß a_E und a_W immer größer als Null sind. Wie in Kap. 4.2.2 und in dem folgenden Beispiel 4.10 gezeigt wird, kann die Verwendung des UPWIND-Ansatzes jedoch schwerwiegende Diskretisierungsfehler mit sich bringen. In den letzten Jahren wurde daher eine Vielzahl von Diskretisierungsansätzen entwickelt, die mit geringeren Diskretisierungsfehlern behaftet sind als der UPWIND-Ansatz und nicht in dem Maße mit Oszillationen verbunden sind wie der Zentraldifferenzen-Ansatz zur Diskretisierung der Konvektionsterme.

Beispiel 4.10: Berechnung einer Schichtenströmung: schräg angeströmtes Rechengitter, Zentraldifferenzen- und UPWIND-Ansatz

Ein beliebtes Beispiel zur Veranschaulichung der Eigenschaften von unterschiedlichen Diskretisierungsansätzen ist die Berechnung der Ausbreitung eines streng konservativen passiven Skalars in einer geschichteten Strömung. Als streng konservativer passiver Skalar wird eine Größe bezeichnet, die nicht durch Quellen oder Senken im Strömungsfeld verändert wird ('konservativ') und die keinerlei Auswirkungen auf das Strömungsfeld hat ('passiv'). Ein Beispiel dafür ist die Konzentration einer gasförmigen Spezies, wenn die Konzentration im Strömungsfeld sehr niedrig ist und wenn diese Spezies nicht an chemischen Reaktionen teilnimmt.

Bild 4.9 zeigt die diesem Berechnungsbeispiel zugrundegelegte Situation: das Rechengitter aus $10 \cdot 10$ Knoten mit überall gleichgroßen Kontrollvolumen liegt in einem Winkel von 45° zur Strömungsrichtung. Während die

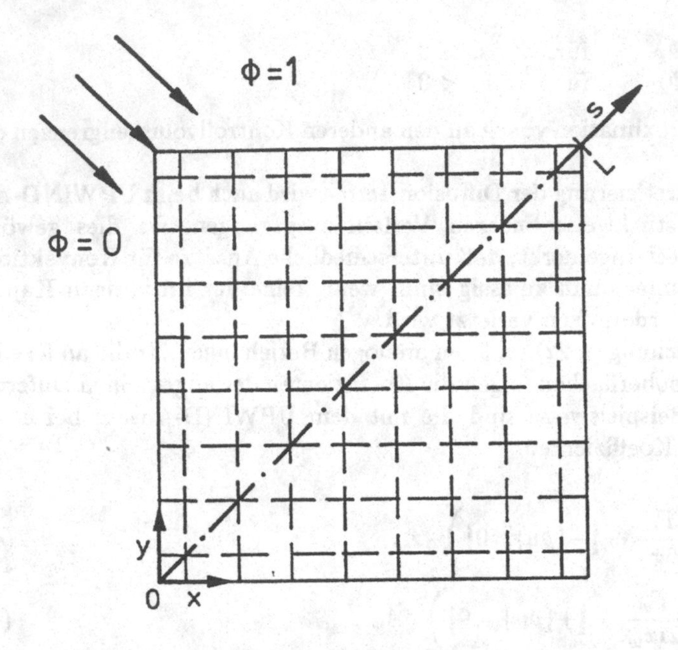

Bild 4.9. Schichtenströmung (schräg angeströmtes Rechengitter, Beispiel 4.10)

Geschwindigkeitsverteilung im gesamten Rechenfeld als konstant angenommen ist, wird für einen passiven konservativen Skalar Φ am Rechenfeldeintritt eine Schichtung von Φ mit $\Phi = 0$ und $\Phi = 1$ quer zur Strömungsrichtung vorgegeben. Weiterhin soll gelten, daß keinerlei diffusive Vorgänge auftreten und somit für den Austauschkoeffizient $\Gamma = 0$ gilt.

In Bild 4.10 sind die mit dem Zentraldifferenzen- und mit dem UPWIND-Ansatz errechneten Verteilungen von Φ längs der in Bild 4.9 eingezeichneten Richtung 's', also quer zur Strömungsrichtung, dargestellt. Da wegen $\Gamma = 0$ kein Austausch von Φ quer zur Strömungsrichtung stattfindet und die Konvektion die am Rechenfeldeintritt vorgegebene Verteilung lediglich über das Rechenfeld 'schiebt', zeigt die exakte Lösung bei $s/L = 0.5$ einen Sprung von $\Phi = 0$ auf $\Phi = 1$.

Der Zentraldifferenzen-Ansatz liefert im Vergleich zum UPWIND-Ansatz eine wesentlich höhere Diskretisierungsgenauigkeit, was an der deutlich besseren Annäherung des Sprungs von $\Phi = 0$ auf $\Phi = 1$ zu erkennen ist. Wie bereits besprochen wurde, führt dieser Ansatz jedoch oft zu physikalisch unsinnigen Ergebnissen. Auch dies wird im Bild 4.10 sichtbar, da in dem gewählten Beispiel alle Werte von Φ innerhalb des Intervalls $0 \leq \Phi \leq 1$ liegen müssen. Aus dem Zentraldifferenzen-Ansatz folgen hier jedoch Oszillationen, die an sich schon keinen Sinn ergeben und die in diesem Beispiel überdies über die physikalischen Grenzen von Φ hinausführen.

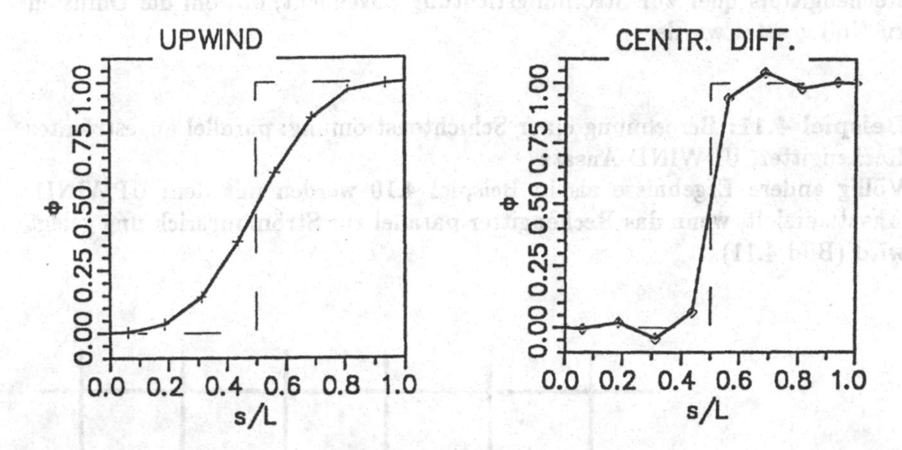

Bild 4.10. Schichtenströmung: Ergebnisse mit dem UPWIND- und dem Zentraldifferenzen-Ansatz

An dieser Stelle sei darauf hingewiesen, daß mit der Diskretisierungsgenauigkeit die mathematische Seite einer Problemstellung angesprochen ist, während mit Oszillationen in der Lösung der physikalische Aspekt betroffen ist. Der Zentraldifferenzen-Ansatz arbeitet zwar im mathematischen Sinne durchaus zufriedenstellend (hohe Diskretisierungsgenauigkeit, erkennbar an der guten Annäherung des Sprungs in der exakten Lösung), erfüllt aber, wie in diesem Beispiel, die aus der Physik stammenden Anforderungen oftmals nur unzureichend.

Wie in Kap. 4.2.2 noch näher erörtert wird, kann die UPWIND-Diskretisierung gerade bei schräg angeströmten Rechengittern mit großen Diskretisierungsfehlern verbunden sein, die zur Abflachung der errechneten Verteilungen führen. Dies ist in Bild 4.10 deutlich sichtbar. Dieses Verhalten kann in diesem Beispiel auch unmittelbar aus den Differenzengleichungen entnommen werden: mit $\Gamma = 0$, $\Delta x = \Delta y$ und mit $\rho u = -\rho v$, ergeben sich folgende Koeffizienten:

$$a_E = a_S = 0 \qquad a_W = a_N = \rho u \Delta y \qquad a_P = a_W + a_N = 2 \cdot a_W \,.$$

Hieraus folgt

$$\Phi_P = \frac{1}{2}(\Phi_W + \Phi_N) \,.$$

Weil sich somit die Größe Φ immer als Mittelwert des Nord- und Westwertes von Φ ergibt, wird die Verteilung von Φ bei Schräganströmung des

Rechengitters quer zur Strömungsrichtung abgeflacht, obwohl die Diffusion zu Null gesetzt wurde.

Beispiel 4.11: Berechnung einer Schichtenströmung: parallel angeströmtes Rechengitter, UPWIND-Ansatz
Völlig andere Ergebnisse als in Beispiel 4.10 werden mit dem UPWIND-Ansatz erzielt, wenn das Rechengitter parallel zur Strömungsrichtung gelegt wird (Bild 4.11).

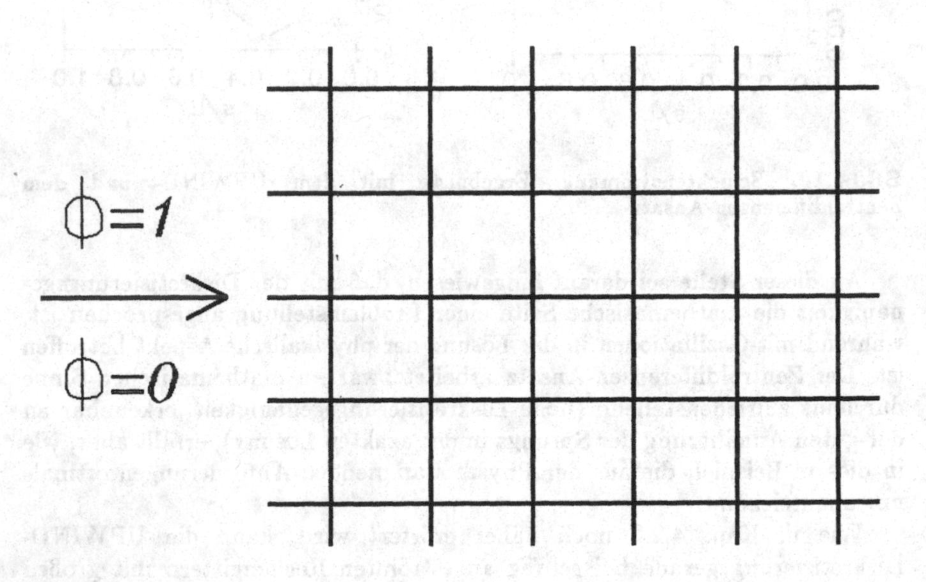

Bild 4.11. Schichtenströmung (parallel angeströmtes Rechengitter, Beispiel 4.11)

Hier folgen aus dem UPWIND-Ansatz folgende Koeffizienten ($\rho v = 0$):

$$a_N = a_S = a_E = 0. \qquad a_P = a_W \ .$$

Damit kann die Verteilung von Φ aus

$$\Phi_P = \Phi_W$$

an allen Rechenpunkten ermittelt werden. In diesem Fall treten also keine Diskretisierungsfehler auf; wie in der exakten Lösung bleibt die am Rechenfeldeintritt vorgegebene Φ-Verteilung auch im Rechengebiet erhalten. Eine

Begründung für dieses unterschiedliche Verhalten bei wechselnder Orientierung des Rechengitters relativ zur Strömungsrichtung wird in Kap. 4.2.2 gegeben.

4.2.1.3 HYBRID-Ansatz

Ein immer noch weit verbreiteter Diskretisierungsansatz ist der sogenannte HYBRID-Ansatz (z.B. Patankar (1980)). Dieser Ansatz ist eine Mischung von UPWIND- und Zentraldifferenzen-Ansatz.

Bei der Ableitung des HYBRID-Ansatzes wurde von der exakten Lösung der eindimensionalen Transportgleichung ausgegangen, die nur Konvektion und Diffusion (also keine Quellterme) umfaßt. Die Idee hierbei war, eine einfache Interpolationsvorschrift in Anlehnung an die exakte Lösung des Verlaufs zwischen den Rechenpunkten zu gestalten. Bei genügend hoher Peclet-Zahl, also großer Konvektion im Vergleich zur Diffusion, wird die exakte Lösung der genannten eindimensionalen Transportgleichung durch den UPWIND-Ansatz ohne diffusiven Anteil gut wiedergegeben. Bei einer Peclet-Zahl kleiner zwei ist hingegen der in Kap. 4.2.1.1 vorgestellte Zentraldifferenzen-Ansatz die bessere Näherung. Aus diesem Grund wird beim HYBRID-Ansatz bei Peclet-Zahlen größer zwei mit einem etwas abgewandelten UPWIND-Ansatz und bei Peclet-Zahlen kleiner zwei mit dem Zentraldifferenzen-Ansatz gearbeitet. So ergibt sich beispielsweise für die Berechnung der beiden Koeffizienten in x-Richtung:

$$a_E = \left[-\{\rho u\}_e, 0, \frac{\Gamma_e}{\Delta x_e} - \frac{1}{2}\{\rho u\}_e\right] \cdot A_e \tag{4.24a}$$

$$a_W = \left[+\{\rho u\}_w, 0, \frac{\Gamma_w}{\Delta x_w} + \frac{1}{2}\{\rho u\}_w\right] \cdot A_w \,. \tag{4.24b}$$

Eine kritische Betrachtung des HYBRID-Ansatzes ergibt, daß dessen Verwendung ebenso mit großen Diskretisierungsfehlern verbunden sein kann wie der UPWIND-Ansatz. In Kap. 4.2.2 wird gezeigt, daß der UPWIND-Ansatz bei hohen Peclet-Zahlen zu großen Diskretisierungsfehlern führen kann. Gerade bei hohen Peclet-Zahlen wird jedoch beim HYBRID-Ansatz auf den UPWIND-Ansatz umgeschaltet.

Praktische Probleme lassen sich nur in wenigen Ausnahmen eindimensional darstellen und sind nicht nur mit Konvektion und Diffusion sondern auch mit Quelltermen verbunden. Darum kann gewöhnlich nicht erwartet werden, daß aufgrund der Anlehnung des HYBRID-Diskretisierungsansatzes an eine exakte Lösung auch in praktischen Anwendungen eine ausreichend hohe Genauigkeit der Lösung erzielt wird.

Ein weiterer Punkt, der hier angemerkt werden soll, betrifft die Stabilität von iterativen Lösungsverfahren bei der Verwendung des HYBRID-Ansatzes.

Da Koeffizienten mit verschiedenen Vorzeichen bei diesem Ansatz nicht auftreten können, ist die Stabilität eines iterativen Lösungsverfahrens nicht wie beim Zentraldifferenzen-Ansatz beeinträchtigt. Einige, sehr effiziente Gleichungslöser verlangen jedoch eine gewisse Symmetrie in der Koeffizientenmatrix (vgl. Kap. 7.2). Diese Symmetrie wird beispielsweise beim UPWIND-Ansatz durch den in allen Koeffizienten stets vorhandenen diffusiven Anteil garantiert (der diffusive Anteil in den Koeffizienten hat zur Folge, daß diese nirgends zu Null bestimmt werden). Beim oben vorgestellten HYBRID-Ansatz kann jedoch die Situation auftreten, daß ein Koeffizient in der Koeffizientenmatrix verschwindet, wodurch die erwähnte Symmetriebedingung verletzt wird.

Im folgenden werden nun Diskretisierungsansätze vorgestellt, die den Anprüchen nach mathematischer Genauigkeit und physikalischer Aussagekraft eher gerecht werden als die bisher besprochenen Ansätze.

4.2.1.4 QUICK-Ansatz

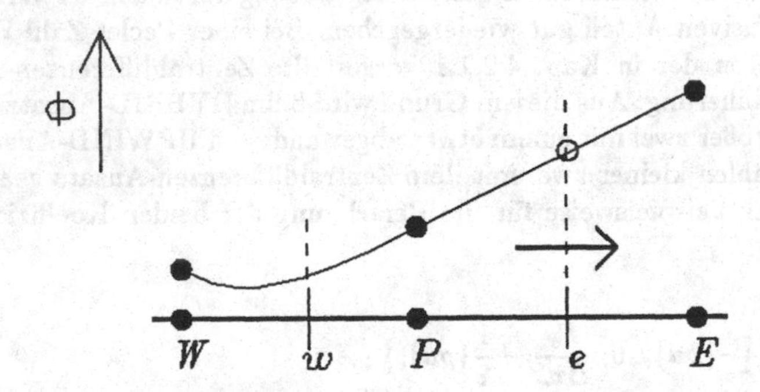

Bei dem sogenannten QUICK-Ansatz ('Quadratic Upstream Interpolation for Convection Kinematics'), der von Leonard (1979) vorgeschlagen wurde, werden die Werte von Φ an den Kontrollvolumengrenzen aus der Interpolation mit einer Parabel gewonnen. Zwei Stützwerte zur Definition der Parabel liegen dabei stromauf zur jeweils betrachteten Kontrollvolumenoberfläche und einer liegt stromab.

Die einzelnen Werte von Φ an den Kontrollvolumengrenzen können hierbei aus einem Lagrangeschen Interpolationspolynom (Carnahan u.a. (1969)) in effizienter Weise errechnet werden: wird ein Polynom n-ter Ordnung p_n durch die Werte $f(x_i)$ an $(n+1)$ Punkten x_i bestimmt, können die Werte von $p_n(x)$ an einem beliebigen Punkt x aus dem Lagrangeschen Interpolationspolynom

$$p_n(x) = \sum_{i=0}^{n} L_i(x) f(x_i) \,, \tag{4.25a}$$

mit

$$L_i(x) = \prod_{\substack{j=0 \\ j \neq i}}^{n} \frac{(x - x_j)}{(x_i - x_j)} \qquad i = 0, 1, \ldots, n \tag{4.25b}$$

direkt ermittelt werden.

Für die Interpolation des Wertes Φ_e mit einer Parabel als Interpolationspolynom, die bei $u_e > 0$ aus den Φ-Werten bei x_W, x_P und x_E bestimmt wird, folgt mit Gleichung (4.25):

$$\Phi_e = \frac{(x_e - x_P)(x_e - x_E)}{(x_W - x_P)(x_W - x_E)} \cdot \Phi_W + \frac{(x_e - x_W)(x_e - x_E)}{(x_P - x_W)(x_P - x_E)} \cdot \Phi_P +$$

$$\frac{(x_e - x_W)(x_e - x_P)}{(x_E - x_W)(x_E - x_P)} \cdot \Phi_E \tag{4.26}$$

Bei konstanten Gitterabständen Δx und $u_e > 0$, $u_w > 0$ folgt hieraus beispielsweise für a_E:

$$a_E = \left(\frac{\Gamma_e}{\Delta x} - \frac{3}{8} \{\rho u\}_e \right) A_e \, . \tag{4.27}$$

Für $Pe > 8/3$ ist hier daher $a_E < 0$. Das bedeutet, daß der QUICK-Ansatz wie der Zentraldifferenzen-Ansatz zu negativen Koeffizienten, d.h. zu Koeffizienten mit unterschiedlichen Vorzeichen führen kann. Dies hat wiederum zur Konsequenz, daß auch mit diesem Ansatz physikalisch unsinnige Ergebnisse folgen können und daß mit diesem Ansatz numerische Schwierigkeiten bei der iterativen Lösung der Differenzengleichungen resultieren können.

Beispiel 4.12: Berechnung einer Schichtenströmung: schräg angeströmtes Rechengitter, QUICK-Ansatz
Bei der im Beispiel 4.10 genannten Problemstellung wird jetzt der QUICK-Ansatz zu Diskretisierung der konvektiven Terme eingesetzt. Das hierdurch erzielte Ergebnis ist in Bild 4.12 festgehalten. Der Sprung in der Verteilung von Φ wird wie beim Zentraldifferenzen-Ansatz sehr gut approximiert. Aufgrund der negativen Koeffizienten resultieren jedoch die für diesen Diskretisierungsansatz typischen Unter- und Überschwinger, die hier über die physikalisch sinnvollen Grenzen von Φ hinausführen.

Zur Verteidigung des QUICK-Ansatzes sei betont, daß die in Beispiel 4.12 aufgetretenen Über- und Unterschwinger in der Lösung hauptsächlich in den Fällen zu beobachten sind, in denen besonders hohe Gradienten einer Größe herrschen. Insgesamt zeigen die umfangreichen Erfahrungen, die bei

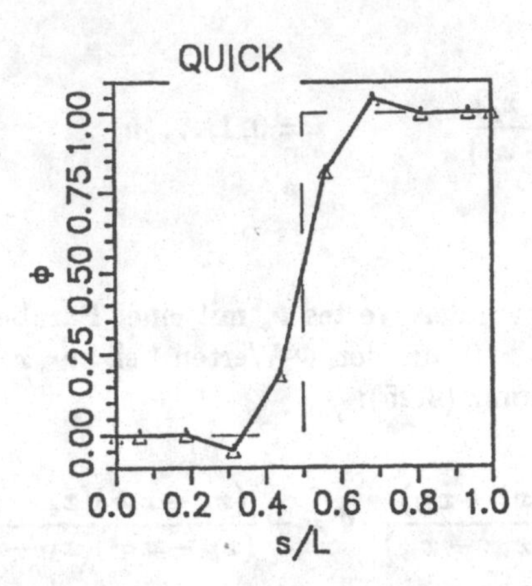

Bild 4.12. Schichtenströmung: Ergebnisse mit dem QUICK-Ansatz

der Anwendung des QUICK-Ansatzes bisher gewonnen wurden, daß dieser Ansatz zu wesentlich genaueren Ergebnissen führt als der UPWIND- oder der HYBRID-Ansatz und daß in vielen Anwendungen entweder gar keine Über- oder Unterschwinger in der Lösung auftreten oder nur von untergeordneter Bedeutung sind.

Im Gegensatz hierzu lehrt die Erfahrung, daß bei der Verwendung des Zentraldifferenzen-Ansatzes die für diesen Ansatz typischen Oszillationen in vielen Fällen zu beobachten sind, wobei allerdings auch die mit den Zentraldifferenzen zu erzielende Diskretisierungsgenauigkeit gewöhnlich sehr hoch ist.

Es wurde bereits darauf hingewiesen, daß aufgrund der negativen Koeffizienten, die mit dem QUICK-Ansatz bei hohen Peclet-Zahlen einhergehen, numerische Schwierigkeiten bei der iterativen Lösung der Differenzengleichungen auftreten können. Diese numerische Schwierigkeiten können auf einem einfachen Weg umgangen werden, der ganz allgemein für genauere Diskretisierungsansätze möglich ist. Bei dieser Methode werden die Koeffizienten wie beim UPWIND-Ansatz bestimmt; der Unterschied zwischen den nach dem UPWIND- und einem genaueren Diskretisierungsansatz an den Grenzflächen wird zum Quellterm addiert (Elbahr (1982), Peyret and Taylor (1985), Noll (1986)).

Mit einem genauen Diskretisierungsansatz in der Differenzengleichung folgt (vgl. Gleichung (4.16)):

$$\{\rho u A\}_e \Phi_e^{HOS} - \{\rho u A\}_w \Phi_w^{HOS} + \ldots = \ldots + \overline{S} \cdot V \, , \tag{4.28}$$

wobei mit ^{HOS} der nach dem jeweils eingesetzten genauen Diskretisierungsansatz ermittelte Wert (HOS='Higher Order Scheme') gekennzeichnet wird. Aus Gründen der Übersichtlichkeit werden in Gleichung (4.28) nur die konvektiven Flüsse in x-Richtung angeführt; bei den Flüssen in die beiden anderen Koordinatenrichtungen wird analog verfahren. Die in Gleichung (4.28) angegebenen Flüsse bei e und w werden nun wie folgt aufgespalten:

$$(\rho cA)_e \Phi_e^{HOS} = (\rho cA)_e \Phi_e^{UPW} + (\rho cA)_e \Delta\Phi_e \tag{4.29a}$$

$$(\rho cA)_w \Phi_w^{HOS} = (\rho cA)_w \Phi_w^{UPW} + (\rho cA)_w \Delta\Phi_w \,, \tag{4.29b}$$

mit

$$\Delta\Phi_e = \Phi_e^{HOS} - \Phi_e^{UPW} \qquad \Delta\Phi_w = \Phi_w^{HOS} - \Phi_w^{UPW} \,, \tag{4.29c}$$

wobei mit ^{UPW} der nach dem UPWIND-Ansatz gefundene Wert markiert wird. Nach dem Einsetzen der Beziehungen (4.29a,b) in Gleichung (4.28) und Umstellen folgt

$$\{\rho uA\}_e \Phi_e^{UPW} - \{\rho uA\}_w \Phi_w^{UPW} + \ldots =$$
$$\ldots + \overline{S} \cdot V - (\rho cA)_e \Delta\Phi_e + (\rho cA)_w \Delta\Phi_w \,. \tag{4.30}$$

Gleichung (4.28) wurde dadurch in eine Form gebracht, die es erlaubt, die Koeffizienten wie beim UPWIND-Ansatz zu berechnen. Damit sind alle Koeffizienten positiv (mit gleichem Vorzeichen). In Gleichung (4.30) umfaßt der zu berücksichtigende Quellterm nun auch die Korrekturen, mit denen ein genauer Diskretisierungsansatz berücksichtigt wird. Zusammengefaßt ist für ein Kontrollvolumen um P

$$\{\rho cA\}_f \Phi_f^{HOS} = \{\rho cA\}_f \Phi_f^{UPW} + \{\rho cA\}_f \Delta\Phi_f \quad f = e, w, n, s, h, l \,. \tag{4.31a}$$

Der neue Quellterm errechnet sich aus

$$S_0^* \cdot V = S_0 \cdot V - \sum_{f=n,e,h} \left(\{\rho cA\}_f \Delta\Phi_f\right) + \sum_{f=s,w,l} \left(\{\rho cA\}_f \Delta\Phi_f\right) \,, \tag{4.31b}$$

wobei S_0 der 'konstante' Anteil des gesamten Quellterms ist (vgl. Gleichung (4.14)). Mit c sind die auf der jeweils betrachteten Kontrollvolumenoberfläche senkrecht stehenden Geschwindigkeitskomponenten u,v oder w gemeint.

Das soeben skizzierte Verfahren zur Einbeziehung eines genauen Diskretisierungsansatzes hat sich in der Praxis gut bewährt. Damit kann sogar der Zentraldifferenzen-Ansatz zur Diskretisierung der konvektiven Terme eingesetzt werden, der sonst oft eine Instabilität von iterativen Lösungsverfahren verursacht. Die Oszillationen, die mit dem Zentraldifferenzen-Ansatz einhergehen, werden durch die obige Vorgehensweise natürlich nicht beseitigt.

Neben der Stabilität besteht ein weiterer Vorteil des obigen Verfahrens darin, daß die Koeffizienten der allgemeinen Differenzengleichungen (4.13) immer nach dem UPWIND-Ansatz, also analog zu den in den Gleichungen (4.23a,b) angegebenen Beziehungen, zu bestimmen sind. Damit sind immer nur für die unmittelbar benachbarten Rechenpunkte um einen Punkt P Koeffizienten in der allgemeinen Differenzengleichung zu beachten. Eine Konsequenz hieraus ist, daß die Koeffizientenmatrix immer die gleiche Struktur hat. In Kap. 7 wird gezeigt, daß aus diesem Grund geeignete Lösungsalgorithmen nur für die besondere Form der Koeffizientenmatrix des UPWIND-Ansatzes ausgewählt und optimiert werden müssen.

Ein weiterer Vorteil der oben vorgestellten Vorgehensweise ist darin zu sehen, daß hiermit ein Wechsel auf einen anderen Diskretisierungsansatz sehr einfach zu bewerkstelligen ist.

In der vorgestellten Modifikation der Quellterme gehen mit $\Delta\Phi$ immer nur die Unterschiede des jeweils eingesetzten Diskretisierungsansatzes zu dem Wert ein, der aus dem UPWIND-Ansatz interpoliert wurde. Beim QUICK-Ansatz ist der Wert des UPWIND-Ansatzes immer der Wert an der mittleren Stützstelle zur Bestimmung der Interpolationsparabel. Wird der UPWIND-Wert von vornherein von den Φ-Werten an den Stützstellen der Interpolationsparabel abgezogen, ist der Wert an der mittleren Stützstelle immer gleich Null. Wenn nun damit nicht die Φ-Werte, sondern direkt die $\Delta\Phi$-Werte aus der Lagrangeschen Interpolationsformel ermittelt werden, wird der Rechenaufwand des QUICK-Ansatzes deutlich reduziert. Statt der in Gleichung (4.26) angegebenen Beziehung zur Interpolation des Wertes bei der e-Fläche kann die Differenz $\Delta\Phi$ direkt aus der einfacheren Formel

$$\Delta\Phi_e = \frac{(x_e - x_P)(x_e - x_E)}{(x_W - x_P)(x_W - x_E)} \cdot (\Phi_W - \Phi_P) + \frac{(x_e - x_W)(x_e - x_P)}{(x_E - x_W)(x_E - x_P)} \cdot (\Phi_E - \Phi_P) \tag{4.32}$$

errechnet werden (Noll (1986)).

4.2.1.5 MLU-Ansatz

Mit dem QUICK-Ansatz können in vielen Anwendungen sehr gute Ergebnisse erzielt werden; in einigen Problemstellungen sind jedoch die bei diesem Ansatz manchmal in der Lösung nicht zu vermeidenden Über- und Unterschwinger störend. Solche Über- und Unterschwinger sind nicht immer offensichtlich, können insbesondere aber dann nicht mehr hingenommen werden, wenn die Physik grob verletzt wird. Dies ist beispielsweise dann der Fall, wenn in der numerischen Berechnung der Strömung in einer Brennkammer negative Konzentrationen der an den chemischen Reaktionen beteiligten Spezies ermittelt werden. In solchen Fällen kann durch die Über- und Unterschwinger auch die Konvergenz des iterativen Rechenganges verhindert werden. Ein weiteres Beispiel für eine Problemstellung, in der Über- und Unterschwinger nicht mehr zu akzeptieren sind, ist die direkte Simulation von Strömungsinstabilitäten (z.B. der Schwankungsbewegungen in turbulenten Strömungen). Hierbei sind die Über- und Unterschwinger aufgrund des Diskretisierungsansatzes nicht mehr von den physikalischen Effekten zu trennen.

Zur Unterdrückung von Oszillationen oder von Über- und Unterschwingern sind mehrere Vorgehensweisen bekannt, die auf der Erhöhung des effektiv wirkenden diffusiven Transportanteils beruhen. So können durch eine direkte Vorgabe von zusätzlichen (künstlichen) diffusiven Termen in den ursprünglichen Transportgleichungen Oszillationen sowie Über- und Unterschwinger gedämpft und auch vollständig vermieden werden. Natürlich wird damit auch an den Stellen ein künstlicher diffusiver Transport addiert, wo es nicht nötig wäre, so daß die Lösung hierdurch verfälscht wird.

Die sogenannten 'Flux-Blending'-Methoden bieten eine Möglichkeit zur gezielten lokalen Steigerung der Diffusion und damit zur Glättung von Oszillationen. Zu den 'Flux-Blending'-Methoden kann beispielsweise auch der HYBRID-Ansatz gezählt werden. Hierbei wird, wie in Kap. 4.2.1.3 erläutert wurde, zwischen Zentraldifferenzen und UPWIND in Abhängigkeit von der lokalen Peclet-Zahl so hin- und hergeschaltet, daß negative Koeffizienten in den Differenzengleichungen verhindert werden. Wie in Kap. 4.2.2 gezeigt wird, sind die mit dem UPWIND-Ansatz verbundenen Fehler von der gleichen Ordnung wie die der Diffusionsterme. Das bedeutet, daß mit dem UPWIND-Ansatz zusätzliche Diffusion ('numerische Diffusion') in die Gleichungen gebracht wird. Der HYBRID-Ansatz kann daher auch so aufgefaßt werden, daß hierbei physikalisch unsinnge Ergebnisse durch die zusätzliche Diffusion verhindert werden, die mit dem UPWIND-Ansatz verbunden ist. Da die zusätzliche Diffusion proportional zur Peclet-Zahl ansteigt, ist jedoch auch beim HYBRID-Ansatz die Diskretisierungsgenauigkeit oftmals unzureichend.

Die Idee des Umschaltens zwischen oder der Kombination von Diskretisierungsansätzen, die formal unterschiedliche Genauigkeit aufweisen, wird auch in einer Reihe von verfeinerten 'Flux-Blending'-Methoden genutzt (z.B. Leonard (1987), Perić (1986)). Erfahrungsgemäß liefern jedoch auch diese Methoden oftmals nicht die angestrebte 'optimale' Genauigkeit und sind darüber hinaus rechenaufwendig.

In den letzten Jahren wurden die sogenannten 'hochauflösenden Diskretisierungsansätze' ('High-Resolution Schemes') entwickelt (z.B. Munz (1988), Hirsch (1990)). Diese Ansätze bringen gewöhnlich eine sehr hohe Diskretisierungsgenauigkeit mit sich. Gleichzeitig werden aber auch physikalisch unsinnige Ergebnisse ausgeschlossen. Ein Vergleich der Leistungsfähigkeit von einer Vielzahl solcher Diskretisierungsansätze wurde anhand zweier einfacher

Berechnungsbeispiele von Munz (1988) durchgeführt. Zur Klasse der hochauflösenden Diskretisierungsansätze, die insbesondere zur Lösung von hyperbolischen Problemstellungen entwickelt wurden, werden auch die sogenannten TVD-Ansätze (Harten (1984)) gezählt. Prinzipien zur Konstruktion von TVD-Ansätzen werden von Van Leer (1977a, 1977b,1979) und von Harten (1984) gegeben.

Die überwiegende Mehrzahl der Diskretisierungsansätze, die Oszillationen in der Lösung ausschließen, können daran erkannt werden, daß an den Stellen, wo ein lokales Extremum auftritt, auf den UPWIND-Ansatz umgeschaltet wird: lokale Extrema werden dadurch 'gekappt'. Auf diese Weise werden im Endergebnis Oszillationen, die von einem Diskretisierungsansatz höherer Ordnung herrühren, verhindert; unglücklicherweise werden durch diese Vorgehensweise aber auch physikalisch sinnvolle lokale Extrema gedämpft.

Ein eindrucksvolles Beispiel dafür, wie durch diese einfache Vorschrift physikalisch unsinnige Oszillationen eliminiert werden, ist in Bild 4.13 dargestellt. Hier wurde das erwähnte Verfahren in Kombination mit dem Zentraldifferenzen-Ansatz zur Berechnung der bereits erläuterten Schichtenströmung eingesetzt. Diese Vorgehensweise für sich allein kann jedoch insbesondere bei komplexeren Problemstellungen leicht dazu führen, daß der iterative Prozeß zur Lösung des Differenzengleichungssystems instabil wird. Vielmehr kann das beschriebene Verfahren nur mit solchen Diskretisierungsansätzen kombiniert werden, die dafür sorgen, daß die iterative Lösungsprozedur auch tatsächlich zu einer Lösung führen kann.

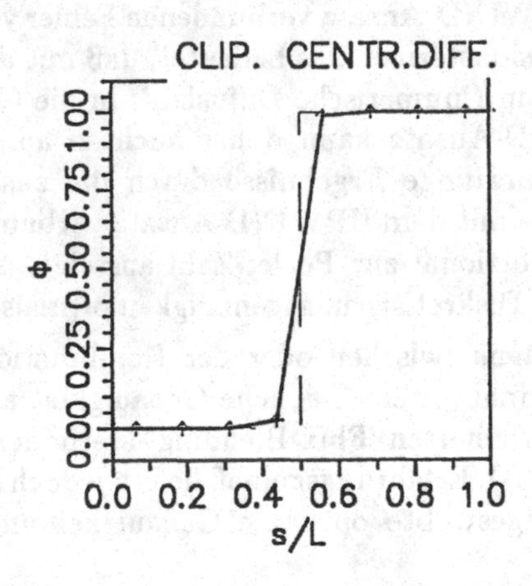

Bild 4.13. Schichtenströmung: Ergebnisse mit dem 'abgekappten' Zentraldifferenzen-Ansatz

Für die Anwendung der Finiten Differenzen (vgl. Kap. 4.1.1) sind in der Literatur eine Vielzahl solcher Diskretisierungsansätze angegeben (z.B. Munz

(1988)). In Noll (1992) wurde einer dieser Ansätze aufgegriffen und dessen Formulierung auf die Finiten Volumen übertragen.

Unterschiedliche Diskretisierungsansätze folgen aus verschiedenen Ansätzen zur Ermittlung der Werte von Φ an den begrenzenden Flächen der Kontrollvolumen. Da zur Wahrung der integralen Bilanzen der Fluß über eine gemeinsame Fläche zweier benachbarter Kontrollvolumen für beide Volumen gleich sein muß ('Konsistenz der Flüsse'), werden zur Interpolation der Größe Φ häufig 'UPWIND-orientierte' Vorschriften herangezogen. Bei diesen Interpolationsvorschriften gilt für jede Trennfläche zwischen zwei Kontrollvolumen nur eine einzige Interpolationsvorschrift. Ein Beispiel hierfür ist der im vorigen Kapitel vorgestellte QUICK-Ansatz.

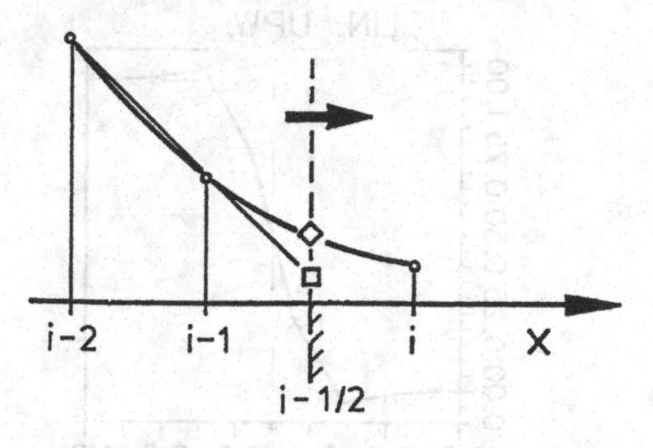

Bild 4.14. QUICK-, LINUP-Ansatz

Bei dem QUICK-Ansatz wird der Wert einer Größe Φ an einer Kontrollvolumenoberfläche aus einer Parabel durch drei Werte, von denen zwei stromauf und einer stromab liegen, ermittelt (Bild 4.14). Wird die Parabel durch die Gerade ersetzt, die die beiden stromauf liegenden Werte verbindet, folgt eine lineare Extrapolationsvorschrift zur Ermittlung von Φ an einer Kontrollvolumengrenze (Bild 4.14). Für die Kontrollvolumengrenze e gilt damit beispielsweise

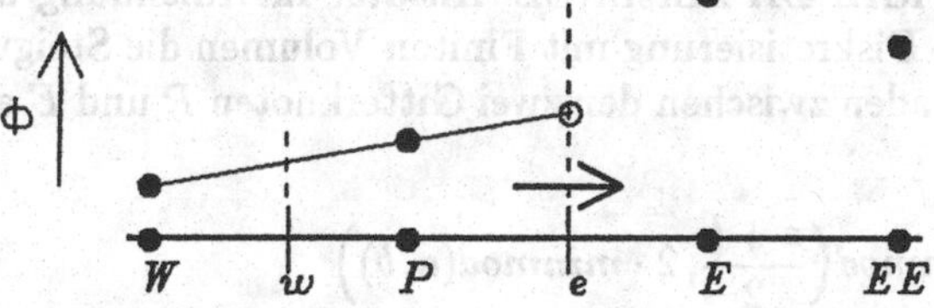

$$\Phi_e = \Phi_P + \frac{x_E - x_P}{2} \cdot \frac{\Phi_P - \Phi_W}{x_P - x_W} \quad \text{für} \quad u_e > 0 \tag{4.33a}$$

$$\Phi_e = \Phi_E - \frac{x_E - x_P}{2} \cdot \frac{\Phi_{EE} - \Phi_E}{x_{EE} - x_E} \quad \text{für} \quad u_e < 0\,, \tag{4.33b}$$

wobei mit Φ_{EE} der östlich von Φ_E gelegene Wert gemeint ist.

Dieser Ansatz, der oft als LINEAR-UPWIND-Ansatz ('LINUP'-Ansatz, vgl. Elbahar u.a. (1986)) bezeichnet wird, kann wie der QUICK-Ansatz insbesondere in Gebieten mit starken Gradienten zu Über- oder Unterschwingern in der Lösung führen. Dies wird in Bild 4.15 deutlich, wo die Werte aufgetragen sind, die mit dem LINUP-Ansatz für die in Beispiel 4.10 erläuterte Schichtenströmung mit schräg angeströmten Rechengitter erzielt wurden.

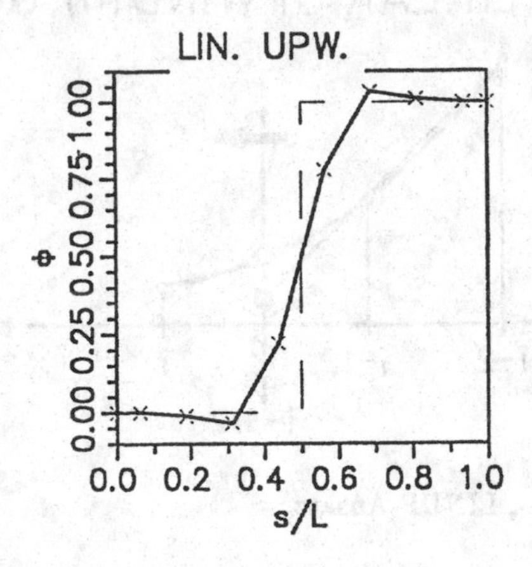

Bild 4.15. Schichtenströmung: Ergebnisse mit dem LINUP-Ansatz

Einer der nichtoszillierenden Ansätze, die in den von Munz (1988) angeführten einfachen Testrechnungen eine vielversprechende Genauigkeit zeigten, ist der von van Leer (1979) vorgeschlagene, sogenannte 'MONOTONIZED CENTRAL DIFFERENCE'-Ansatz. In Anlehnung an diesen Ansatz kann für die Diskretisierung mit Finiten Volumen die Steigung s einer Interpolationsgeraden zwischen den zwei Gitterknoten P und E aus der Vorschrift

$$s_e = minmod\left(\frac{a+b}{2}, 2 \cdot minmod(a,b)\right) \tag{4.34}$$

ermittelt werden. Die *minmod*-Funktion ist definiert als

$$minmod(a,b) = \begin{cases} a \text{ für } |a| \leq |b| \text{ und } a \cdot b > 0 \\ b \text{ für } |a| > |b| \text{ und } a \cdot b > 0 \\ 0 \text{ für } \qquad a \cdot b \leq 0 \end{cases} . \tag{4.35}$$

Dabei werden mit a und b die Steigungen der Geraden bezeichnet, die nach Noll (1992) in Abhängigkeit von dem Vorzeichen der Geschwindigkeitskomponente u ausgewählt werden. Für die Zellgrenze 'e' gilt beispielsweise für die Steigung a

$$a = \frac{\Phi_E - \Phi_P}{x_E - x_P} . \tag{4.36a}$$

Im Gegensatz zur Bestimmung von a ist die Berechnung der Steigung b und von Φ_e abhängig vom Vorzeichen der Geschwindigkeitskomponenten u_e:
Für $u_e > 0$ folgt:

$$b = \frac{\Phi_P - \Phi_W}{x_P - x_W} \tag{4.36b}$$

$$\Phi_e = \Phi_P + s_e \cdot \frac{x_E - x_P}{2} . \tag{4.36c}$$

Für $u_e < 0$: folgt:

$$b = \frac{\Phi_{EE} - \Phi_E}{x_{EE} - x_E} \tag{4.36d}$$

$$\Phi_e = \Phi_E - s_e \cdot \frac{x_E - x_P}{2} . \tag{4.36e}$$

Diese Vorgehensweise ist in Bild 4.16 skizziert, wo für die eingezeichneten (positiven) Strömungsrichtungen die interpolierten Werte an den Zellgrenzen '$i - 1/2$' und '$i + 1/2$' eingezeichnet sind. Da aufgrund der Stromauf-Verschiebung eher eine Verwandtschaft zum LINEAR-UPWIND-Ansatz gegeben ist als zum Zentraldifferenzenansatz, wird der vorgestellte Interpolationsansatz nach Noll (1992) im folgenden als 'MONOTONIZED LINEAR-UPWIND'-Ansatz ('MLU'-Ansatz) bezeichnet.

Das Ergebnis, das mit dieser Interpolationsvorschrift bei der Berechnung der nun schon oft zitierten Schichtenströmung erzielt wird, ist in Bild 4.17 dargestellt. Für dieses einfache Berechnungsbeispiel sind die Gradienten der Größe Φ bei $s/L = 0.5$, die aus den Ansätzen QUICK, LINUP und MLU resultieren, gleich. Über- bzw. Unterschwinger werden jedoch nur mit dem MLU-Ansatz vermieden.

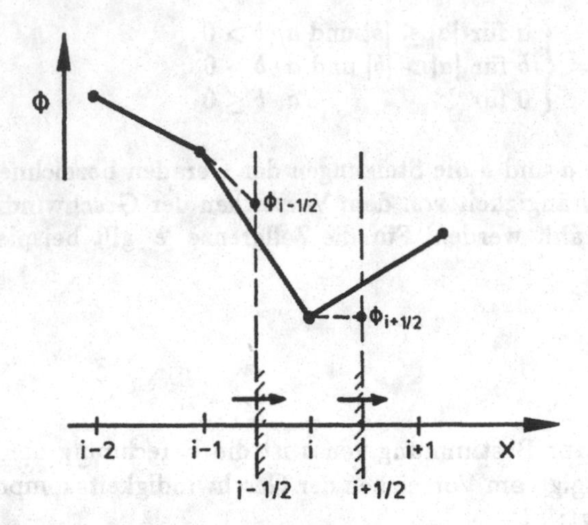

Bild 4.16. MLU-Ansatz

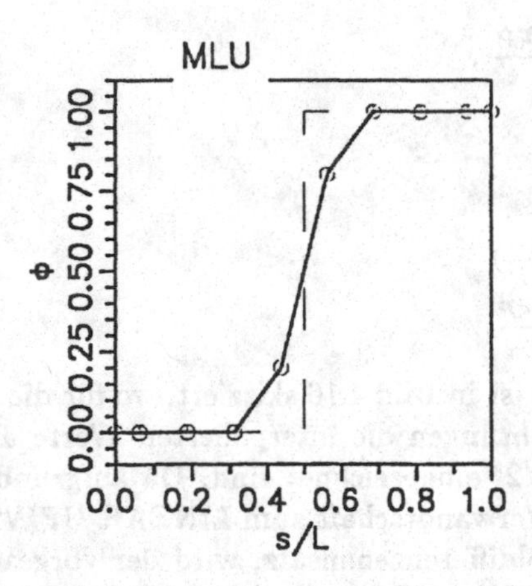

Bild 4.17. Schichtenströmung: Ergebnisse mit dem MLU-Ansatz

4.2.2 Diskretisierungsfehler

In den vorausgehenden Abschnitten wurde wiederholt auf die Disketisierungsfehler hingewiesen, für die gerade die Diskretisierung der konvektiven Terme oft die maßgebliche Rolle spielt. Zur Erinnerung sei nochmals darauf hingewiesen, daß unter Diskretisierungsfehlern die Abweichungen verstanden werden, die bei den auf einem (diskreten) Rechengitter erzielten Werten zu denen der exakten Lösung bestehen.

Die Differenzengleichungen werden als 'konvergent' bezeichnet, wenn an den einzelnen Rechenpunkten die mit den Differenzengleichungen definierten

Werte Φ bei infinitesimal kleinen Diskretisierungsintervallen gegen die Werte Φ^* der exakten Lösung konvergieren. Die auf einem endlichen Rechengitter gefundene Lösung unterscheidet sich um den Diskretisierungsfehler $e = \Phi^* - \Phi$ von der exakten Lösung. Zur Größe der Diskretisierungsfehler tragen verschiedene Anteile bei.

Hier kommt dem sogenannten 'Abbruchfehler' besondere Bedeutung zu. Mit dem Abbruchfehler wird der Unterschied zwischen der approximierenden Differenzengleichung und der ursprünglichen Differentialgleichung erfaßt. Dieser Fehler, der bei der Diskretisierung der einzelnen Terme einer Differentialgleichung entsteht, kann formal angegeben werden. Wird in der allgemeinen Differenzengleichung auf einem endlichen Rechengitter

$$a_P \Phi_P = \sum_{nb} a_{nb} \Phi_{nb} + \overline{S} \cdot V \tag{4.37a}$$

die exakte Lösung Φ^* eingesetzt, folgt mit

$$e_t = a_P \Phi_P^* - \sum_{nb} a_{nb} \Phi_{nb}^* + \overline{S} \cdot V \tag{4.37b}$$

der 'lokale Abbruchfehler' e_t am Rechenpunkt P (Smith (1978)). Konvergent sind die Differenzengleichungen dann, wenn mit infinitesimal kleinen Diskretisierungsabständen $\Delta x, \Delta y, \Delta z$ auch der lokale Abbruchfehler $e_t(\Delta x, \Delta y, \Delta z)$ infinitesimal klein wird. Maßgeblich für die Höhe der Abbruchfehler ist der für die einzelnen Terme ausgewählte Diskretisierungsansatz.

Es wurde bereits gezeigt, daß die Diskretisierungsfehler durch verbesserte Diskretisierungsansätze und damit geringere Abbruchfehler verringert werden können. In diesem Kapitel soll zunächst anhand des UPWIND-Ansatzes vorgeführt werden, wie die Abbruchfehler bestimmt werden können.

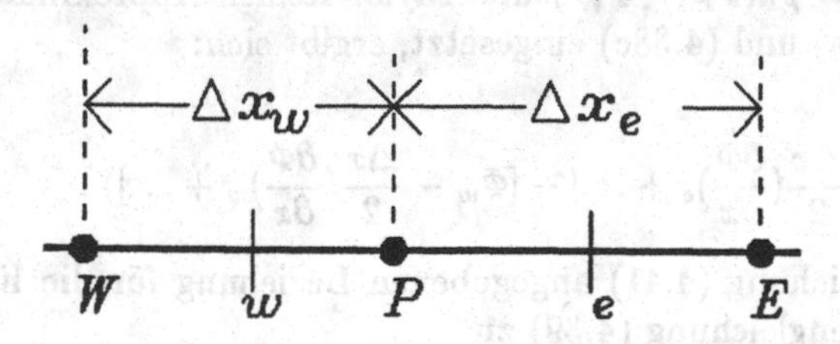

Um die formale Genauigkeitsordnung der UPWIND-Diskretierung zu ermitteln, ist es zweckmäßig, den Verlauf einer Größe Φ in den unterschiedlichen Richtungen durch Taylor-Reihen anzunähern. Zur Vereinfachung sei

$$\Delta x_e = \Delta x_w = \Delta x \qquad \text{und} \qquad \Gamma_e = \Gamma_w = \Gamma$$

Weiterhin sei angenommen, daß

$$\{\rho u\}_e = \{\rho u\}_w = \rho u$$

ist. Taylor-Reihenentwicklungen können damit wie folgt angesetzt werden:

$$\Phi_W = \Phi_w - \frac{\Delta x}{2}(\frac{\partial \Phi}{\partial x})_w + \frac{\Delta x^2}{8}(\frac{\partial^2 \Phi}{\partial x^2})_w - \frac{\Delta x^3}{48}(\frac{\partial^3 \Phi}{\partial x^3})_w + \ldots ; \tag{4.38a}$$

$$\Phi_P = \Phi_w + \frac{\Delta x}{2}(\frac{\partial \Phi}{\partial x})_w + \frac{\Delta x^2}{8}(\frac{\partial^2 \Phi}{\partial x^2})_w + \frac{\Delta x^3}{48}(\frac{\partial^3 \Phi}{\partial x^3})_w + \ldots ; \tag{4.38b}$$

$$\Phi_P = \Phi_e - \frac{\Delta x}{2}(\frac{\partial \Phi}{\partial x})_e + \frac{\Delta x^2}{8}(\frac{\partial^2 \Phi}{\partial x^2})_e - \frac{\Delta x^3}{48}(\frac{\partial^3 \Phi}{\partial x^3})_e + \ldots ; \tag{4.38c}$$

$$\Phi_E = \Phi_e + \frac{\Delta x}{2}(\frac{\partial \Phi}{\partial x})_e + \frac{\Delta x^2}{8}(\frac{\partial^2 \Phi}{\partial x^2})_e + \frac{\Delta x^3}{48}(\frac{\partial^3 \Phi}{\partial x^3})_e + \ldots . \tag{4.38d}$$

Für eine Differenzengleichung

$$\rho u(\Phi_e - \Phi_w) = \Gamma\left[(\frac{\partial \Phi}{\partial x})_e - (\frac{\partial \Phi}{\partial x})_w\right] , \tag{4.39}$$

die nur konvektive und diffusive Terme enthält, folgt mit dem UPWIND-Ansatz die Konvektion zu:

$$C = \rho u(\Phi_e - \Phi_w) = \rho u(\Phi_P - \Phi_W) \quad \text{für} \quad u > 0 . \tag{4.40}$$

Werden in $C = \rho u(\Phi_P - \Phi_W)$ die Taylor-Reihen-Approximationen der Gleichungen (4.38a) und (4.38c) eingesetzt, ergibt sich:

$$C = \rho u([\Phi_e - \frac{\Delta x}{2}(\frac{\partial \Phi}{\partial x})_e + \ldots] - [\Phi_w - \frac{\Delta x}{2}(\frac{\partial \Phi}{\partial x})_w + \ldots]) . \tag{4.41}$$

Mit der in Gleichung (4.41) angegebenen Beziehung für die Konvektion folgt die Differenzengleichung (4.39) zu:

$$\rho u(\Phi_e - \Phi_w) - \rho u\frac{\Delta x}{2}\left[(\frac{\partial \Phi}{\partial x})_e - (\frac{\partial \Phi}{\partial x})_w + \ldots\right] = \Gamma\left[(\frac{\partial \Phi}{\partial x})_e - (\frac{\partial \Phi}{\partial x})_w\right] . \tag{4.42}$$

Der Vergleich der ursprünglichen Gleichung (4.39) mit Gleichung (4.42), die aus dem UPWIND-Ansatz abgeleitet wurde, macht deutlich, daß aus der

Diskretisierung der Konvektion mit dem UPWIND-Ansatz Fehlerterme folgen, die die gleiche Ordnung haben wie die Diffusionsterme auf der rechten Gleichungsseite. Diese Fehler werden deshalb oft als falsche oder als numerische Diffusion bezeichnet (Patankar (1980), Raithby (1976a)). Der zu dieser numerischen Diffusion in x-Richtung

$$D_{f,x} = \Gamma_{f,x} \frac{\partial \Phi}{\partial x} \tag{4.43a}$$

gehörende 'falsche' Austauschkoeffizient $\Gamma_{f,x}$ ist:

$$\Gamma_{f,x} = \frac{\rho u \Delta x}{2} = \Gamma \cdot \frac{Pe}{2} \,. \tag{4.43b}$$

$\Gamma_{f,x}$ ist also nur klein gegenüber dem 'wahren' Austauschkoeffizienten Γ für kleine Peclet-Zahlen. Da sich die numerische Diffusion der wirklichen Diffusion additiv überlagert (vgl. Gleichung (4.42)), ist der Austauschkoeffizient, mit dem effektiv gerechnet wird:

$$\Gamma_{eff,x} = \Gamma + \Gamma_{f,x} \,. \tag{4.43c}$$

Analog zu der numerischen Diffusion, die aus der Konvektion in x-Richtung stammt, entsteht bei Verwendung des UPWIND-Ansatzes natürlich auch numerische Diffusion in den anderen Richtungen:

$$D_{f,y} = \Gamma_{f,y} \frac{\partial \Phi}{\partial y} \qquad \text{mit} \qquad \Gamma_{f,y} = \frac{\rho v \Delta y}{2} \tag{4.43d}$$

$$D_{f,z} = \Gamma_{f,z} \frac{\partial \Phi}{\partial z} \qquad \text{mit} \qquad \Gamma_{f,z} = \frac{\rho w \Delta z}{2} \,. \tag{4.43e}$$

Diesen Beziehungen kann entnommen werden, daß die numerische Diffusion in einer Richtung dann gleich Null ist, wenn entweder die Geschwindigkeitskomponente in der betreffenden Richtung gleich Null ist oder wenn der Gradient der Größe Φ in der betrachteten Richtung gleich Null ist.

Diskretisierungsansätze wie der Zentraldifferenzen-Ansatz und der QUICK-Ansatz sind frei von numerischer Diffusion (vgl. hierzu auch Runchal (1972), Raithby (1976b), Leschziner (1980). Dies sei am Beispiel des Zentraldifferenzen-Ansatzes verdeutlicht.

Beim Zentraldifferenzen-Ansatz wird die Konvektion durch

$$C = \rho u(\Phi_e - \Phi_w) = \rho u \left(\frac{\Phi_P + \Phi_E}{2} - \frac{\Phi_W + \Phi_P}{2} \right) \tag{4.44}$$

ausgedrückt. Zusammen mit den Gleichungen (4.38a-d) folgt

$$C = \rho u \big([\Phi_e + \frac{\Delta x^2}{8} (\frac{\partial^2 \Phi}{\partial x^2})_e + \ldots] - [\Phi_w - \frac{\Delta x^2}{8} (\frac{\partial^2 \Phi}{\partial x^2})_w + \ldots] \big) \,. \quad (4.45)$$

Auch hier sind also Diskretisierungsfehler zu beachten: die Fehlerterme sind jedoch von einer Ordnung, die höher ist als die der Diffusionsterme auf der rechten Seite der Differenzengleichung (4.39).

Wie in Beispiel 4.11 schon deutlich wurde, sind die Abbruchfehler, die beim UPWIND-Ansatz zu beachten sind, formal immer von der gleichen Ordnung wie die Diffusionsterme, die in der ursprünglichen Differentialgleichung als Ableitungen zweiter Ordnung erscheinen. Der UPWIND-Ansatz zählt daher zu den Diskretisierungsansätzen, die eine formale Genauigkeit erster Ordnung aufweisen. Im Sinne der Abbruchfehler erreicht der Zentraldifferenenzen-Ansatz eine formale Genauigkeit zweiter Ordnung. Allgemein werden Ansätze, die eine höhere Genauigkeit als die des UPWIND-Ansatzes mit sich bringen, oft als 'Ansätze höherer Ordnung' klassifiziert. Der oben vorgestellte MLU-Ansatz garantiert nur in den Strömungsbereichen, wo eine monotone Verteilung der Größe Φ vorliegt, eine formale Genauigkeit von zweiter Ordnung. Solche Ansätze werden zur Unterscheidung von den Ansätzen höherer Ordnung als 'hochauflösend' bezeichnet.

An dieser Stelle sei darauf hingewiesen, daß gewöhnlich die größten Abbruchfehler von dem Diskretisierungsansatz stammen, der für die konvektiven Terme verwendet wird. Werden die Kontrollvolumen so um die Rechenpunkte gelegt, daß die Kontrollvolumenoberflächen immer genau in der Mitte zwischen zwei benachbarten Rechenpunkten liegen, wird bei Verwendung des Zentraldifferenzen-Ansatzes zur Diskretisierung der diffusiven Terme sogar eine Genauigkeit dritter Ordnung erreicht. In diesem Fall stimmt an der Kontrollvolumenoberfläche die Steigung der Geraden, die mit dem Zentraldifferenzen-Ansatz der Ermittlung der Gradienten zugrundegelegt wird, gerade mit der Steigung einer Parabel durch die entsprechenden Nachbarpunkte überein.

Die erreichte Güte einer numerischen Lösung kann nicht allein aus dem formalen Abbruchfehler der verwendeten Diskretisierungsansätze beurteilt werden. So kann der UPWIND-Ansatz, der formal immer mit Abbruchfehlern zweiter Ordnung verbunden ist, auch sehr gute Ergebnisse liefern. In Beispiel 4.11 konnte mit dem UPWIND-Ansatz bei einer parallen Anströmung des Rechengitters sogar die exakte Lösung des gestellten Problems der Schichtenströmung ermittelt werden. Bei dem schräg angeströmten Rechengitter des Beispiels 4.10 wurden dagegen die mit dem UPWIND-Ansatz verbundenen Abbruchfehler ('numerische Diffusion') deutlich sichtbar.

Der Grund hierfür liegt darin, daß in dem gewählten Beispiel bei großen Peclet-Zahlen der diffusive Transport in Strömungsrichtung keine Rolle spielt. Dies ist wiederum damit zu begründen, daß die Diffusion, also auch die numerische Diffusion nicht nur vom jeweils herrschenden Austauschkoeffizient sondern auch vom vorliegenden Gradient einer Größe Φ abhängt (vgl. Gleichungen (4.43a-e)). Da sich bei genügend hohen Strömungsgeschwindigkeiten (genügend großen Peclet-Zahlen) gewöhnlich in Strömungsrichtung nur ein sehr geringer Gradient einer Größe Φ einstellt, ist die numerische Diffusion in Strömungsrichtung klein. Im Beispiel 4.11 ist in Strömungsrichtung der Gradient von Φ gleich Null und daher auch keine numerische Diffusion vorhanden. Eine numerische Diffusion quer zur Strömungsrichtung $D_{f,y}$ findet nicht statt, da wegen $v = 0$ der Austauschkoeffizient $\Gamma_{f,y} = 0$ ist (vgl. Gleichung (4.43d)).

Völlig anders stellt sich dagegen die Situation in Beispiel 4.10 dar. Hier ist die numerische Diffusion des UPWIND-Ansatzes in den Ergebnissen klar erkennbar. In der in diesem Beispiel gewählten Anordnung des Rechengitters relativ zur Strömungsrichtung sind sowohl in x- als auch in y-Richtung die Gradienten $\partial\Phi/\partial x$ und $\partial\Phi/\partial y$ und auch die Geschwindigkeitskomponenten u und v ungleich Null. Daher wirken sich hier die formalen Abbruchfehler als numerische Diffusion deutlich aus. Aus diesem Grund sind im allgemeinen immer dann negative Konsequenzen der numerischen Diffusion zu verzeichnen, wenn Rechenzellen 'schräg angeströmt' werden.

Aus den obigen Betrachtungen kann zusammenfassend gefolgert werden, daß der in einer Lösung tatsächlich vorhandene Diskretisierungsfehler nicht allein vom formalen Abbruchfehler der verwendeten Diskretisierungsansätze abhängt. Die jeweils vorliegenden Gitterabstände und die Orientierung der Rechenzellen zur lokalen Strömungsrichtung sind ebenso maßgeblich für die Diskretisierungsfehler wie die jeweils vorliegende Problemstellung. Zur Verkleinerung der Diskretisierungsfehler können folgende Maßnahmen getroffen werden:

- Die lokalen Peclet-Zahlen und damit die Austauschkoeffizienten Γ_f der numerischen Diffusion können durch kurze Gitterabstände klein gehalten werden.
- Durch eine an den lokal herrschenden Strömungsrichtungen angepaßte Gitterorientierung, wird die numerischen Diffusion verkleinert. Eine solche Gitterorientierung kann manchmal durch Transformation der Koordinaten erreicht werden (vgl. Kap. 8).Bei Strömungen mit lokaler Rückströmung ist diese Vorgehensweise jedoch nicht in befriedigendem Maße möglich.
- Als wirkungsvollste, weil immer wirkende Maßnahme zur Verringerung der Diskretisierungsfehler muß die Verwendung von Diskretisierungsansätzen höherer Ordnung (z.B. QUICK-Ansatz) oder von hochauflösenden Diskretisierungsansätzen (z.B. MLU-Ansatz) gesehen werden.

4.2.2.1 Abschätzung der Diskretisierungsfehler

Möglichkeiten zur Abschätzung der Diskretisierungsfehler werden von Smith

(1978) und von Caruso u.a. (1985) sowie von Schönauer (1987) angegeben. Aus den Ergebnissen für zwei unterschiedliche Rechengitter können mit der als Richardsonsche Methode bezeichneten Technik (Smith (1978)), die lokalen Diskretisierungsfehler des groben und des feinen Gitternetzes abgeschätzt werden (vgl. auch Kessler u.a. (1988), Noll (1992)). Der lokale Diskretisierungsfehler $e_{1,i}$ einer Größe $\Phi_{1,i}$ beim Rechenpunkt 'i' für ein Rechengitter mit den Maschenweiten $\Delta x_1, \Delta y_1, \Delta z_1$ kann nach Smith (1978) durch folgende Beziehung ausgedrückt werden:

$$\Phi_i^* - \Phi_{1,i} = f_i \cdot \Delta x_1^q + g_i \cdot \Delta y_1^q + h_i \cdot \Delta z_1^q + O(\Delta x_1^{q+1}, \Delta y_1^{q+1}, \Delta z_1^{q+1}) \,, \tag{4.46a}$$

wobei Φ_i^* die exakte Lösung und $\Phi_{1,i}$ die Lösung der Differenzengleichungen am Punkt i sind. q ist die führende Ordnung der Abbruchfehler der verwendeten Diskretisierungsansätze. f, g und h sind Faktoren, die nur vom Ort des Punktes i abhängen.

Für ein zweites Rechengitter, bei dem in alle Richtungen die Maschenweite um den Faktor λ gestreckt ist, folgt analog:

$$\Phi_i^* - \Phi_{2,i} = f_i \cdot \Delta x_2^q + g_i \cdot \Delta y_2^q + h_i \cdot \Delta z_2^q + O(\Delta x_2^{q+1}, \Delta y_2^{q+1}, \Delta z_2^{q+1}) \,, \tag{4.46b}$$

wobei mit $\Phi_{2,i}$ die Lösung am Punkt i bezeichnet wird, die auf dem groben Rechengitter erzielt wurde.

Mit $\Delta x_2 = \lambda \Delta x_1$, $\Delta y_2 = \lambda \Delta y_1$ und $\Delta z_2 = \lambda \Delta z_1$ kann unter Vernachlässigung der Glieder höherer Ordnung aus den Gleichungen (4.46a) und (4.46b) eine Beziehung zur Abschätzung des lokalen Diskretisierungsfehlers $\Phi_i^* - \Phi_{1,i}$ für das feine Rechengitter am Punkt i abgeleitet werden:

$$\Phi_i^* - \Phi_{1,i} \approx \frac{\Phi_{1,i} - \Phi_{2,i}}{\lambda^q - 1} \,. \tag{4.47}$$

Bei einer Verdoppelung der Maschenweiten folgt so beispielsweise

$$\Phi_i^* - \Phi_{1,i} \approx \frac{\Phi_{1,i} - \Phi_{2,i}}{2^q - 1} \,. \tag{4.48}$$

Da hierbei die Diskretisierungsfehler auf einem interessierenden Rechengitter erst nach einer weiteren Rechnung auf einem groben Gitter abzuschätzen sind, kann diese Methode aufwendig sein.

Ein mit weniger Aufwand verbundenes Verfahren zur Abschätzung der Diskretisierungsfehler bei der Anwendung von Finiten Differenzen wird von Schönauer (1987) angegeben. Hierbei wird im Gegensatz zur obigen Methode nicht die Maschenweite des Rechengitters sondern der Diskretisierungsansatz verändert. Laut Schönauer (1987) können damit schon während der laufenden Berechnung der Differenzenapproximationen mit zwei Diskretisierungsansätzen, die sich in der Genauigkeitsordnung um eine Ordnung unterscheiden, unmittelbar Schätzwerte für die Diskretisierungsfehler abgeleitet werden.

Abschließend sei zu beiden Vorgehensweisen zur Ermittlung der lokalen Diskretisierungsfehler ausdrücklich darauf hingewiesen, daß insbesondere wegen der Vernachlässigung der Glieder höherer Ordnung in Gleichung (4.47) beide Methoden lediglich mehr oder weniger zuverlässige Abschätzungen des Diskretisierungsfehlers liefern können. Gerade in Strömungsgebieten mit stark variierenden oder gar im Vorzeichen wechselnden Gradienten kann die Güte der mit Gleichung (4.47) abgeschätzten Diskretisierungsfehler nicht mehr beurteilt werden.

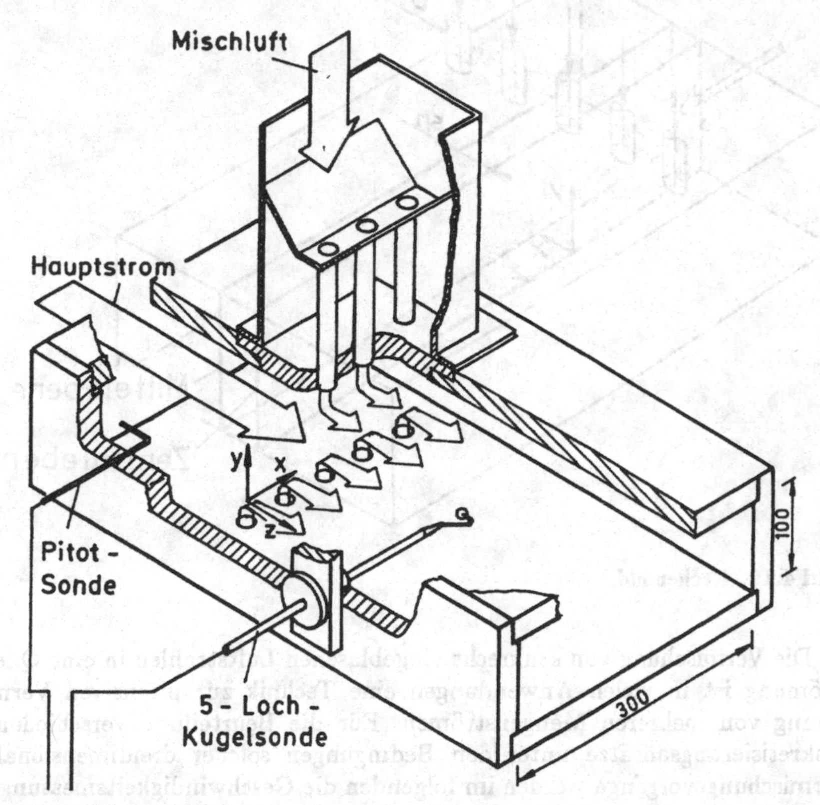

Bild 4.18. Meßstrecke

Beispiel 4.13 Einmischung von Luftstrahlen in eine Querströmung
Die Überprüfung einzelner Bausteine eines Programms zur numerischen Berechnung von Strömungen kann nicht allein auf einfache Berechnungsbeispiele abgestützt werden. Tests unter praxisnahen Bedingungen sind offen-

sichtlich immer dann eine Notwendigkeit, wenn die Anwendbarkeit von vereinfachenden physikalischen oder chemischen Modellen geklärt werden soll. Aber auch die Programmteile, in denen rein numerische Aufgaben verfolgt werden, müssen letztendlich anwendungsorientierten Tests unterzogen werden, um zuverlässige Aussagen über deren Leistungsfähigkeit gewinnen zu können. So muß beispielsweise die Genauigkeit von Diskretisierungsansätzen für einfache Testfälle nachweisbar sein; eine endgültige Bewertung des praktischen Nutzens dieser Diskretisierungsansätze kann jedoch erst aus Rechnungen gewonnen werden, in denen möglichst praxisnahe Konfigurationen untersucht werden.

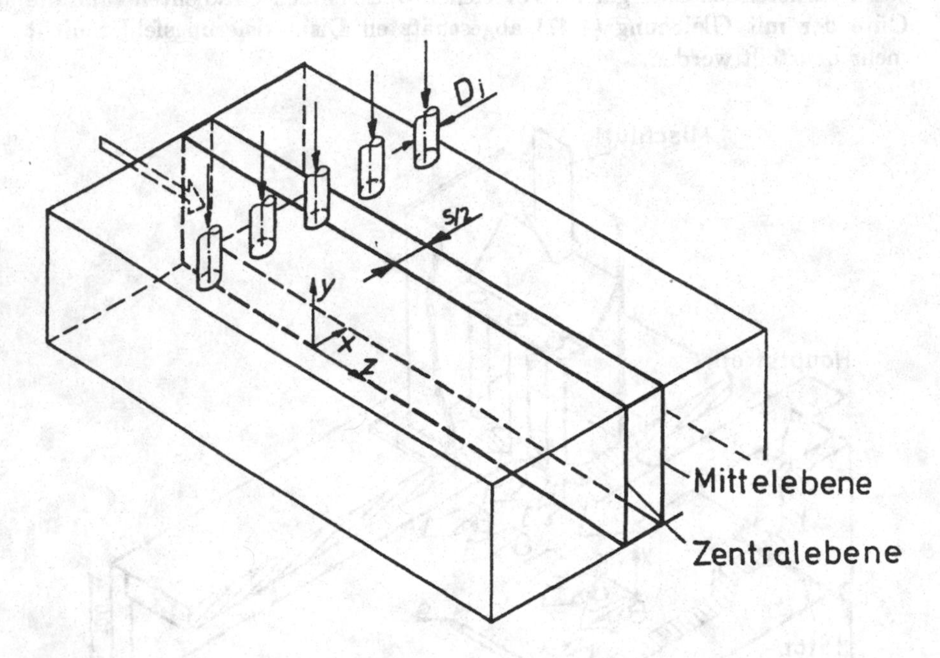

Bild 4.19. Rechenfeld

Die Vermischung von senkrecht eingeblasenen Luftstrahlen in eine Querströmung ist in vielen Anwendungen eine Technik zur intensiven Vermischung von mehreren Mengenströmen. Für die Beurteilung verschiedener Diskretisierungsansätze unter den Bedingungen solcher dreidimensionaler Vermischungsvorgänge werden im folgenden die Geschwindigkeitsmessungen von Noll (1986) mit Rechnungen verglichen (vgl. auch Noll (1992)). Die Meßstrecke, in der diese Untersuchungen durchgeführt wurden, ist in Bild 4.18 skizziert. Bei unterschiedlichen Positionen in z-Richtung besteht bei der Versuchsstrecke die Möglichkeit, durch die Kanalseitenwand Sonden zur Temperatur- oder Geschwindigkeitsmessung in die Strömung einzuführen.

Für die senkrechte Luftzumischung sind in der oberen und unteren Kanalwand Lochreihen vorgesehen.

Wegen der Symmetrieeigenschaften der betrachteten Strömung können Rechnung und Messung auf den Bereich zwischen zwei benachbarten Symmetrieebenen, d.h. zwischen der Zentralebene bei $x/S = 0$ und der Mittelebene bei $x/S = 0.5$ (Bild 4.19), beschränkt werden. Bild 4.19 zeigt die Grenzen des verwendeten Rechenfeldes. In den Versuchen war die Geschwindigkeitsverteilung am Kanaleintritt nahezu homogen.

Für einen Versuch, bei ungefähr gleicher oberer und unterer Strahleintrittsgeschwindigkeit v_j werden in den Bildern 4.20 und 4.21 berechnete Verteilungen des Strömungsfeldes in verschiedenen Geschwindigkeitsprojektionen dargestellt.

In Bild 4.22 sind die Ergebnisse der drei Diskretisierungsansätze UPWIND, QUICK und MLU dargestellt, die auf einem Rechengitter mit $10 \cdot 30 \cdot 33$ Gitterpunkten in x-,y- und z-Richtung erzielt wurden. Die aufgetragenen Verteilungen wurden bei $z/H = 0.4$, also 0.4 Kanalhöhen nach der Strahleinblasung in der Zentralebene ermittelt. In all diesen Rechnungen wurden die turbulenten Transportvorgänge mit dem sogenannten Standard-k,ϵ-Modell approximiert (Rodi (1978), Noll (1992)).

Die charakteristische Unzulänglichkeit des UPWIND-Ansatzes kommt in den berechneten Verteilungen der axialen Geschwindigkeitskomponente w klar zum Ausdruck: die Gradienten werden abgeflacht. Die beiden anderen Diskretisierungsansätze führen zu wesentlich besseren Ergebnissen.

Mit dem QUICK- und dem MLU-Ansatz wird also bereits auf dem relativ groben Rechengitter mit $10 \cdot 30 \cdot 33$ Gitterpunkten eine gute Übereinstimmung zwischen Rechnung und Messung erreicht. Daß die Diskretisierungsfehler schon auf diesem Rechengitter sehr klein sind, kann aus Bild 4.23 gefolgert werden, wo die Ergebnisse eingetragen sind, die für die vorgestellte Mischströmung auf einem Rechengitter mit $14 \cdot 57 \cdot 65$ Punkten erzielt wurden. Aus diesem Resultaten wird deutlich, daß die UPWIND-Ergebnisse auch noch auf dem relativ feinen Gitter durch Diskretisierungsfehler verfälscht sind. Mit dem QUICK- und dem MLU-Ansatz können dagegen schon auf relativ groben Rechengittern aussagekräftige Ergebnisse gewonnen werden. Diese Überlegenheit des QUICK- und des MLU-Ansatzes gegenüber einfachen Diskretisierungsansätzen wie dem UPWIND-Ansatz wird in vielen praxisnahen Anwendungen immer wieder bestätigt (Noll (1992)).

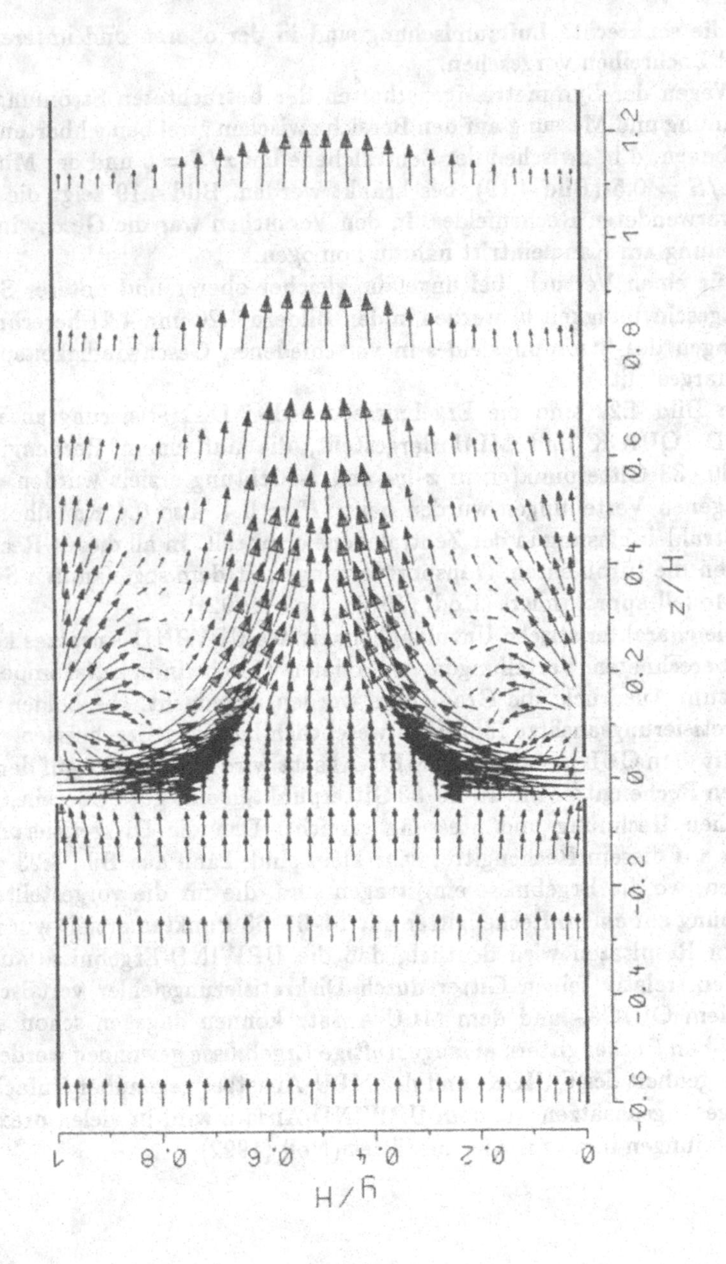

Bild 4.20. Berechnete Geschwindigkeitsverteilung

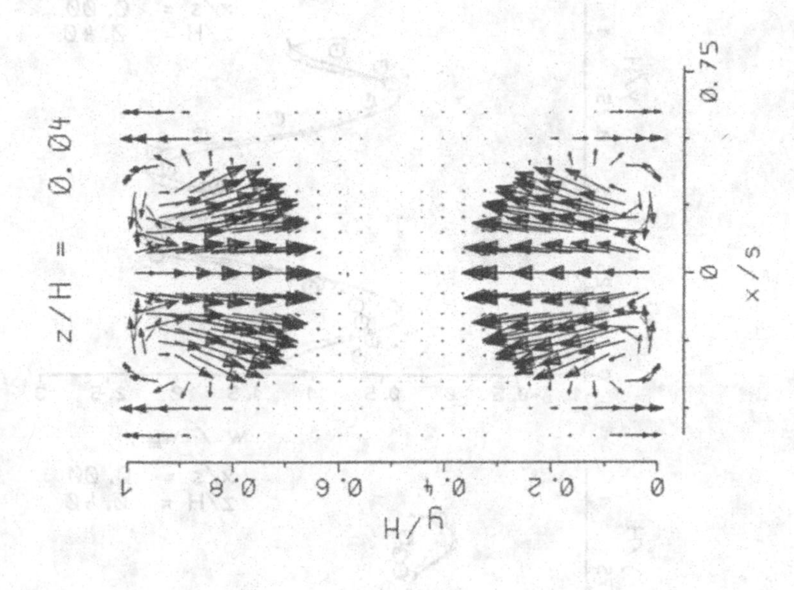

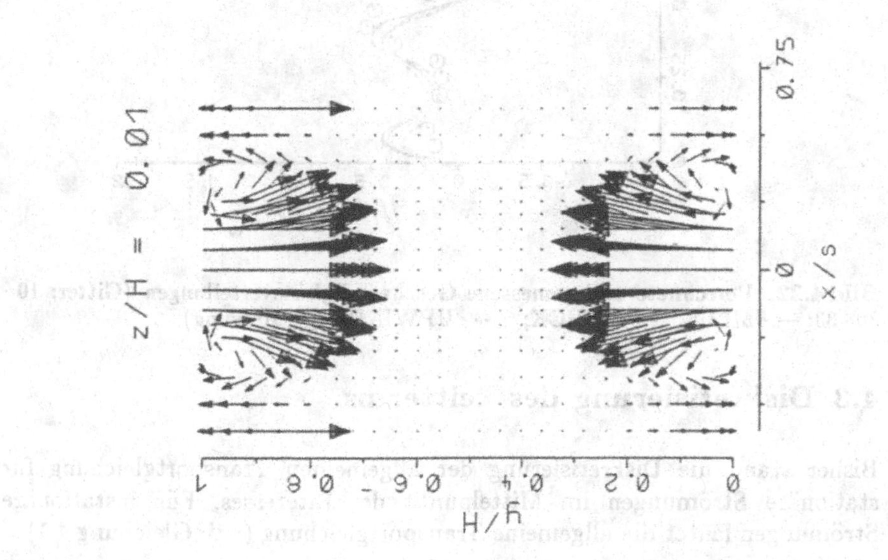

Bild 4.21. Berechnete Geschwindigkeitsverteilung

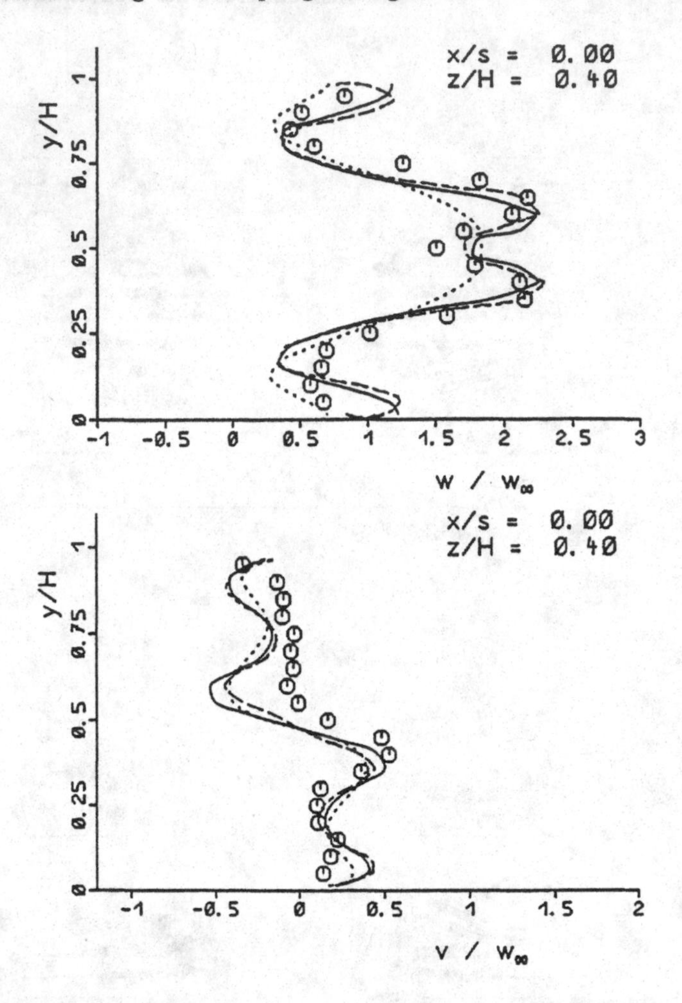

Bild 4.22. Berechnete und gemessene Geschwindigkeitsverteilungen (Gitter: $10 \cdot 30 \cdot 33$; —— MLU; – – QUICK; ··· UPWIND; ○ Messung)

4.3 Diskretisierung des Zeitterms

Bisher stand die Diskretisierung der allgemeinen Transportgleichung für stationäre Strömungen im Mittelpunkt des Interesses. Für instationäre Strömungen lautet die allgemeine Transportgleichung (vgl. Gleichung 4.1)

$$\frac{\partial(\rho\Phi)}{\partial t} + \frac{\partial(\rho v_j \Phi)}{\partial x_j} = \frac{\partial}{\partial x_j}\left(\Gamma \frac{\partial \Phi}{\partial x_j}\right) + S_\Phi \; . \tag{4.49}$$

Neben Konvektion und Diffusion ist nun auch der Zeitterm $\partial(\rho\Phi)/\partial t$ zu diskretisieren. Wie bei der Diskretisierung im Raum bedeutet Diskretisierung

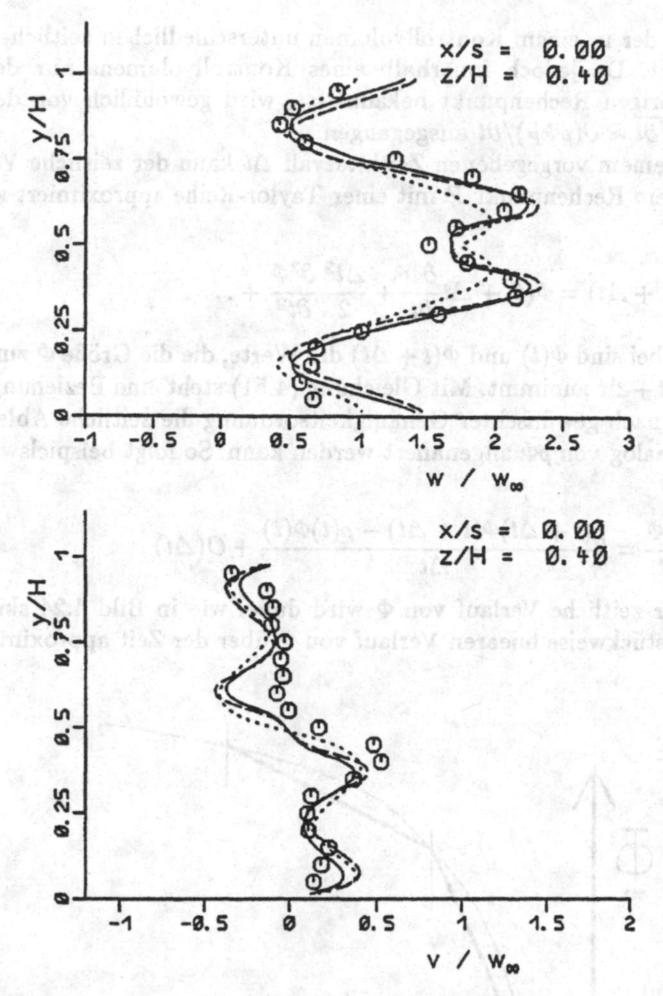

Bild 4.23. Berechnete und gemessene Geschwindigkeitsverteilungen (Gitter: 14 · 57 · 65; —— MLU; – – QUICK; ··· UPWIND; ○ Messung)

in der Zeit, daß der kontinuierliche Verlauf einer Größe Φ nur an diskreten Stützstellen der Zeitkoordinate berechnet wird.

Analog zur FV-Diskretisierung der konvektiven und diffusiven Terme wird auch die Zeitableitung über die im Rechenfeld ausgewiesenen Kontrollvolumen integriert:

$$\int_V \frac{\partial(\rho\Phi)}{\partial t} dV = \overline{\frac{\partial \rho\Phi}{\partial t}} \cdot V \,. \tag{4.50}$$

Da sich im Volumen V verschiedene zeitliche Ableitungen von $\rho\Phi$ einstellen können, wird in Gleichung(4.50) mit $\overline{\partial(\rho\Phi)/\partial t}$ das volumentrische

Mittel der in einem Kontrollvolumen unterschiedlichen zeitlichen Ableitung gebildet. Da jedoch innerhalb eines Kontrollvolumens nur der Wert am zugehörigen Rechenpunkt bekannt ist, wird gewöhnlich von der Näherung $\partial(\rho\Phi)/\partial t \approx \partial(\rho\Phi_P)/\partial t$ ausgegangen.

In einem vorgegebenen Zeitintervall Δt kann der zeitliche Verlauf von Φ an jedem Rechenpunkt P mit einer Taylor-Reihe approximiert werden:

$$\Phi(t+\Delta t) = \Phi(t) + \Delta t \frac{\partial \Phi}{\partial t} + \frac{\Delta t^2}{2}\frac{\partial^2 \Phi}{\partial t^2} + \ldots . \tag{4.51}$$

Dabei sind $\Phi(t)$ und $\Phi(t+\Delta t)$ die Werte, die die Größe Φ zum Zeitpunkt t und $t+\Delta t$ annimmt. Mit Gleichung (4.51) steht eine Beziehung bereit, mit der je nach gewünschter Genauigkeitsordnung die zeitliche Ableitung von Φ und analog von $\rho\Phi$ angenähert werden kann. So folgt beispielsweise

$$\frac{\partial \rho\Phi}{\partial t} = \frac{\rho(t+\Delta t)\Phi(t+\Delta t) - \rho(t)\Phi(t)}{\Delta t} + O(\Delta t) . \tag{4.52}$$

Der zeitliche Verlauf von Φ wird dabei wie in Bild 4.24 skizziert durch einen stückweise linearen Verlauf von Φ über der Zeit approximiert.

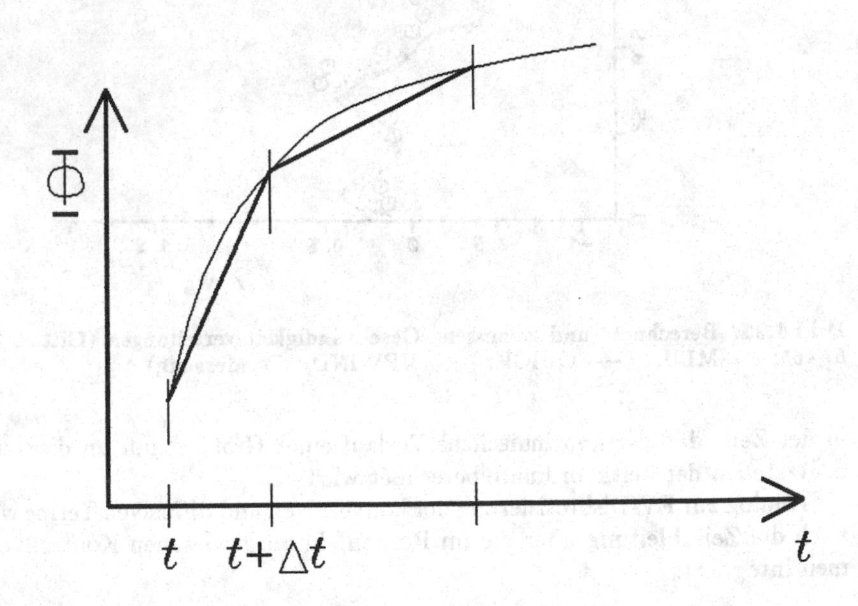

Bild 4.24. Stückweise linearer zeitlicher Verlauf einer Größe Φ

Zur Ermittlung des zeitlichen Gradienten nach Gleichung (4.52) müssen die Werte aller Rechenpunkte zu den Zeitpunkten t und $t+\Delta t$ gespeichert werden. Für Ansätze, die von höherer Ordnung sind als der in Gleichung (4.52), sind die Werte von mehr als zwei Zeitpunkten zu speichern. Da hierdurch der Speicherplatzbedarf insbesondere bei räumlichen Problemstellungen gewaltig steigt, wird die Zeitableitung gewöhnlich wie in Gleichung (4.52) ermittelt. Eine erhöhte Genauigkeit kann damit durch verkürzte Zeitintervalle Δt erreicht werden.

Mit der Näherung (4.52) folgt somit am Punkt P (s. Gleichung (4.50))

$$\int_V \frac{\partial(\rho\Phi)}{\partial t} dV = \frac{\rho_P \Phi_P - \rho_P^o \Phi_P^o}{\Delta t} \cdot V . \tag{4.53}$$

Dabei bezeichnen ρ^o und Φ^o die alten Werte beim Zeitpunkt t und ρ und Φ die neuen Werte beim Zeitpunkt $t + \Delta t$. Wird Gleichung (4.53) in die Differenzengleichung

$$a_P \Phi_P = \sum_{nb} (a_{nb} \Phi_{nb}) + b \tag{4.54a}$$

aufgenommen, folgen die Nachbarkoeffizienten unverändert. Der Koeffizient a_P ist jetzt allerdings aus

$$a_P = \sum_{nb} a_{nb} + a_{t,P} - S' \cdot V \qquad \text{mit} \qquad a_{t,P} = \frac{\rho_P}{\Delta t} \cdot V \tag{4.54b}$$

und der Quellterm aus

$$b = S_\Phi \cdot V + a_{t,P}^o \Phi_P^o \qquad \text{mit} \qquad a_{t,P}^o = \frac{\rho_P^o}{\Delta t} \cdot V \tag{4.54c}$$

zu ermitteln.

Die Zeitableitung bringt eine zusätzliche Dimension in die differentiellen Transportgleichungen. Damit sind in der Differenzengleichung nicht nur die Einflüsse der in den Ortsdimensionen benachbarten Φ-Werte auf Φ_P zu berücksichtigen, sondern auch der Einfluß des 'zeitlich benachbarten' Wertes Φ^o. Der Einfluß dieses Wertes auf Φ_P ist umso größer je kleiner der Zeitschritt Δt gewählt wird. Im Gegensatz zu den drei Raumkoordinaten hat die Zeitkoordinate stets parabolischen Charakter (vgl. Kap. 3.6). Zur Erinnerung sei nochmals herausgestellt, daß Ereignisse, die zu einer bestimmten Zeit eintreten, die Zustände, die zu einem früheren Zeitpunkt bestanden, nicht mehr ändern können und nur Einfluß auf den weiteren zeitlichen Zustandsverlauf ausüben können.

Gleichung (4.54a) ist eine implizite Form der Differenzengleichungen. In dieser Gleichung wird Φ_P zum Zeitpunkt $t + \Delta t$ aus den Nachbarwerten Φ_{nb} zum gleichen Zeitpunkt bestimmt. Hier ist also berücksichtigt, daß sich zusammen mit Φ_P auch die Werte von Φ an den anderen Rechenpunkten mit der Zeit ändern.

Zur Ableitung der Differenzengleichung können aber die konvektiven und diffusiven Flüsse auch für den Zeitpunkt t entwickelt werden. Für die Bestimmung von Φ_P wird dann von der Gleichung

$$a_P\Phi_P = \sum_{nb}(a_{nb}\Phi^o_{nb}) + b \tag{4.55}$$

ausgegangen. Hier wird also Φ_P aus den bekannten Nachbarwerten Φ^o_{nb} zum alten Zeitpunkt t ermittelt.

Eine Gleichung, in der wie in Gleichung (4.55) ein unbekannter Wert nur aus bekannten Werten zu errechnen ist, wird als explizite Gleichung bezeichnet. Offensichtlich ist mit Gleichung (4.55) ein wesentlich geringerer Rechenaufwand zur Bestimmung der Werte von Φ an allen Rechenpunkten verbunden. Allerdings kann ein explizites Verfahren zur Bestimmung der Φ-Werte leicht instabil werden, so daß nach einigen Zeitschritten die zu berechnenden Größen unsinnige Werte annehmen (vgl. Beispiel 4.14). Die Stabilität des expliziten Lösungsverfahrens kann nur durch genügend kleine Zeitschritte Δt gewährleistet werden. Zur Ermittlung der maximal zulässigen Zeitschritte existieren Kriterien, die allerdings hier nicht weiter besprochen werden sollen (vgl. hierzu Beispiel 4.14). An dieser Stelle sei vielmehr auf die Bücher von Smith (1978) und von Hirsch (1989) verwiesen. Festgehalten sei jedoch, daß die Beschränkung der maximalen Zeitschrittweite bei expliziten Verfahren oftmals sehr viele aufeinanderfolgende Zeitschritte erforderlich macht, so daß trotz der Einfachheit der expliziten Formulierung im Endeffekt ein sehr großer Rechenaufwand entstehen kann. Bei impliziten Verfahren zur Lösung von linearen Gleichungen muß dagegen prinzipiell keine Beschränkung der Zeitschritte beachtet werden, so daß diese Verfahren in vielen Fällen vorteilhafter sind als die expliziten.

Es wurde bereits darauf hingewiesen, daß viele der Transportgleichungen für Strömungen nichtlinear sind. Aus diesem Grund sind auch die aus der Diskretisierung stammenden Differenzengleichungen zur numerischen Strömungsberechnung oft nichtlinear. Nichtlinear bedeutet, daß die Koeffizienten und auch die Quellterme der allgemeinen Transportgleichung Funktionen der zu berechnenden Größe Φ sind. In einer zeitabhängigen nichtlinearen Problemstellung stellt sich daher nicht nur die Frage, ob mit den alten oder neuen Φ-Werten der Nachbarpunkte gerechnet werden soll. Hier ist auch von Interesse, für welches Zeitniveau die Koeffizienten in den Differenzengleichungen zu bestimmen sind. Als Extremfälle sind hierbei die Bestimmung der Koeffizienten mit Φ^o, also mit den alten Werten, und die Bestimmung mit den neuen Werten von Φ zu nennen. In dem folgenden Beispiel 4.14 soll illustriert werden, welche Fehler und Eigenheiten bei der expliziten und bei der impliziten Vorgehensweise zu beachten sind.

Beispiel 4.14: Instationärer Transport eines konservativen Skalars
Die Gleichung für den unter instationären Bedingungen ablaufenden Transport eines konservativen Skalars Φ in einer im Ort eindimensionalen Umgebung lautet für vernachlässigbaren diffusiven Transport:

$$\frac{\partial(\rho\Phi)}{\partial t}+\frac{\partial(\rho u\Phi)}{\partial x}=0\,.$$

Es sei angenommen, daß die Dichte ρ eine Funktion der skalaren Größe Φ ist (wenn Φ beispielsweise die Konzentration einer maßgeblichen Spezies in der Strömung ist). Mit $\rho=\rho(\Phi)$ ist die obige Differentialgleichung nichtlinear.

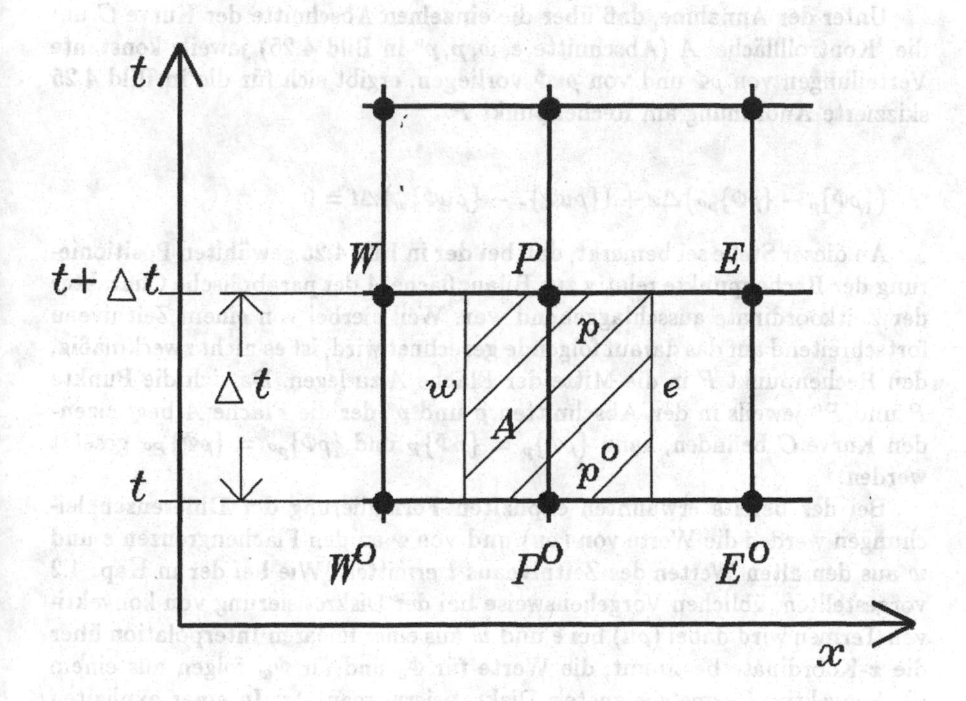

Bild 4.25. Finite Flächen in x,t-Ebene

Da die Zeitachse in dem gestellten Problem neben der Ortskoordinate x als weitere Dimension zu beachten ist, kann die nichtlineare Transportgleichung mit der FV-Methode über im x,t-Rechengebiet ausgewiesene, diskrete finite Flächen $A=\Delta x\cdot\Delta t$ integriert werden (Bild 4.25):

$$\int_A\frac{\partial(\rho\Phi)}{\partial t}dA+\int_A\frac{\partial(\rho u\Phi)}{\partial x}dA=0\,.$$

Für zwei Funktionen P und Q über der Fläche, die von den Koordinaten x und t aufgespannt ist, gilt mit dem Greenschen Integralsatz:

$$\int_A \left(\frac{\partial Q}{\partial x} - \frac{\partial P}{\partial t} \right) dA = \int_C \left(P dx + Q dt \right) ,$$

wobei $dA = dx\ dt$ ist. A ist die Fläche, die von der geschlossenen Kurve C begrenzt wird. Mit $Q = \rho u \Phi$ und $P = -\rho\Phi$ folgt

$$\int_C (-\rho\Phi) dx + \int_C (\rho u \Phi) dt = 0 .$$

Unter der Annahme, daß über die einzelnen Abschnitte der Kurve C um die 'Kontrollfläche' A (Abschnitte e, w, p, p^o in Bild 4.25) jeweils konstante Verteilungen von $\rho\Phi$ und von $\rho u \Phi$ vorliegen, ergibt sich für die in Bild 4.25 skizzierte Anordnung am Rechenpunkt P

$$\left(\{\rho\Phi\}_p - \{\rho\Phi\}_{p^o} \right) \Delta x + \left(\{\rho u \Phi\}_e - \{\rho u \Phi\}_w \right) \Delta t = 0$$

An dieser Stelle sei bemerkt, daß bei der in Bild 4.25 gewählten Positionierung der Rechenpunkte relativ zur Bilanzfläche A der parabolische Charakter der Zeitkoordinate ausschlaggebend war. Weil hierbei von einem Zeitniveau fortschreitend auf das darauf folgende gerechnet wird, ist es nicht zweckmäßig, den Rechenpunkt P in die Mitte der Fläche A zu legen. Da sich die Punkte P und P^o jeweils in den Abschnitten p und p^o der die Fläche A begrenzenden Kurve C befinden, kann $\{\rho\Phi\}_p = \{\rho\Phi\}_P$ und $\{\rho\Phi\}_{p^o} = \{\rho\Phi\}_{P^o}$ gesetzt werden.

Bei der bereits erwähnten expliziten Formulierung der Differenzengleichungen werden die Werte von (ρu) und von Φ an den Flächengrenzen e und w aus den alten Werten des Zeitniveaus t ermittelt. Wie bei der in Kap. 4.2 vorgestellten, üblichen Vorgehensweise bei der Diskretisierung von konvektiven Termen wird dabei (ρu) bei e und w aus einer linearen Interpolation über die x-Koordinate bestimmt; die Werte für Φ_e und für Φ_w folgen aus einem für konvektive Terme geeigneten Diskretisierungsansatz. In einer expliziten Rechnung ergibt so beipielsweise der UPWIND-Ansatz (mit $u > 0$):

$$\left(\{\rho\Phi\}_P - \{\rho\Phi\}_{P^o} \right) \Delta x + \left(\{\rho u\}_{e^o} \Phi_{P^o} - \{\rho u\}_{w^o} \Phi_{W^o} \right) \Delta t = 0$$

Hierbei werden also die neuen Werte Φ_P zum Zeitpunkt $t + \Delta t$ aus den alten, bekannten Werten Φ_{P^o} und Φ_{W^o} bestimmt. Auch die mit Φ veränderlichen Koeffizienten der Differenzengleichungen werden hierbei aus den Zustandsgrößen zum alten Zeitpunkt t ermittelt. Als Koeffizienten der Differenzengleichungen resultieren hier:

$$a_{W^o} = \{\rho u\}_{w^o} \Delta t \qquad a_{P^o} = \rho_{P^o} \Delta x - \{\rho u\}_{e^o} \Delta t$$

$$a_P = \rho_P \Delta x$$

Die Koeffizienten a_{W^o} und a_{P^o} beschreiben hier den Einfluß der alten Werte bei W^o und P^o auf den zu errechnenden neuen Wert bei P. Nimmt der Koeffizient a_{P^o} negative Werte an, treten in der obigen Differenzengleichung Koeffizienten mit unterschiedlichem Vorzeichen auf. Damit sind eine Instabilität des Lösungsverfahren und physikalisch unsinnige Ergebnisse nicht mehr auszuschließen.

Aus der Forderung $a_{P^o} > 0$ kann für die explizite Form folgendes Kriterium für die maximal zulässige Zeitschrittweite abgeleitet werden:

$$\Delta t_{\max} < \frac{\rho_{P^o} \Delta x}{\{\rho u\}_{e^o}}$$

Somit muß also mit kleineren Abständen Δx zwischen den einzelnen Rechenpunkten auch die maximal zulässige Zeitschrittweite $\Delta t_{\max}$ geringer werden.

Bei der impliziten Rechnung werden dagegen die Flüsse und die Φ-Werte an den Flächengrenzen e und w aus den Werten an den Rechenpunkten W, P, E zum Zeitpunkt $t + \Delta t$ gebildet. Im Gegensatz zur expliziten Form können hierbei durch zu große Zeitschritte Koeffizienten mit ungleichen Vorzeichen nicht hervorgerufen werden.

Offensichtlich werden weder mit der rein impliziten noch mit der rein expliziten Form der Differenzengleichungen die sich in Wirklichkeit abspielenden Vorgänge gut getroffen. Aus den vorhergehenden Betrachtungen wird klar, daß die Genauigkeit der Diskretisierung bei einem vorgewählten Zeitschritt dadurch erhöht werden kann, daß die benötigten Flüsse und Φ-Werte an den Flächengrenzen e und w aus den alten und den neuen Werten interpoliert oder gemittelt werden. Diese Idee wird in einigen Rechenmethoden zur numerischen Simulation von instationären Strömungen verfolgt.

Ein sehr bekanntes Verfahren ist hierzu die sogenannte Crank-Nicolson Approximation (z.B. Smith (1978)). Dabei werden die Flüsse an den Zellgrenzen e und w als arithmetisches Mittel der alten und neuen Flüsse gebildet. Bei e folgt so beispielsweise

$$\{\rho u \Phi\}_e = \alpha \cdot \{\rho u \Phi\}_{e,t+\Delta t} + (1 - \alpha) \cdot \{\rho u \Phi\}_{e^o}$$

wobei der Faktor $\alpha = 0.5$ ist. Weitere Verfahren können durch einen von 0.5 verschiedenen Faktor α gewonnen werden; mit $\alpha = 0$ folgt die explizite Form, mit $\alpha = 1$ die implizite Form.

In alternativen Vorgehensweisen werden die Flüsse an den Grenzen der Kontrollzellen nicht direkt aus den alten und neuen Werten zusammengesetzt.

Dafür wird der sich über ein Zeitintervall Δt abspielende Vorgang in mehrere Rechenschritte aufgetrennt. In der Rechnung werden dabei die einzelnen Schritte hintereinander gestaffelt, wobei beispielsweise entweder rein explizit oder rein implizit oder in einer Mischform von expliziter und impliziter Form gerechnet wird. Für eine weitergehende Erörterung und Vorstellung solcher Verfahren sei an dieser Stelle auf die Literatur verwiesen (z.B. Smith (1978), Hirsch (1989), Issa (1986), Ahmadi-Befrui (1990), Baldwin u.a. (1975), Steger und Warming (1981), Beam und Warming (1980), Peyret und Taylor (1985), Perng und Street (1989)).

Außerdem sei hier auch erwähnt, daß häufig auch stationäre Strömungen mit einem Zeitschrittverfahren berechnet werden. Dabei wird, ausgehend von einem vorgegebenen Ausgangszustand, solange gerechnet bis keine zeitliche Änderung im Strömungsfeld mehr zu erkennen ist. Eine solche Vorgehensweise wird vorzugsweise dann angewandt, wenn die numerische Lösung der stationären Differenzengleichungen Schwierigkeiten bereitet. Ein Zeitschrittverfahren kann in diesen Fällen helfen, da die Diskretisierung der Zeitableitung immer mit einer Erhöhung des zentralen Koeffizienten a_P verbunden ist. Wie im siebten Kapitel gezeigt wird, werden durch die Erhöhung des zentralen Koeffizienten a_P die Stabilitätseigenschaften eines Verfahrens zur Lösung des Differenzengleichungssystems immer positiv beeinflußt.

4.4 Methode der gewichteten Residuen

Schon zu Beginn des vierten Kapitels wurde darauf hingewiesen, daß zur Diskretisierung der differentiellen Transportgleichungen mehrere Diskretisierungsmethoden bekannt sind. Neben den Finiten Differenzen finden die Finiten Volumen, die Finiten Elemente und immer mehr auch die sogenannten Spektralmethoden in der numerischen Simulation von Strömungen ihre Anwendung. Hiervon sind die drei letztgenannten Diskretisierungsmethoden als Varianten der sogenannten Methode der gewichteten Resiuden interpretierbar. Die Methode der gewichteten Resiuden soll in diesem Kapitel vorgestellt werden.

Zunächst sei die allgemeine Transportgleichung in Tensorschreibweise folgendermaßen angeordnet:

$$L(\Phi) = \frac{\partial(\rho\Phi)}{\partial t} + \frac{\partial(\rho u_j \Phi)}{\partial x_j} - \frac{\partial}{\partial x_j}\left(\Gamma \frac{\partial \Phi}{\partial x_j}\right) - S_\Phi = 0 \,. \tag{4.56}$$

Die Aufgabe, die im Rahmen dieses vierten Kapitels betrachtet wurde, lautet, für $L(\Phi) = 0$ eine numerische Lösung zu finden. Bei den Finiten Differenzen werden dazu die einzelnen Ableitungen in der Differentialgleichung durch abgebrochene Taylor-Reihen ersetzt. Bei den Finiten Volumen ist die

Differentialgleichung über einzelne im gesamten Rechengebiet verteilte Kontrollvolumen zu integrieren.

Zur Auswertung der einzelnen Volumenintegrale müssen Verteilungen von Φ zwischen den Rechenpunkten und auf den Kontrollvolumenoberflächen angenommen werden. So wird vorausgesetzt, daß Φ und die verschiedenen Gradienten $\partial\Phi/\partial x_j$ auf den einzelnen Kontrollvolumenoberflächen jeweils konstant sind. Die Verteilungen von Φ und damit auch der Gradienten $\partial\Phi/\partial x_j$ zwischen den Rechenpunkten folgen aus den sogenannten Diskretisierungsansätzen, in denen Annahmen über die Verteilung von Φ zwischen den Rechenpunkten getroffen werden. Dadurch werden die in Kap. 4.2.2 erörterten Abbruchfehler in die numerische Lösung hineingetragen. Für die Größe Φ wird daher für jedes Kontrollvolumen eine abschnittsweise definierte Funktion

$$\Phi^N = f(x, y, z, \Phi_i) \tag{4.57}$$

vorgegeben.

Die hieraus abzuleitenden algebraischen Differenzengleichungen basieren bei der Finiten Volumen Methode auf der integralen Bedingung:

$$\int_V L(\Phi^N) dV = 0 \, . \tag{4.58}$$

Aus dieser Bedingung werden letztendlich die Parameter der Funktion Φ^N (die Werte von Φ an den einzelnen Rechenpunkten) bestimmt. Durch diese Vorgehensweise wird erreicht, daß für jedes Kontrollvolumen $L(\Phi^N) = 0$ gilt (vgl. hierzu das unten angeführte Beispiel 4.15).

Die bei den Finiten Volumen eingeschlagene Vorgehensweise kann zur Methode der gewichteten Residuen verallgemeinert werden. Dazu wird im ersten Schritt im Rechenfeld ein beliebiger funktionaler Zusammenhang $\Phi^N = f(x, y, z)$ mit einigen freien Parametern vorgegeben. Mit Φ^N soll die Differentialgleichung im Rechenfeld erfüllt werden, d.h. $L(\Phi^N) = 0$. Ist mit einer Funktion Φ^N die ursprüngliche Differentialgleichung nicht erfüllt, folgt mit $r = L(\Phi^N) \neq 0$ ein sogenanntes Residuum. In der Methode der gewichteten Residuen wird im gesamten Rechengebiet D gefordert, daß für eine Gewichtsfunktionen W_j

$$\int_D L(\Phi^N) \cdot W_j \, dD = 0 \tag{4.59}$$

gilt. Die Gewichtsfunktion W_j kann dabei beliebig gewählt werden, da ja letztendlich $L(\Phi^N) = 0$ gelten soll.

Durch geeignet unterschiedliche Gewichtsfunktionen können mit der Beziehung (4.59) soviele Gleichungen generiert werden, wie zur Bestimmung der freien Parameter in der Funktion Φ^N erforderlich sind. Ist beispielsweise in einer eindimensionalen Problemstellung für Φ^N ein Polynom-Ansatz $\Phi^N = \sum_{j=0}^{p}(a_j x^j)$ gewählt worden, können die unbekannten Koeffizienten a_j mit $(p+1)$ unterschiedlichen Gewichtsfunktionen bestimmt werden.

Wird das Rechengebiet in m einzelne Elemente (z.B. Finite Volumen) zerteilt, gilt mit

$$\int_D L(\Phi^N) \cdot W_j \, dD = \sum_{k=1}^{m} \left(\int_{E_k} L(\Phi^N) \cdot W_j \, dE_k \right) \tag{4.60}$$

für jedes Element E_k

$$\int_{E_k} L(\Phi^N) \cdot W_j \, dE_k = 0 \, . \tag{4.61}$$

Dabei kann die Ansatzfunktion Φ^N abschnittsweise so definiert werden, daß letztendlich für jedes Element k eine 'eigene' Ansatzfunktion Φ_k^N zu beachten ist.

Bei der Methode der Finiten Volumen sind die einzelnen Elemente offensichtlich die Kontrollvolumen und die Gewichtsfunktion ist $W_j = 1$. Statt mehrerer unterschiedlicher Gewichtsfunktionen wird bei den Finiten Volumen für m Kontrollvolumen die Bedingung (4.61) gestellt. Daraus resultieren m Gleichungen zur Bestimmung der an m Rechenpunkten unbekannten Größen Φ_k.

Beispiel 4.15: FV-Diskretisierung der Transportgleichung für die eindimensionale stationäre Wärmeleitung gemäß der Methode der gewichteten Residuen (vgl. Beispiel 4.4)

$$L(T) = \frac{d}{dx}(\lambda \frac{dT}{dx}) = 0 \, .$$

Für den Verlauf der Temperatur sei in der Umgebung eines Rechenpunktes 'P' die folgende stückweise lineare Funktion

$$T^N(x, T_i) = \begin{cases} T_W + (x - x_W) \cdot \frac{T_P - T_W}{x_P - x_W} & \text{für} \quad x_W \le x \le x_P \\ T_P + (x - x_P) \cdot \frac{T_E - T_P}{x_E - x_P} & \text{für} \quad x_P \le x \le x_E \end{cases}$$

angenommen. Wird die Forderung (4.57) an der Rechenzelle um den Punkt 'P' erhoben, folgt

$$\int_{\Delta x} \frac{d}{dx}(\lambda \frac{dT^N}{dx})dx = 0 \, .$$

Mit dem Integralsatz von Gauß ergibt sich daraus

$$\left\{\lambda \frac{dT^N}{dx}\right\}_e - \left\{\lambda \frac{dT^N}{dx}\right\}_w = 0 \, .$$

Nach Einsetzen der oben vorgegebenen Funktion für T^N folgt die bekannte algebraische Gleichung zur Bestimmung des Temperaturwertes T_P:

$$\lambda_e \cdot \frac{T_E - T_P}{x_E - x_P} - \lambda_w \cdot \frac{T_P - T_W}{x_P - x_W} = 0 \, .$$

Bei der Methode der Finiten Elemente wird das Rechengebiet in einzelne Elemente unterteilt, denen beispielsweise im ebenen Fall oftmals die Gestalt von Dreiecken oder Rechtecken gegeben wird (Bild 4.26). Die Rechenpunkte, die bei der FE-Methode als 'Knoten' bezeichnet werden, können in den begrenzenden Flächen oder im ebenen Fall in den Konturen der Elemente angeordnet werden.

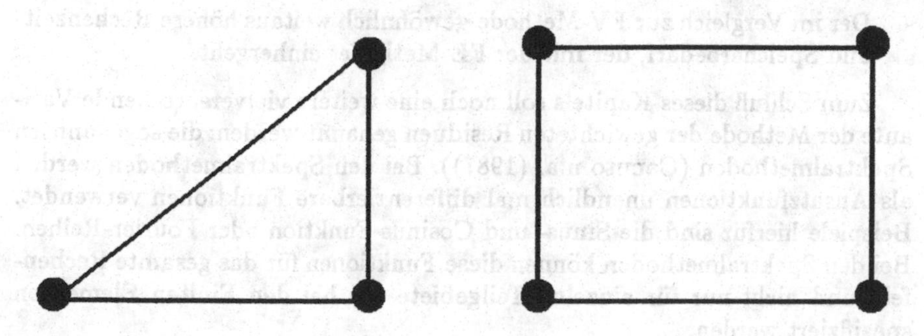

Bild 4.26. Finite Elemente

Für jedes Element wird ein funktionaler Zusammenhang $\Phi^N = f(x, y, z)$ angenommen, wobei wie bei den Finiten Volumen die Genauigkeit der Diskretisierung von der ausgewählten Funktion $f(x, y, z)$ maßgeblich beeinflußt wird. Gesucht sind nun die diskreten Werte Φ_i an den Knotenpunkten, für die mit der Funktion Φ^N die Differentialgleichung erfüllt wird. Diese Forderung wird mit Gleichung (4.61) formuliert, wobei bei den Finiten Elementen im Gegensatz zu den Finiten Volumen unterschiedliche Gewichtsfunktionen gebräuchlich sind. Aus den unterschiedlichen Gewichtsfunktionen resultieren unterschiedliche Varianten der Methode der Finiten Elemente.

Da eine weitere Erörterung der Methode der Finiten Elemente den Rahmen dieses Buches sprengen würde, sei an dieser Stelle auf die Darstellung dieser Diskretisierungsmethode von Peyret und Taylor (1985), Zienkiewicz (1977), Benim und Zinser (1985) verwiesen. Festgehalten sei noch der größte Vorteil der FE-Methode im Vergleich zur FV-Methode, der derzeit darin zu sehen ist, daß mit der FE-Diskretisierung auch sehr komplex gestaltete Strömungsräume gut diskretisiert werden können. Der Grund hierfür liegt darin, daß bei der FE-Methode auch unstrukturierte Rechennetze, bei denen die Rechenknoten regellos im Rechenfeld verteilt sein können, möglich sind. Hieraus erwächst außerdem die Möglichkeit zur lokalen Anpassung des Rechennetzes. So kann mit der FE-Methode in den Strömungsgebieten, in denen steile Gradienten der Strömungsgrößen herrschen, zur Erhöhung der Diskretisierungsgenauigkeit das Rechennetz enger gelegt werden als in Gebieten mit geringen Gradienten. Diese Anpassung des Rechennetzes kann entweder von vornherein oder erst im Laufe der Rechnung vorgenommen werden (z.B. Deuflhard u.a. (1988)).

Als wesentliche Nachteile der FE-Methode sind zu nennen:

- Die damit verbundene anpruchsvolle mathematischen Formulierung, die zur Folge hat, daß eine Steigerung der Diskretisierungsgenauigkeit durch genauere Ansatzfunktionen gewöhnlich weitaus aufwendiger ist als mit der FV-Methode.
- Der im Vergleich zur FV-Methode gewöhnlich weitaus höhere Rechenzeit- und Speicherbedarf, der mit der FE-Methode einhergeht.

Zum Schluß dieses Kapitels soll noch eine weitere vielversprechende Variante der Methode der gewichteten Residuen genannt werden: die sogenannten Spektralmethoden (Canuto u.a. (1987)). Bei den Spektralmethoden werden als Ansatzfunktionen unendlich mal differenzierbare Funktionen verwendet. Beispiele hierfür sind die Sinus- und Cosinus-Funktion oder Fourier-Reihen. Bei den Spektralmethoden können diese Funktionen für das gesamte Rechenfeld und nicht nur für einzelne Teilgebiete wie bei den Finiten Elementen spezifiziert werden.

Der hervorstechende Vorteil der Spektralmethoden ist darin zu sehen, daß aufgrund der damit verwendeten Ansatzfunktionen eine im Vergleich zur FE- oder FV-Methode wesentlich höhere Genauigkeit erzielt werden kann. Der Einsatz dieser Diskretisierungsmethode, die bei gleicher Anzahl von Rechenpunkten gewöhnlich mit deutlich mehr Rechenaufwand einhergeht als die FV-Methode, ist bei einigen Problemstellungen von unschätzbarem Vorteil. In diesen Problemstellungen kann mit der FE- oder der FV-Methode die geforderte Diskretisierungsgenauigkeit durch eine Verfeinerung des Rechengitters nicht geschafft werden, weil sonst durch die erhöhte Anzahl von Rechenpunkten ein nicht mehr zu realisierender Speicher- und Rechenaufwand entsteht. Ein Beispiel für eine solche Problemstellung ist die sogenannte direkte Simulation von turbulenten Bewegungen in einer Strömung (z.B. Givi (1989)).

5 Numerische Strömungssimulation in primitiven Variablen

Die Berechnung der Vorgänge in Strömungen basiert auf Transportgleichungen (vgl. Kap. 3), in denen Strömungsgrößen bilanziert werden. Der Strömungszustand kann gewöhnlich durch alternative Größen angegeben werden. So kann der lokale Energiezustand eines Strömungsbereichs beispielsweise anhand der Enthalpie aber auch anhand der Temperatur angegeben werden. Ebenso kann ein Strömungsfeld durch das Geschwindigkeitsfeld oder durch die Verteilung der Stromfunktion beschrieben werden.

Bei der Strömungssimulation auf der Basis der sogenannten primitiven Variablen Geschwindigkeit und Druck müssen Druck und Geschwindigkeit so ermittelt werden, daß die Kontinuität und die Impulsbilanz gleichzeitig erfüllt sind. Hier besteht die numerische Aufgabe also nicht allein in der Lösung einer einzelnen Transportgleichung; vielmehr müssen gleichzeitig die Impulsgleichungen und die Kontinuitätsgleichung so gelöst werden, daß die ermittelten Geschwindigkeitsfelder sowohl die Impulsbilanz als auch die Massenbilanz erfüllen. In der Praxis zeigt sich, daß gerade diese Forderung an das Geschwindigkeitsfeld häufig einen großen Aufwand bei der Lösung des algebraischen Gleichungssystems, das aus der Diskretisierung der Transportgleichungen stammt, verursacht.

Diese Schwierigkeit kann dadurch umgangen werden, daß statt der Impulsbilanz die Wirbeltransportgleichung der Rechnung zugrunde gelegt wird. Die Wirbeltransportgleichung, in der der Druck eliminiert wurde, stammt aus Impuls- und Massenbilanz (z.B. Schlichting (1982), Zierep (1979)). Trotzdem bietet die Formulierung der Bewegungsgleichungen durch Geschwindigkeit und Druck gegenüber der Darstellung in der Wirbeltransportgleichung oft Vorteile. So erweist sich beispielsweise in vielen Anwendungen die Vorgabe geeigneter Randbedingungen für die Wirbeltransportgleichung immer wieder als wesentlich aufwendiger als mit primitiven Variablen.

Zur Berechnung von konsistenten Druck- und Geschwindigkeitsfeldern sind derzeit zwei prinzipiell unterschiedliche Vorgehensweisen üblich. In der einen Methode wird die Kontinuitätsgleichung zur Bestimmung der lokalen Dichte benutzt. Aus der Dichte kann dann mit einer Zustandsgleichung (z.B. der Zustandsgleichung für ideale Gase) der Druck bestimmt werden, der wiederum in den Impulsgleichungen einzusetzen ist. Diese Vorgehensweise ist von Vorteil, wenn kompressible Strömungen zu berechnen sind und ist daher die Basis für viele erfolgreiche Techniken zur Berechnung von kompressiblen Strömungen (z.B. MacCormack (1982), Baldwin u.a. (1975), Steger und Warming (1981)).

Die auf die Dichte bezogene Methode kann aber nur dann genutzt werden, wenn zwischen Druck und Dichte auch tatsächlich eine eindeutige Beziehung besteht. Bei inkompressiblen Strömungen kann diese Methode daher nur mit Maßnahmen, die eine künstliche Verbindung zwischen Druck und Dichte schaffen, genutzt werden. Ein Beispiel hierfür ist die sogenannte Methode der künstlichen Kompressibilität, bei der zwischen Druck und Dichte willkürlich eine schwache Kopplung angesetzt wird (Peyret und Taylor (1985)). Diese Methoden scheitern jedoch, wenn die zu berechnende Strömung sowohl im inkompressiblen als auch im kompressiblen Bereich liegt. Ein Beispiel hierfür ist die überkritische Strömung durch eine Lavaldüse. Die Methode der künstlichen Kompressibilität ist auch dann nicht mehr von Nutzen, wenn in einer Problemstellung neben dem Druckeinfluß weitere Einflüsse auf die Dichte überlagert sind. Dies ist beispielsweise dann der Fall, wenn die Dichte auch von einer lokal wechselnden Zusammensetzung oder von einer inhomogenen Temperaturverteilung abhängig ist. Beispiele hierfür sind Strömungen mit chemischer Reaktion aber auch Mehrphasenströmungen mit Phasenübergängen.

Neben der auf die Dichte bezogenen Methode zur Ermittlung des Geschwindigkeits- und Druckfeldes wird auch ein auf den Druck bezogenes Verfahren eingesetzt. Bei dieser Methode zum Abgleich von Impuls und Kontinuität wird der Druck aus einer Gleichung bestimmt, die aus der Impulsbilanz und der Kontinuitätsgleichung resultiert. Eine solche Vorgehensweise hat gegenüber den auf die Dichte bezogenen Verfahren den Vorteil, grundsätzlich sowohl für imkompressible als auch für kompressible Strömungen anwendbar zu sein (Karki und Patankar (1988)). Bei diesen auf den Druck bezogenen Verfahren sind gegenwärtig unterschiedliche Lösungsstrategien für die numerische Simulation bekannt. Eines dieser Verfahren, das sogenannte Druckkorrekturverfahren, wird im folgenden beschrieben.

Das Gleichungssystem für die Berechnung eines Strömungsfeldes in primitiven Variablen lautet:

Impuls:

$$\frac{\partial(\rho v_i)}{\partial t} + \frac{\partial(\rho v_j v_i)}{\partial x_j} = \frac{\partial}{\partial x_j}(\mu \frac{\partial v_i}{\partial x_j}) - \frac{\partial p}{\partial x_i} + S_{v_i} \qquad i = 1 \ldots 3\,; \tag{5.1}$$

Kontinuität:

$$\frac{\partial \rho}{\partial t} + \frac{\partial(\rho v_j)}{\partial x_j} = 0.\,. \tag{5.2}$$

Unbekannte Größen sind hier die Geschwindigkeitskomponenten v_i (u, v, w) und der Druck p. Wie bereits betont wurde, müssen Druck und Geschwindigkeit auch in der numerischen Lösung der Gleichungen (5.1) und (5.2) so ermittelt werden, daß gleichzeitig die Kontinuität und die Impulsbilanz erfüllt sind.

5.1 Versetzte Rechengitter

Die Gleichungen (5.1) und (5.2) können mit den im Kap. 4 dargelegten Finiten Volumen diskretisiert werden. Dabei wird auch die Diskretisierung des Druckgradienten $-\partial p/\partial x_i$ in Gleichung (5.1) durch die Integration dieses Terms über die einzelnen Kontrollvolumen vorgenommen.

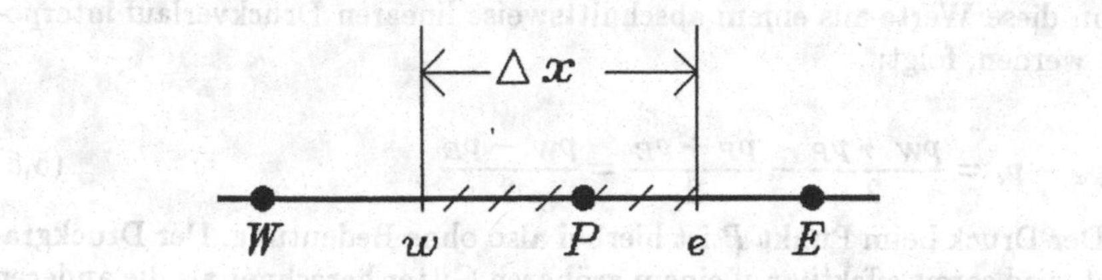

Bei der Integration über das Kontrollvolumen V um P können zwei Wege beschritten werden:

a) Die Druckkräfte werden als Volumenkräfte aufgefaßt.

Damit ergibt sich beispielsweise in der Kräftebilanz der x-Richtung die Druckkraft aus:

$$F_{P,x} = \int_V -\frac{\partial p}{\partial x} \cdot dV = -\overline{\frac{\partial p}{\partial x}} \cdot V = \frac{(p_w - p_e)}{\Delta x} \cdot V \,. \tag{5.3}$$

b) Die Druckkräfte werden als Oberflächenkräfte aufgefaßt.

Werden die Druckkräfte als Oberflächenkräfte behandelt, folgt mit dem Satz von Gauß für die x-Richtung:

$$F_{P,x} = -\int_V \frac{\partial p}{\partial x} dV = -\int_A p \cdot dA_x = p_w \cdot A_w - p_e \cdot A_e \,. \tag{5.4}$$

Die Vorgehensweise nach Gleichung (5.4) ist immer konservativ (d.h. hier wird die integrale Kräftebilanz am Kontrollvolumen auch in der diskretisierten Form nicht verletzt). Sind dagegen gegenüberliegende Kontrollvolumenoberflächen ungleich, kann mit der Variante nach Gleichung (5.3) die integrale Bilanz der Druckkräfte am Kontrollvolumen verletzt werden. Andererseits sind die beiden Vorgehensweisen immer dann identisch, wenn die Linien des Rechengitters parallel verlaufen (beispielsweise für kartesische Rechengitter).

Obwohl mit Gleichung (5.4) immer eine konservative Diskretisierung des Druckgradiententerms zu erreichen ist, wird gewöhnlich nach Gleichung (5.3) vorgegangen. Der Grund dafür ist, daß mit Gleichung (5.4) das im folgenden vorgestellte Druckkorrekturverfahren in seiner Formulierung wesentlich aufwendiger wird und zudem numerische Schwierigkeiten bei der Lösung der Gleichungen auftreten können, die für die Bestimmung des Drucks resultieren.

Da die Druckwerte nur an den Gitterknoten E, P, W berechnet werden und somit in der Rechnung auch nur dort bekannt sind, müssen sowohl für Gleichung (5.3) als auch für Gleichung (5.4) die Druckwerte an den Kontrollvolumenoberflächen e und w aus sinnvollen Annahmen bestimmt werden. Wenn diese Werte aus einem abschnittsweise linearen Druckverlauf interpoliert werden, folgt:

$$p_w - p_e = \frac{p_W + p_P}{2} - \frac{p_P + p_E}{2} = \frac{p_W - p_E}{2} \; . \tag{5.5}$$

Der Druck beim Punkt P ist hierbei also ohne Bedeutung. Der Druckgradient wird somit effektiv auf einem gröberen Gitter berechnet als die anderen Terme der Impulstransportgleichungen, so daß am Punkt P die Geschwindigkeit und der zugehörige Druck entkoppelt sind. Hieraus entsteht die Gefahr, daß in der Rechnung ein oszillierendes Druckfeld auftritt. Beispielsweise wird mit der in Bild 5.1 dargestellten Druckverteilung $p_W - p_E$ überall zu Null. Damit werden in den Impulsgleichungen keine Druckkräfte berücksichtigt.

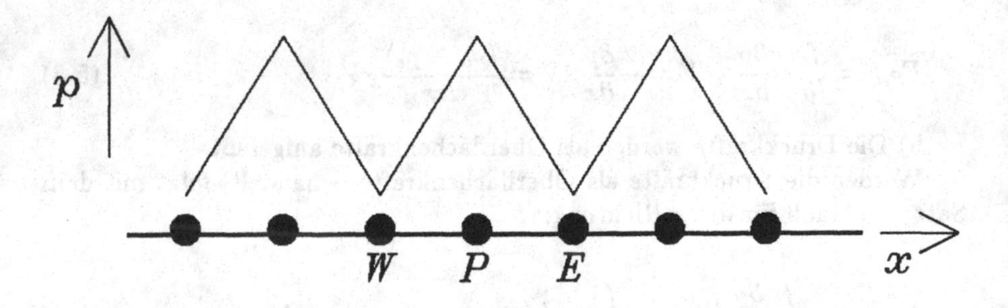

Bild 5.1. Oszillierende Druckverteilung

Wird nun am gleichen Kontrollvolumen auch die Massenbilanz aufgestellt, folgt beispielsweise für eine eindimensionale stationäre Strömung mit ρ =konst.:

$$\frac{\partial u}{\partial x} = 0 \quad \Rightarrow u_e - u_w = 0 \, . \tag{5.6a}$$

Die Annahme eines stückweise linearen Verlaufs von u führt wie bei der Diskretisierung des Druckgradiententerms auf

$$u_E - u_W = 0 \, . \tag{5.6b}$$

Mit einer linearen Interpolation der an den Rechenpunkten gewonnenen Geschwindigkeiten u_W und u_E (die aus der Impulsbilanz stammen) ist daher die Massenbilanz unabhängig von der Geschwindigkeit u_P. Das bedeutet, daß weder aus der Impulsgleichung noch aus der Kontinuitätsgleichung eine Kopplung zu dem an dem jeweiligen Rechenpunkt herrschenden Druck geschaffen wird; somit werden oszillierende Druckverteilungen ermöglicht.

Die dargestellte Druckverteilung und der Umstand, daß eine wie in Bild 5.1 gezeigte oszillierende Druckverteilung weder in den diskretisierten Impulsgleichungen noch in der diskretisierten Kontinuitätsgleichung Konsequenzen zur Folge hat, widersprechen den physikalischen Eigenschaften von Strömungen und sind daher nicht sinnvoll.

Eine Möglichkeit, die Schwierigkeiten, die bei der Berechnung von Geschwindigkeits- und Druckfeldern entstehen, zu beseitigen, ist, auf mehreren, gegeneinander versetzten Rechengittern zu diskretisieren (Bild 5.2).

In dreidimensionalen Problemstellungen werden für die Geschwindigkeitskomponenten u, v, w drei in x, y, z-Richtung um den halben Gitterabstand versetzte Rechengitter benutzt ('u, v, w-Volumen'). Die Geschwindigkeitskomponenten werden damit an anderen Stellen berechnet als der Druck p und die skalaren Größen $(T, Y_\alpha, \ldots)$, die mit den sogenannten 'G-Volumen' (G stammt vom englischen 'general') diskretisiert werden. Die Berechnung von Druck und Geschwindigkeit auf zueinander versetzten Rechengittern wurde erstmals von Harlow und Welch (1965) in einem als MAC-Algorithmus bezeichneten Verfahren vorgeschlagen.

Auf derartig versetzten Rechengittern kann der Druckgradient in den Impulsgleichungen folgendermaßen diskretisiert werden:

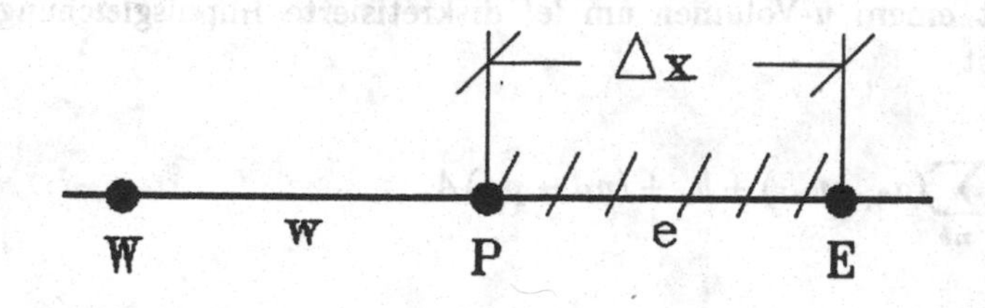

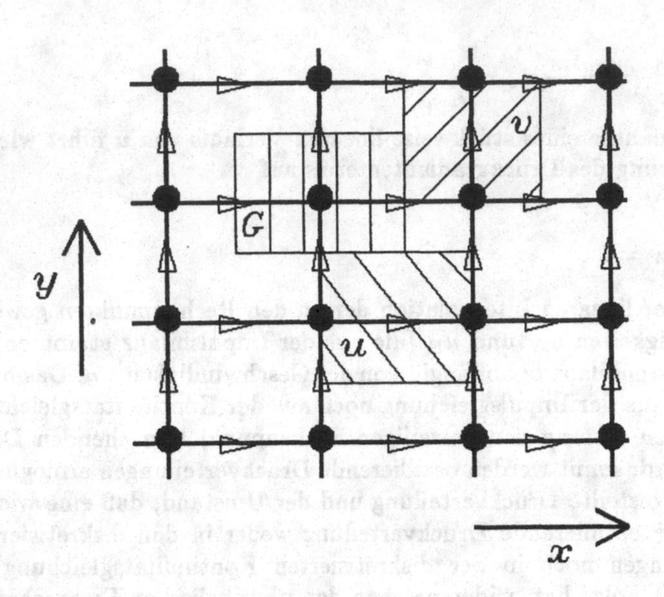

Bild 5.2. Versetzte Rechengitter

Für das u-Kontrollvolumen um 'e' folgt:

$$\int_{V_e} -\frac{\partial p}{\partial x} dV = \frac{(p_P - p_E)}{\Delta x} \cdot V_e \, . \tag{5.7}$$

Der entscheidende Vorteil der versetzten Gitter liegt also darin, daß damit die Druckwerte auf den Kontrollgrenzen des u-Volumens (p_P und p_E) nicht erst aus einer Interpolation ermittelt werden müssen, sondern unmittelbar an den benötigten Stellen, den Punkten P und E, zur Verfügung stehen. Auf der anderen Seite entfällt hiermit gleichzeitig auch die Interpolation der Geschwindigkeitswerte an den Oberflächen der G-Volumen, für die so die Massenbilanz ohne Schwierigkeiten aufgestellt werden kann.

Für die Berechnung des Geschwindigkeitsfeldes können nun folgende Bestimmungsgleichungen aufgestellt werden:

Die mit einem u-Volumen um 'e' diskretisierte Impulsgleichung in x-Richtung ist

$$a_e u_e = \sum_{nb} (a_{u,nb} u_{nb}) + b_u + (p_P - p_E) A_e \, , \tag{5.8a}$$

wobei

$$A_e = \frac{V_e}{\Delta x}$$

und $b_u \neq 0$, wenn $\rho \neq konst.$ oder $\mu \neq konst.$ (vgl. Kap. 3.2).
Entsprechend folgt für die y-Richtung aus der Integration über v-Volumen:

$$a_n v_n = \sum_{nb} (a_{v,nb} v_{nb}) + b_v + (p_P - p_N) A_n \, . \qquad (5.8b)$$

5.2 Druckkorrekturverfahren

Gesucht ist nun eine Prozedur, mit der ein Geschwindigkeitsfeld gefunden werden kann, das die Bilanzgleichungen für Impuls und Kontinuität gleichzeitig erfüllt. Sehr weit verbreitet sind hierzu die sogenannten Druckkorrekturverfahren, die im folgenden für zweidimensionale Verhältnisse erläutert werden.

Ausgangspunkt der iterativ arbeitenden Druckkorrekturverfahren bildet ein geschätztes Druckfeld p^*. Hiermit folgen die Bestimmungsgleichungen für die Geschwindigkeitskomponenten

$$a_e u_e^* = \sum_{nb} (a_{u,nb} u_{nb}^*) + b_u + (p_P^* - p_E^*) A_e \, ; \qquad (5.9a)$$

$$a_n v_n^* = \sum_{nb} (a_{v,nb} v_{nb}^*) + b_v + (p_P^* - p_N^*) A_n \, . \qquad (5.9b)$$

Die aus den Gleichungen (5.9a) und (5.9b) zu bestimmenden Geschwindigkeitskomponenten u^* und v^* erfüllen also die Impulsgleichungen für das Druckfeld p^*. Gefordert ist aber ein Geschwindigkeitsfeld, das neben den Impulsgleichungen auch die Kontinuitätsgleichung erfüllt.

Die Kontinuitätsgleichung lautet für stationäre Bedingungen:

$$\frac{\partial(\rho u)}{\partial x} + \frac{\partial(\rho v)}{\partial y} = 0 \, . \qquad (5.10)$$

Daraus folgt in diskretisierter Form

$$(\rho u A)_e - (\rho u A)_w + (\rho v A)_n - (\rho v A)_s = 0 \, . \qquad (5.11)$$

Als zentrale Idee der sogenannten Druckkorrekturverfahren wird eine Korrektur der jeweils vorliegenden Druck- und Geschwindigkeitsfelder angesetzt, mit der die Impuls- und Massenbilanzen gleichzeitig erfüllt werden:

$$p = p^* + p' , \tag{5.12a}$$

$$u = u^* + u' , \tag{5.12b}$$

$$v = v^* + v' . \tag{5.12c}$$

In den Gleichungen (5.12a-c) ist p' die Druckkorrektur und u', v' sind die Geschwindigkeitskorrekturen.

Aus der Differenz Gleichung (5.8a) - Gleichung (5.9a) ergibt sich unter Vernachlässigung aller Nichtlinearitäten

$$a_e u'_e = \sum_{nb} (a_{u,nb} u'_{nb}) + (p'_P - p'_E) A_e . \tag{5.13a}$$

Analog folgt für v'

$$a_n v'_n = \sum_{nb} (a_{v,nb} v'_{nb}) + (p'_P - p'_N) A_n . \tag{5.13b}$$

Wenn in Gleichung (5.13a) der Term $\sum_{nb}(a_{u,nb} u'_{nb})$ vernachlässigt wird, folgt:

$$a_e u'_e = (p'_P - p'_E) A_e \qquad \Rightarrow u'_e = d_e \cdot (p'_P - p'_E) \tag{5.14}$$

$$\text{mit} \qquad d_e = \frac{A_e}{a_e} .$$

Inwieweit die hier getroffene Vernachlässigung des Terms $\sum_{nb}(a_{u,nb} u'_{nb})$ gerechtfertigt ist, wird später noch diskutiert. Mit Gleichung (5.14) folgt für die Geschwindigkeitskorrektur:

$$u_e = u^*_e + d_e (p'_P - p'_E) \tag{5.15a}$$

und damit auch an der Stelle w

$$u_w = u^*_w + d_w (p'_W - p'_P) . \tag{5.15b}$$

entsprechend gilt für v:

$$v_n = v^*_n + d_n (p'_P - p'_N) , \tag{5.15c}$$

$$v_s = v^*_s + d_s (p'_S - p'_P) . \tag{5.15d}$$

Durch Substitution von u und v in der diskretisierten Kontinuitätsgleichung (5.11) mit den Gleichungen (5.15a-d) wird eine Beziehung zur Berechnung der Druckkorrektur p' gewonnen:

$$a_P p'_P = a_E p'_E + a_W p'_W + a_N p'_N + a_S p'_S + b, \tag{5.16}$$

wobei

$$a_E = \rho_e d_e A_e \qquad a_W = \rho_w d_w A_w$$

$$a_N = \rho_n d_n A_n \qquad a_S = \rho_s d_s A_s$$

$$a_P = a_E + a_W + a_N + a_S$$

$$b = (\rho u^* A)_w - (\rho u^* A)_e + (\rho v^* A)_s - (\rho v^* A)_n \, .$$

b ist der Fehler in der Massenbilanz, die mit den Geschwindigkeiten u^*, v^* gebildet wird, wobei nochmals daran erinnert sei, daß u^* und v^* die Impulsbilanz für das geschätzte Druckfeld p^* erfüllen. $b = 0$ bedeutet, daß mit den Geschwindigkeitskomponenten u^* und v^* auch die Kontinuität für das jeweilige Kontrollvolumen erfüllt ist.

5.2.1 SIMPLE

Die oben angegebenen Beziehungen können zur iterativen Abstimmung von Druck und Geschwindigkeit benutzt werden. Die dazugehörige Methode wird als SIMPLE ='Semi-Implicit Method for Pressure-Linked Equations' bezeichnet (vgl. auch Patankar (1980)). Dabei wird in folgenden Schritten vorgegangen:

1. Abschätzen eines Druckfeldes p^* (z.B. homogene Druckverteilung im gesamten Rechenfeld)
2. Lösung der Impulsgleichungen (Gleichungen (5.9a,b)) $\Rightarrow u^*, v^*$
3. Lösung der Druckkorrekturgleichungen (Gleichung (5.16)) $\Rightarrow p'$
4. Korrektur des Druckfeldes: $\Rightarrow p = p^* + p'$
5. Korrektur des Geschwindigkeitsfeldes (Gleichungen (5.15a-d)) $\Rightarrow u, v$
6. Lösung der Differenzengleichungen für die Größen, die das Geschwindigkeitsfeld beeinflussen (z.B. für die Temperatur, wenn die Dichte des Strömungsmediums von der Temperatur abhängig ist)
7. Falls Konvergenz noch nicht erreicht wurde:
   neues geschätztes Druckfeld $p^* = p$
   Wiederholung der Schritte 2 bis 6.

Konvergenz ist dann erreicht, wenn ein Geschwindigkeitsfeld gefunden wurde, das gleichzeitig die Impuls- und die Massenbilanz erfüllt.

5.2.1.1 Vernächlassigung der Terme $\sum_{nb}(a_{u,nb}u'_{nb})$

Das oben vorgestellte Druckkorrekturverfahren SIMPLE wird als 'semi-implicit' bezeichnet, weil bei der Herleitung der Gleichungen (5.15a-d) die

Terme der Form $\sum_{nb}(a_{u,nb}u'_{nb})$ und die Nichtlinearität der Differenzengleichungen vernachlässigt wurden. Ein Beibehalten der Terme $\sum_{nb}(a_{u,nb}u'_{nb})$ würde zu einer sehr aufwendigen p'-Gleichung führen, die nicht mehr einfach auf die Form der allgemeinen Differenzengleichung zurückzuführen wäre. Da mit p' jedoch nur eine Korrektur errechnet wird, ist die Vernachlässigung von Termen prinzipiell zulässig. Die Vernachlässigung von $\sum_{nb}(a_{u,nb}u'_{nb})$ hat keinen Einfluß auf das Endergebnis von u, v, p, da eine Lösung erst mit $b = 0$ vorliegt. Wenn überall $b = 0$ gilt, muß als triviale Lösung auch an allen Rechenpunkten $p' = 0$ und $u' = 0$ sowie $v' = 0$ sein. Damit folgt schließlich $\sum_{nb}(a_{u,nb}u'_{nb}) = 0$.

Die Gleichungsglieder $\sum_{nb}(a_{u,nb}u'_{nb})$ haben also keinen Einfluß auf das Endergebnis. Die Bedingung, daß das vorgestellte iterative Verfahren trotz der Vernachlässigung zu einem Ergebnis führt, ist jedoch, wie die Praxis zeigt, oft nicht gegeben. Die Konsequenz aus der Vernachlässigung der Korrekturen in der Nachbarschaft ist gewöhnlich, daß die errechneten p'-Werte zu groß sind. Aus diesem Grund ist zur Gewährleistung eines konvergierenden Verfahrens eine sogenannte Unterrelaxation meist zwingend notwendig:

$$p = p^* + \alpha \cdot p' , \tag{5.17}$$

wobei der Relaxationsfaktor $\alpha < 1$ ist.

Wie die praktische Anwendung zeigt, hat der jeweils gewählte Wert des Relaxationsfaktors α einen entscheidenden Einfluß auf die Effizienz von SIMPLE und oft sogar auf das Gelingen des Druckkorrekturverfahrens. Die optimale Wahl von α ist vom jeweils gestellten Problem abhängig und kann in der Regel nicht vorab bestimmt werden. Die Festlegung von α erfolgt daher gewöhnlich aus der Erfahrung und bleibt somit demjenigen überlassen, der eine bestimmte Problemstellung in einer numerischen Simulation zu bearbeiten hat.

Die Korrektur des Geschwindigkeitsfeldes sollte nicht relaxiert werden, da sonst das neue Geschwindigkeitsfeld nicht mehr die Kontinuität erfüllt. Als notwendig herausgestellt hat sich jedoch eine Unterrelaxation in den Impulsgleichungen bei der Berechnung von u^* und v^*. Dies kann beispielsweise durch

$$u^* = \alpha_u \cdot u^*_{neu} + (1 - \alpha_u) \cdot u^*_{alt} , \tag{5.18}$$

mit $\alpha_u < 1$ erreicht werden (u^*_{neu} folgt hier aus Gleichung (5.9a)). Eine andere, weit vorteilhaftere Art und Weise der Unterrelaxation als mit Gleichung (5.18) wird in Kap. 7.2.3 vorgestellt.

5.2.2 SIMPLEC

Eine im Vergleich zu SIMPLE oftmals effizientere Vorgehensweise zum Abgleich von Impuls- und Massenbilanz kann mit dem sogenannten SIMPLEC ('SIMPLE-Consistent') erreicht werden. Ausgangspunkt sind auch hier die Gleichungen für die Geschwindigkeitskorrekturen.

Wie bereits ausgeführt wurde, gilt beispielsweise für die u-Komponente der Geschwindigkeit

$$a_e u'_e = \sum_{nb} (a_{u,nb} u'_{nb}) + (p'_P - p'_E) A_e \; . \tag{5.19}$$

Bei SIMPLEC werden die Terme $\sum_{nb}(a_{u,nb} u'_{nb})$ nicht vernachlässigt. Wird auf beiden Seiten der u'-Gleichung der Term $\sum_{nb}(a_{u,nb} u'_e)$ subtrahiert, folgt

$$(a_e - \sum_{nb} a_{u,nb}) u'_e = \sum_{nb} [a_{u,nb}(u'_{nb} - u'_e)] + (p'_P - p'_E) A_e \; . \tag{5.20}$$

Unter der Annahme, daß die Geschwindigkeitskorrekturen u'_{nb} näherungsweise gleich u'_e sind, folgt für die Geschwindigkeitskorrektur

$$u_e = u^*_e + d_e (p'_P - p'_E) \; , \tag{5.21a}$$

wobei nun

$$d_e = \frac{A_e}{a_e - \sum_{nb} a_{u,nb}} \; . \tag{5.21b}$$

Auch hier ist eine Unterrelaxation in den Impulsgleichungen erforderlich, wobei diese Unterrelaxation durch

$$a_e = \frac{\sum_{nb} a_{u,nb} - S'_u}{\alpha} \tag{5.22}$$

erreicht wird (vgl. dazu Kap. 7.2.3). In der praktischen Anwendung von SIMPLEC zeigt sich, daß damit die Druckkorrektur nicht unterrelaxiert werden muß. Das ist der wesentliche Vorteil von SIMPLEC. Der Grund hierfür liegt darin, daß mit d_e nach Gleichung (5.21b) größere Koeffizienten in der Gleichung für die Druckkorrektur folgen als mit SIMPLE. Daraus resultieren gewöhnlich bei gleichen 'Massefehlern' b kleinere Druckkorrekturen als mit SIMPLE.

5.2.3 SIMPLER

Aufgrund der Vernachlässigung oder Vereinfachung der Terme der Form $\sum_{nb}(a_{u,nb}u'_{nb})$ in den Gleichungen (5.13a,b) folgt bei den angeführten Druckkorrekturverfahren auch bei einem exakten Geschwindigkeitsfeld zu Beginn des iterativen Rechenganges erst nach mehreren Iterationen das richtige Druckfeld. Diesen Nachteil umgeht das als SIMPLER ('SIMPLE-Revised') bezeichnete Verfahren, das von Patankar (1980) vorgeschlagen wurde. SIMPLER gehört zu den Verfahren, bei denen das Druckfeld nicht aus einer Korrektur sondern direkt bestimmt wird.

Der Ausgangspunkt von SIMPLER ist die Definition von sogenannten 'Pseudogeschwindigkeiten':

$$\hat{u}_e = \frac{\sum_{nb}(a_{u,nb}u_{nb}) + b_u}{a_e}, \tag{5.23a}$$

$$\hat{v}_n = \frac{\sum_{nb}(a_{v,nb}v_{nb}) + b_v}{a_n}. \tag{5.23b}$$

In Verbindung mit den Gleichungen (5.8a,b) folgt hieraus für das Geschwindigkeitsfeld

$$u_e = \hat{u} + d_e \cdot (p_P - p_E), \tag{5.24a}$$

$$v_n = \hat{v} + d_n \cdot (p_P - p_N), \tag{5.24b}$$

wobei

$$d_e = \frac{A_e}{a_e} \quad \text{und} \quad d_n = \frac{A_n}{a_n}. \tag{5.24c}$$

Mit der diskretisierten Kontinuitätsgleichung (5.11) folgt damit ein Gleichungssystem zur Bestimmung des Druckfeldes:

$$a_P p_P = a_E p_E + a_W p_W + a_N p_N + a_S p_S + b, \tag{5.25}$$

wobei

$$a_E = \rho_e d_e A_e \qquad a_W = \rho_w d_w A_w \qquad a_N = \rho_n d_n A_n \qquad a_S = \rho_s d_s A_s$$

$$a_P = a_E + a_W + a_N + a_S$$

$$b = (\rho\hat{u}A)_w - (\rho\hat{u}A)_e + (\rho\hat{v}A)_s - (\rho\hat{v}A)_n.$$

Die Koeffizienten der Gleichungen zur Bestimmung des Druckes sind also gleich denen der Druckkorrekturgleichungen (5.16). Im Unterschied zu den Druckkorrekturgleichungen wird in Gleichung (5.25) der Massenfehlerterm b

mit den Pseudogeschwindigkeiten bestimmt. An dieser Stelle sei darauf hingewiesen, daß Gleichung (5.22) im Gegensatz zur Druckkorrekturgleichung ohne Vernachlässigungen hergeleitet wurde, was zur Folge hat, daß aus dieser Gleichung bei einem Geschwindigkeitsfeld, das schon zu Beginn der Rechnung die Impuls- und Massenbilanz erfüllt, unmittelbar der richtige Druck gewonnen werden kann.

Das mit SIMPLER ermittelte Druckfeld wird allerdings auch immer nur für ein jeweils korrektes Geschwindigkeitsfeld richtig ermittelt. SIMPLER ist daher insbesondere dann von Vorteil, wenn die Geschwindigkeitskomponenten u und v und damit $\hat{u}$ und $\hat{v}$ tatsächlich schon gut angenähert sind. Da dies zu Beginn einer Rechnung nur in Ausnahmefällen zutrifft, muß in der Regel auch mit SIMPLER wie bei einem Druckkorrekturverfahren iterativ vorgegangen werden:

1. Abschätzen eines Geschwindigkeitsfeldes
2. Berechnung der Koeffizienten der Impulsgleichungen (Gleichungen (5.8a,b)) und daran anschließend Berechnung der Pseudogeschwindigkeiten (Gleichungen (5.23a,b)) $\Rightarrow \hat{u}, \hat{v}$
3. Lösung der Druckgleichungen (Gleichung (5.25)) $\Rightarrow p$
4. Lösung der Impulsgleichungen unter Zugrundelegung der Drücke, die in Schritt 3. erhalten wurden $\Rightarrow u^*, v^*$
5. Lösung der Druckkorrekturgleichungen (Gleichung (5.16)) unter Zugrundelegung von u^*, v^* $\Rightarrow p'$
6. Korrektur des Geschwindigkeitsfeldes (Gleichungen (5.15a-d)) $\Rightarrow u, v$
7. Lösung der Differenzengleichungen für die Größen, die das Geschwindigkeitsfeld beeinflussen (z.B. für die Temperatur, wenn die Dichte des Strömungsmediums von der Temperatur abhängig ist)
8. Falls Konvergenz noch nicht erreicht wurde:
   Wiederholung der Schritte 2 bis 7.

Im Gegensatz zu den Druckkorrekturverfahren können hierbei die Koeffizienten der Druckgleichungen nicht einfach manipuliert werden, um eine Dämpfung in der Änderung des Druck- und damit auch des Geschwindigkeitsfeldes zu erreichen (vgl. SIMPLEC). Die Erfahrung lehrt jedoch, daß auch hier aus numerischen Gründen eine solche Dämpfung erforderlich ist (vgl. hierzu Unterrelaxation, Kap. 7.2); dabei wird allerdings nicht die Korrektur einer Größe sondern die Größe selbst verändert. Andererseits kann aber mit den Gleichungen (5.24a,b) nur dann ein die Kontinuität erfüllendes Geschwindigkeitsfeld abgeleitet werden, wenn der Druck aus der unverfälschten Druckgleichung (5.25) bestimmt wird. Aus diesem Grund sollte das Geschwindigkeitsfeld bei SIMPLER in einer zusätzlichen Druckkorrektur korrigiert werden. An dieser Stelle sei der Vorteil der Druckkorrekturverfahren nochmals herausgestellt: die Druckkorrekturen können klein gehalten werden, gleichzeitig erfüllen aber die mit diesen Druckkorrekturen verbesserten Geschwindigkeiten die Kontinuität.

Bei SIMPLER wird also die Druckkorrektur zur Geschwindigkeitskorrektur eingesetzt, während der Druck unmittelbar aus Gleichung (5.25) ermittelt wird.

Wie bei den Druckkorrekturverfahren bereitet auch mit SIMPLER die Nichtlinearität in den Impulsgleichungen nur bei einem korrekten Geschwindigkeitsfeld keine Schwierigkeiten. Der Rechenaufwand, der mit SIMPLER bis zum Erreichen einer Lösung erforderlich ist, hängt daher ganz davon ab wie gut die erste Näherung des Geschwindigkeitsfeldes ist. Im Vergleich dazu hängt der Rechenaufwand, der mit einem Druckkorrekturverfahren zu leisten ist, ganz davon ab wie gut die erste Näherung des Druckfeldes ist. Die Leistungsfähigkeit von SIMPLER und die von diversen Druckkorrekturverfahren werden daher immer von der jeweiligen Problemstellung abhängen und davon wie gut die erste Näherung ist. Hierzu sei noch bemerkt, daß bei gleicher Anzahl an Iterationen mit SIMPLER ein wesentlich größerer Rechenaufwand verbunden ist als mit den Druckkorrekturverfahren.

5.2.4 Randbedingungen für die Druckkorrekturgleichungen

Die Lösung des Systems aus den Gleichungen (5.16) für die Druckkorrekturen im gesamten Strömungsfeld erfordert die Vorgabe von Bedingungen an den Rechenfeldgrenzen. Hierbei sind zwei Möglichkeiten zu unterscheiden, die im folgenden besprochen werden sollen:

a) Der Druck am Rechenfeldrand p_R ist bekannt:
In diesem Fall kann p^* so gewählt werden daß am Rand $p^* = p_R$ ist. Damit ist am Rand keine Druckkorrektur mehr zulässig, d.h.

$$p'_R = 0$$

b) Die zum Rechenfeldrand normale Geschwindigkeit ist bekannt (z.B. Haftbedingung an Wänden).
In diesem Fall soll also die am Rand bekannte randnormale Geschwindigkeitskomponente nicht korrigiert werden. Daher gilt z.B. im Bild (5.3) am rechten Rand

$$u_e = u_e^* \,.$$

Der Vergleich mit Gleichung (5.15a) ergibt, daß hierbei $d_e = 0$ gelten muß. Daraus folgt für die Druckkorrekturgleichung

$$a_E = 0$$

p'_E ist somit also ohne Bedeutung.

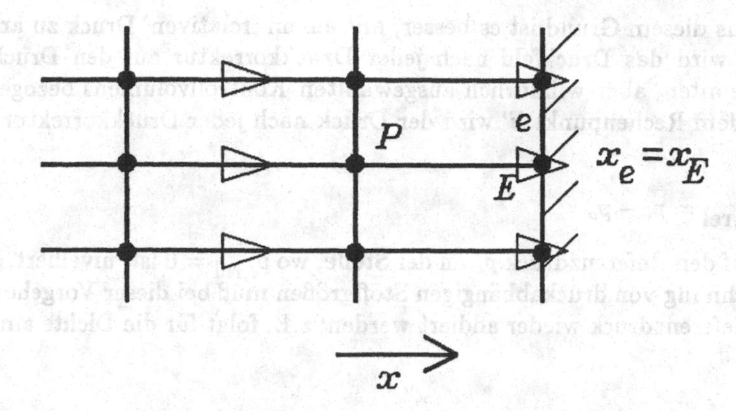

Bild 5.3. Randnormale Geschwindigkeit

Bei der Anwendung der Randbedingung b) können in Strömungen, in denen die Dichte keine Funktion des Druckes ist, für das p'-Gleichungssystem unendlich viele Lösungen gefunden werden. In diesem Fall sind sowohl p' als auch $p' + Konstante$ Lösungen. Alle diese Lösungen führen jedoch zu der Geschwindigkeitskorrektur, mit der die Kontinuität erfüllt wird. Iterative Verfahren (vgl. Kap. 7.2) zur Lösung des Gleichungssystems für die Druckkorrekturen führen in diesem Fall zu 'irgendeiner' Lösung.

Direkte Verfahren (vgl. Kap. 7.1) hingegen versagen in diesem Fall, weil die Koeffizientenmatrix des Gleichungssystems zur Berechnung der Druckkorrekturen singulär ist. Da bei dem vorgestellten Druckkorrekturverfahren jedoch immer nur die Differenzen $\Delta p'$ (z.B. $\Delta p' = p'_P - p'_E$) und nicht die einzelnen Korrekturen für sich relevant sind, kann für ein beliebig ausgewähltes Kontrollvolumen die Druckkorrektur p' fest vorgegeben werden (z.B. $p' = 0$). Damit ist nur noch eine Lösung für die Druckkorrektur in den anderen Kontrollvolumen möglich und auch direkte Lösungsverfahren sind zur Ermittlung der Druckkorrekturen einsetzbar. Beim Einsatz von iterativen Verfahren zur Ermittlung der Druckkorrekturen ist es aus Erfahrung meist günstiger, wenn sich die jeweilige Lösung nur aus dem Rechengang ergibt. Hier kann die Vorgabe der Druckkorrektur in einem Kontrollvolumen mit höheren Rechenzeiten verbunden sein.

Da für $\rho \neq \rho(p)$ nur Druckdifferenzen Δp in den Impulsgleichungen relevant sind, ist das Druckniveau, das durch die Druckkorrekturen erreicht wird, nicht eindeutig bestimmt (auch hier sind also p und $p + Konstante$ mögliche Lösungen). Dadurch besteht die Gefahr, daß in dem Fall, in dem die Druckkorrektur nicht in einem Kontrollvolumen 'festgemacht' ist, sich im Laufe der iterativen Lösungsprozedur zur Korrektur von Druck und Geschwindigkeit so große Werte für das Druckfeld errechnet werden, daß der Rechner die jeweiligen Zahlen nicht mehr darstellen kann ('Overflow').

Aus diesem Grund ist es besser, mit einem 'relativen' Druck zu arbeiten. Dazu wird das Druckfeld nach jeder Druckkorrektur auf den Druck eines bestimmten, aber willkürlich ausgewählten Kontrollvolumens bezogen, d.h. an jedem Rechenpunkt 'i' wird der Druck nach jeder Druckkorrektur durch

$$p_{i,\mathrm{rel}} = p_i - p_o \tag{5.26}$$

auf den Referenzdruck p_o an der Stelle, wo $p_{i,\mathrm{rel}} = 0$ ist, nivelliert. Bei der Berechnung von druckabhängigen Stoffgrößen muß bei dieser Vorgehensweise der Referenzdruck wieder addiert werden; z.B. folgt für die Dichte am Punkt i:

$$\rho_i = \frac{p_i}{RT} \qquad \text{mit} \qquad p_i = p_{i,\mathrm{rel}} + p_o\,. \tag{5.27}$$

5.3 Nichtversetzte (zusammenfallende) Rechengitter

Die in Kap. 5.1 erläuterte Gitteranordnung mit versetzten Kontrollvolumen für die Berechnung der Geschwindigkeitskomponenten war viele Jahre der einzig bekannte Weg zur gekoppelten Berechnung von Geschwindigkeits- und Druckfeldern in inkompressiblen Strömungen. Mit versetzten Rechengittern muß jedoch im Vergleich zur Rechnung auf einem einzigen Rechengitter ein erhöhter Aufwand in Kauf genommen werden. So verursachen unterschiedliche Kontrollvolumen beispielsweise einen zusätzlichen Speicherplatzbedarf zum Speichern der geometrischen Größen, die bei der Berechnung der Koeffizienten benötigt werden (Flächen, Abstände, vgl. Kap. 4). Außerdem steigt der Rechenaufwand für die ständig wiederkehrenden Interpolationen von Zustandsgrößen, die hier für unterschiedliche Positionen angestellt werden müssen. Neben dem erhöhten Speicher- und Rechenzeitaufwand steigt durch die unterschiedlichen Rechengitter auch der Programmieraufwand und die Komplexität des Rechenprogramms. So müssen beispielsweise bei der Programmierung von neuen Diskretisierungsansätzen (vgl. Kap. 4.2) die unterschiedlichen Rechengitter einzeln berücksichtigt werden.

Bei der Diskretisierung der Transportgleichungen in krummlinigen Koordinaten in Verbindung mit der Formulierung der Impulsgleichungen in kartesischen Geschwindigkeitskomponenten können Situationen auftreten, die trotz versetzter Rechengitter eine Entkopplung von Geschwindigkeit und Druck zur Folge haben (Bauer (1989), Noll u.a. (1989)).

Insgesamt ist festzustellen, daß viele Argumente gegen die Verwendung von versetzten Rechengittern aufgezählt werden können. Insbesondere die Entwicklung der Rechenverfahren zur Lösung der Strömungstransportgleichungen in krummlinigen Koordinaten verstärkte den Wunsch nach einer im Vergleich zu den versetzten Rechengittern besseren Vorgehensweise zur gekoppelten Lösung von Geschwindigkeit und Druck. Eine Rechentechnik, mit der auch den Anforderungen von krummlinigen Rechengittern Rechnung getragen wird, wurde von Rhie (1981) (vgl. auch Rhie und Chow (1983)) vorgeschlagen. Hierauf aufbauend wurden in der Vergangenheit mehrere, im Detail unterschiedliche Wege zur Kopplung von Druck und Geschwindigkeit auf nichtversetzten (zusammenfallenden) Rechengittern beschritten. Die Vorgehensweise, die hierbei verfolgt wird, wird im folgenden beschrieben.

Wie in Kap. 5.1 gezeigt wurde, müssen zur Approximation des Druckgradiententerms in den Impulsgleichungen der Druck und zur Aufstellung der Massenbilanz die Geschwindigkeit an den Kontrollvolumengrenzen ermittelt werden. Werden Druck und Geschwindigkeit hierbei linear interpoliert, entsteht die Gefahr, daß oszillierende Druckfelder weder in den diskretisierten Impulsgleichungen noch in der diskretisierten Kontinuitätsgleichung detektiert werden. Bei versetzten Rechengittern wird dieses Problem dadurch gelöst, daß Geschwindigkeit und Druck gleich an den Stellen berechnet werden, wo sie später benötigt werden. Dadurch wird sowohl die Interpolation des Drucks als auch die Interpolation der Geschwindigkeiten überflüssig gemacht.

Eine Methode, die für nichtversetzte Rechengitter geeignet sein soll, muß entweder bei der Interpolation des Drucks oder bei der Interpolation der Geschwindigkeit auf die Kontrollvolumengrenzen eine Kopplung zwischen der an einem Punkt herrschenden Geschwindigkeit und dem zugehörigem Druck schaffen.

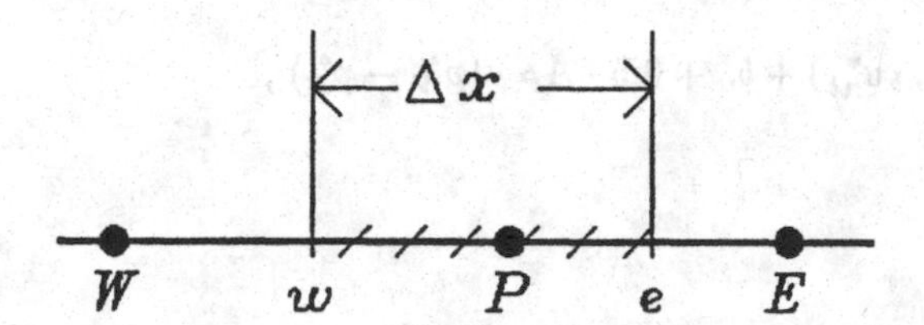

Rhie (1981) konzentrierte sich auf die Interpolation der Geschwindigkeiten an den Kontrollvolumengrenzen, die zur Aufstellung der Massenbilanz benötigt werden. Die Geschwindigkeitsinterpolation, die von Rhie (1981) für nichtversetzte Rechengitter vorgeschlagen wurde, lautet beispielsweise bei 'e':

$$u_e = \left\{ \frac{\sum_{nb}(a_{nb}u_{nb}) + b_u}{a_P} \right\}_e + \left\{ \frac{A_P}{a_P} \right\}_e \cdot (p_P - p_E) \,. \tag{5.28}$$

Zur Konstruktion dieser Interpolationsvorschrift werden die beiden diskretisierten Impulsgleichungen der Punkte P und E genutzt; im Gegensatz zur unten angeführten Impulsgleichung (5.29) wird allerdings der Druckgradient direkt aus den der Kontrollvolumengrenze e benachbarten Drücken p_P

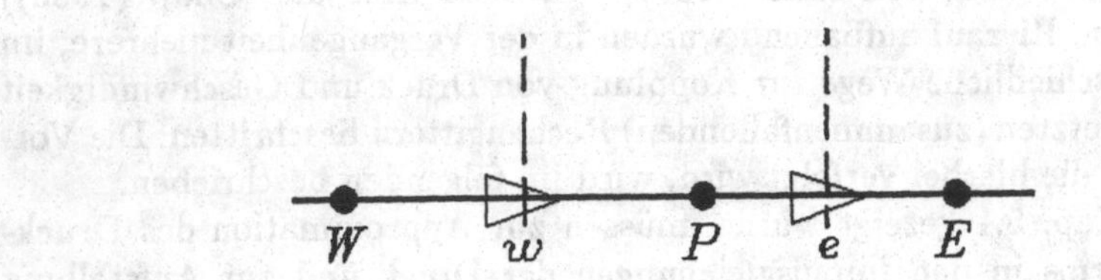

Bild 5.4. Grenzen der Rechenzellen in der Mitte zwischen zwei benachbarten Rechenpunkten

und p_E bestimmt. Dadurch wird eine Kopplung zwischen der Geschwindigkeit und dem Druck beim Punkt P hergestellt. Die zu den anderen Kontrollvolumenoberflächen normalen Geschwindigkeiten werden analog zu Gleichung (5.28) ermittelt.

Im folgenden sei die Vorgehensweise zur Abstimmung von Druck und Geschwindigkeit für den Fall verfolgt, daß die Kontrollvolumenoberfläche wie in Bild 5.4 skizziert in der Mitte zwischen den benachbarten Rechenpunkten angeordnet ist. Die Impulsgleichung zur Bestimmung von u_P^* am Rechenpunkt P ist bei der in Bild 5.4 eingezeichneten Lage der Grenzen der Rechenzellen:

$$a_P u_P^* = \sum_{nb} (a_{nb} u_{nb}^*) + b_u + 0.5 \cdot A_P \cdot (p_W^* - p_E^*) , \tag{5.29}$$

mit

$$A_P = \frac{V_P}{\Delta x}$$

Mit dem hochgestellten Index * werden wieder die Geschwindigkeiten gekennzeichnet, die die Impulsbilanz erfüllen. p_W^* und p_E^* sind wieder die Drücke, die in einer Iteration als Schätz- oder Zwischenwerte zur Verfügung stehen (vgl. SIMPLE).

Die Geschwindigkeiten an den Kontrollvolumenoberflächen, die zur Bilanzierung der Masse zu ermitteln sind, folgen aus den in Gleichung (5.29) bestimmten Geschwindigkeiten gemäß der Interpolationsvorschrift (5.28) zu

$$u_e^* = \frac{1}{2}\left(\left\{\frac{\sum_{nb}(a_{nb}u_{nb}^*) + b_u}{a_P}\right\}_P + \left\{\frac{\sum_{nb}(a_{nb}u_{nb}^*) + b_u}{a_P}\right\}_E\right) +$$

$$\frac{1}{2}\left(\left\{\frac{A_P}{a_P}\right\}_P + \left\{\frac{A_P}{a_P}\right\}_E\right) \cdot (p_P^* - p_E^*) \,. \tag{5.30}$$

Die obige Interpolationsvorschrift kann folgendermaßen interpretiert werden: die Geschwindigkeit u_e wird nicht als Mittelwert der benachbarten Geschwindigkeiten u_P und u_E gebildet. Vielmehr werden zunächst die beiden 'Pseudogeschwindigkeiten'

$$\hat{u}_P^* = \left\{ \frac{\sum_{nb}(a_{nb}u_{nb}^*) + b_u}{a_P} \right\}_P \tag{5.31a}$$

$$\hat{u}_E^* = \left\{ \frac{\sum_{nb}(a_{nb}u_{nb}^*) + b_u}{a_P} \right\}_E \tag{5.31b}$$

gemittelt. An diese Stelle sei nochmals daran erinnert, daß Pseudogeschwindigkeiten Geschwindigkeiten sind, die eine Art Impulsbilanz, die ohne den Druckeinfluß gebildet wird, erfüllen (vgl. Kap. 5.2.3, SIMPLER). Zusammen mit

$$d_e = \frac{1}{2}\left(\left\{ \frac{A_P}{a_P} \right\}_P + \left\{ \frac{A_P}{a_P} \right\}_E \right) \tag{5.32}$$

folgt so die Interpolationsvorschrift (5.30) zu

$$u_e^* = \frac{1}{2}(\hat{u}_P^* + \hat{u}_E^*) + d_e(p_P^* - p_E^*) \tag{5.33a}$$

Das bedeutet, daß bei dem Vorschlag von Rhie die Pseudogeschwindigkeiten $\hat{u}^*$ anstatt der Geschwindigkeiten u^* linear interpoliert werden und erst aus den interpolierten Pseudogeschwindigkeiten die für die Massenbilanz maßgeblichen Geschwindigkeiten an den Kontrollvolumengrenzen gebildet werden. Dabei wird der Druckeinfluß wie bei SIMPLER für versetzte Gitter überlagert.

Wie bei den versetzten Rechengittern wird nun gefordert, daß durch ein entsprechendes Druckfeld die Geschwindigkeiten an den Kontrollvolumengrenzen so ermittelt werden, daß sie der Kontinuitätsbedingung genügen:

$$u_e = \frac{1}{2}(\hat{u}_P^* + \hat{u}_E^*) + d_e(p_P - p_E) \tag{5.33b}.$$

Im Gegensatz zu den versetzten Gittern soll jetzt allerdings die Impulsbilanz mit den Geschwindigkeiten erfüllt werden, die an den gleichen Stellen wie der Druck berechnet werden. Zum Erreichen dieser Zielsetzung kann in Anlehnung an die in Kap. 5.2 vorgestellten Druckkorrekturverfahren vorgegangen werden. Hierzu wird wieder davon ausgegangen, daß die im Laufe der iterativen Lösung gerade vorliegenden Geschwindigkeiten auf den Kontrollvolumengrenzen u^* und der zugehörige Druck p^* so zu korrigieren sind, daß damit die Massenbilanz erfüllt wird. Beispielsweise folgt so an der Kontrollvolumengrenze e:

$$u_e = u_e^* + u_e' \tag{5.34a}$$

Der Druck an den Punkten P und E ist damit:

$$p_P = p_P^* + p_P' \tag{5.34b}$$

$$p_E = p_E^* + p_E' \tag{5.34c}$$

Werden diese Ansätze in Gleichung (5.33b) verwendet, folgt unter Vernachlässigung aller Nichtlinearitäten mit Gleichung (5.33a)

$$u_e' = d_e(p_P' - p_E') \tag{5.35}$$

Werden nun die analog zu Gleichung (5.35) und Gleichung (5.34a) ermittelten Geschwindigkeitskorrekturen wieder in der diskretisierten Kontinuitätsgleichung (5.11) eingesetzt, folgt eine Gleichung zur Bestimmung der Druckkorrekturen. Diese Gleichung ist von der gleichen Form wie die für versetzte Rechengitter (vgl. Gleichung (5.16)); zu beachten sind lediglich die veränderte Berechnung der Faktoren d_e, d_w, d_n, d_s gemäß Gleichung (5.32) und die Bestimmung des Massenfehlerterms b mit den Geschwindigkeiten, die wie in Gleichung (5.33a) für alle Kontrollvolumenoberflächen zu gewinnen sind.

Ausgehend von Gleichung (5.29) kann mit den Druckkorrekturen auch eine Korrekturvorschrift für die Geschwindigkeiten u^* gefunden werden. Diese Korrektur ist jedoch nicht so wesentlich für die Konvergenz des Druckkorrekturverfahrens wie die Korrektur der Geschwindigkeiten an den Kontrollvolumenoberflächen, aus denen die neuen konvektiven Flüsse und damit die neuen Koeffizienten der diskretisierten Impulsgleichungen errechnet werden. Damit und mit den korrigierten Drücken folgen in der erneuten Lösung der Impulsgleichungen bereits die zugehörigen neuen Geschwindigkeitswerte u_i^* an allen Rechenpunkten i. Eine zusätzliche Korrektur der Geschwindigkeiten u_i^* unterstützt so allenfalls eine iterative Prozedur zur Lösung der Impulsgleichungen indem hierbei verbesserte Startwerte für das Geschwindigkeitsfeld generiert werden.

Zusammenfassend ergibt sich für die Rechnung auf einem nichtversetzten zweidimensionalen Rechengitter folgende Vorgehensweise:

1. Abschätzen eines Druckfeldes p^*
2. Lösung der Impulsgleichungen (vgl. Gleichung (5.29)) $\Rightarrow u^*, v^*$
3. Ermittlung der Pseudogeschwindigkeiten entweder direkt gemäß den Gleichungen (5.31a,b) oder schneller aus

$$\hat{u}_P^* = u_P^* - \frac{1}{2} \cdot \frac{A_P}{a_P} \cdot (p_W - p_E)$$

$\Rightarrow \hat{u}^*, \hat{v}^*$

4. Ermittlung der Geschwindigkeiten auf den Kontrollvolumenoberflächen analog zu Gleichung (5.33a) $\Rightarrow u_e^*, v_n^*, \ldots$
5. Lösung der auf nichtversetzte Gitter abgewandelten Druckkorrekturgleichungen (s. Gleichung (5.16)) $\Rightarrow p'$
6. Korrektur des Druckfeldes: $\Rightarrow p = p^* + p'$
7. Korrektur der an den Kontrollvolumenoberflächen maßgeblichen Geschwindigkeitskomponenten (Gleichungen (5.34a),(5.35)) $\Rightarrow u, v$
8. Lösung der Differenzengleichungen für die Größen, die das Geschwindigkeitsfeld beeinflussen
9. Falls Konvergenz noch nicht erreicht wurde:
   neues geschätztes Druckfeld $p^* = p$

   Wiederholung der Schritte 2 bis 8.

Die bereits für versetzte Rechengitter vorgestellten Abwandlungen des Druckkorrekturverfahrens können auch hier durch eine entsprechende Modifikation der Berechnungsvorschrift für die Faktoren d_e, d_w, d_n, d_s geschaffen werden.

Zusammenfassend kann aus den inzwischen reichlich vorhandenen Erfahrungen, die in der Anwendung von Druckkorrekturverfahren auf nichtversetzten Rechengittern gewonnen wurden, festgestellt werden, daß das soeben vorgestellte Druckkorrekturverfahren mit ähnlicher Effizienz arbeitet wie die entsprechenden Verfahren auf versetzten Rechengittern. Hierbei entfallen allerdings die eingangs erwähnten Nachteile der versetzten Rechengitter.

6 Randbedingungen

Das System von Differentialgleichungen, das zur Berechnung einer Strömung zu lösen ist, stellt ein sogenanntes Randwert- oder ein Anfangswertproblem oder eine Kombination aus beidem dar. Nur bei Vorgabe der erforderlichen Rand- oder Anfangsbedingungen kann die Lösung eindeutig sein. Im dritten Kapitel wurde bereits darauf hingewiesen, daß in einer elliptischen Problemstellung im Gegensatz zu parabolischen und hyperbolischen Problemstellungen an allen Berandungen des Rechenfeldes Randbedingungen vorzugeben sind.

Für die numerische Simulation von elliptischen Strömungen müssen daher an allen Rechenfeldgrenzen für alle interessierenden abhängigen Variablen Randbedingungen vorgegeben werden. Je nach Art der jeweils gewählten Rechenfeldberandungen kommen häufig folgende Möglichkeiten zur Definition der Randbedingungen in Betracht:

- **Die abhängige Variable wird auf dem Rand vorgegeben ('Dirichlet-Randbedingung').**
- **Der zur Berandung normale Fluß der abhängigen Variablen wird vorgegeben ('Neumann-Randbedingung').**
- **Die Berandungen werden so gewählt, daß die abhängige Variable an den Rechenfeldgrenzen periodisch wiederkehrt ('zyklische' oder 'periodische Randbedingungen').**

An einer Rechenfeldberandung können für die einzelnen Strömungsgrößen auch Randbedingungen unterschiedlichen Typs vorgesehen werden (siehe hierzu Beispiel 6.2).

Dirichlet-Randbedingungen werden überall dort eingesetzt, wo die Strömungsgröße selbst gegeben ist. Der Verlauf der Werte einer Strömungsgröße auf einer Berandung ist beispielsweise aus Messungen bekannt; weiterhin sollten Dirichlet-Randbedingungen immer dann verwendet werden, wenn aufgrund prinzipieller Überlegungen oder Erfahrungen die Werte einer Strömungsgröße an einem Rechenfeldrand vorhergesagt werden können. Ein Beispiel hierfür ist die Haftbedingung an Wänden, aus der heraus für alle Geschwindigkeitskomponenten an den Wänden der Wert Null gesetzt werden kann.

Neumann-Randbedingungen werden beispielsweise an allen Rechenfeldgrenzen verwendet, wo Symmetrie herrscht. Zyklische Randbedingungen

können dann eingesetzt werden, wenn im Strömungsfeld Ebenen oder Linien gefunden werden können, die paarweise die gleiche Verteilung der Strömungsgrößen aufweisen (vgl. Beispiel 6.3). Mit dieser Randbedingung kann in verdrallten Strömungen sowie in Strömungen durch Schaufelgitter in Verdichter und Turbinen das Rechenfeld eingegrenzt werden (z.B. Noll (1986), Bauer (1989)).

Beispiel 6.1. Eindimensionale stationäre Wärmeleitung

In diesem Beispiel werden für die schon in den Beispielen 4.3 bis 4.5 geschilderte Problemstellung der Wärmeleitung in einem langen, adiabatisch isolierten Stab verschiedene Randbedingungen durchgespielt. Die Temperaturverteilung im Stab ist von den Randbedingungen an den beiden Stabenden abhängig. Zur Gewährleistung einer eindeutigen Lösung muß daher auch in der Rechnung an beiden Enden des Stabs eine Randbedingung vorgeschrieben werden.

Werden die Enden des Stabs beispielsweise auf verschiedenen, aber jeweils konstanten Temperaturen gehalten, kann an den Stabenden die Temperatur in Form einer Dirichlet-Randbedingung vorgegeben werden. In diesem Fall ist es zweckmäßig, die Gitterpunkte und Kontrollvolumen in der Nähe des Rechenfeldrands wie in Bild 6.1 skizziert anzuordnen.

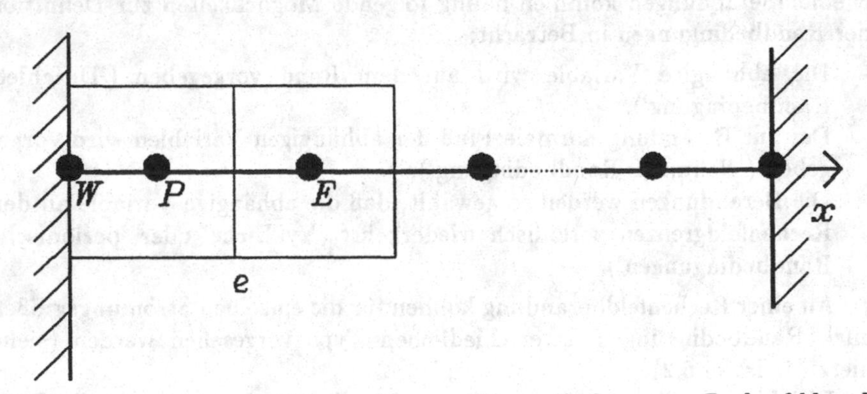

Bild 6.1. Anordnung von Gitterpunkten und Kontrollvolumen am Rechenfeldrand

Ausgehend von der differentiellen Transportgleichung für die Temperatur

$$\frac{\partial}{\partial x}(\lambda \frac{\partial T}{\partial x}) + S = 0$$

folgt mit den Finiten Volumen für die erste Rechenzelle am linken Rand (Bild 6.1):

$$\int_{x_W}^{x_e} \frac{\partial}{\partial x}(\lambda \frac{\partial T}{\partial x})\, dx + \int_{x_W}^{x_e} S dx = 0 \,.$$

Damit ist

$$\{\lambda \frac{\partial T}{\partial x}\}_e - \{\lambda \frac{\partial T}{\partial x}\}_W + \overline{S}\Delta x = 0 \,.$$

Dabei ist W kein 'Rechenpunkt' sondern ein 'Randpunkt'. Werte an den Randpunkten werden aus Randbedingungen ermittelt. In einer Dirichlet-Randbedingung sind die Werte an den Randpunkten direkt gegeben. In dem hier betrachteten Beispiel sei die Temperatur am Punkt W mit T_W und die zugehörige lokale Wärmeleitfähigkeit λ_W fest vorgegeben. Damit folgt aus der obigen Gleichung:

$$\lambda_e \frac{T_E - T_P}{x_E - x_P} - \lambda_W \frac{T_P - T_W}{x_P - x_W} + \overline{S}\Delta x = 0 \,.$$

Die Differenzengleichung am linken Rechenfeldrand ergibt sich so zu

$$a_P T_P = a_W T_W + a_E T_E + b \,,$$

wobei die Koeffizienten aus

$$a_P = a_W + a_E \qquad a_W = \frac{\lambda_W}{x_P - x_W}$$

$$a_E = \frac{\lambda_e}{x_E - x_P} \qquad b = \overline{S}\Delta x$$

zu ermitteln sind. Die Differenzengleichungen, die an einem Rand mit Dirichlet-Randbedingungen gefunden werden, gleichen also denen, die im Inneren des Rechenfeldes aufgestellt werden. Aufgrund der gewählten Position des Randpunktes W in der Oberfläche des Kontrollvolumens am Rechenfeldrand ist keine Interpolation am Rand des Rechengebiets erforderlich.

Ist statt der Temperatur an den Stabenden der Wärmefluß gegeben ('Neumann-Randbedingung'), gilt bei der in Bild 6.1 gezeigten Anordnung der Kontrollvolumen beispielsweise am linken Rechenfeldrand

$$-\{\lambda \frac{\partial T}{\partial x}\}_W = q_W \,.$$

Wird das Stabende adiabatisch isoliert, ist $q_W = 0$. Für den adiabaten Fall als auch bei bekannter und konstanter Wärmezu- oder -abfuhr am linken Rand folgt aus der Integration der Temperaturgleichung über das Kontrollvolumen um P wieder

$$\{\lambda \frac{\partial T}{\partial x}\}_e - \{\lambda \frac{\partial T}{\partial x}\}_W + \overline{S}\Delta x = 0 \,.$$

Da nun der Wärmestrom bei W als Randbedingung bekannt ist, ergibt sich

$$\lambda_e \frac{T_E - T_P}{x_E - x_P} + q_W + \overline{S}\Delta x = 0 \,.$$

Hiermit kann die allgemeine Differenzengleichung des linken Randvolumens aufgestellt werden

$$a_P T_P = a_W T_W + a_E T_E + b \,,$$

wobei

$$a_P = a_W + a_E \qquad a_W = 0$$

$$a_E = \frac{\lambda_e}{x_E - x_P} \qquad b = \overline{S}\Delta x + q_W \,.$$

Mit $a_W = 0$ ist hier daher der Temperaturwert am Punkt W für die Rechnung unerheblich. Soll die Temperatur am Punkt P dennoch bestimmt werden, kann dies beispielsweise aus einer Differenzenformel für q_W mit

$$q_W = -\lambda_W \frac{T_P - T_W}{x_P - x_W}$$

bewerkstelligt werden. Ist $q_W = 0$ folgt damit $T_W = T_P$.

Bei der Berechnung der thermischen Belastung von Wandungen und Bauteilen, die in Kontakt mit einer aufheizenden oder kühlenden Strömung stehen, ist häufig die Situation anzutreffen, in der am Rechenfeldrand eine Wärmeübergangszahl α und die Temperatur T_0 der über das interessierende Bauteil streichenden Strömung gegeben sind.

Da in diesem Fall die Temperatur T_P am Rechenfeldrand berechnet werden muß, ist es zweckmäßig eine 'Halbzelle' am Rechenfeldrand zu definieren (Bild 6.2).

Für diese Zelle gilt:

$$\{\lambda \frac{\partial T}{\partial x}\}_e - \{\lambda \frac{\partial T}{\partial x}\}_P + \overline{S}(x_e - x_P) = 0 \,.$$

Der über den Rechenfeldrand fließende Wärmestrom ergibt sich aus der Wärmeübergangszahl α und einer konstanten Strömungstemperatur T_0:

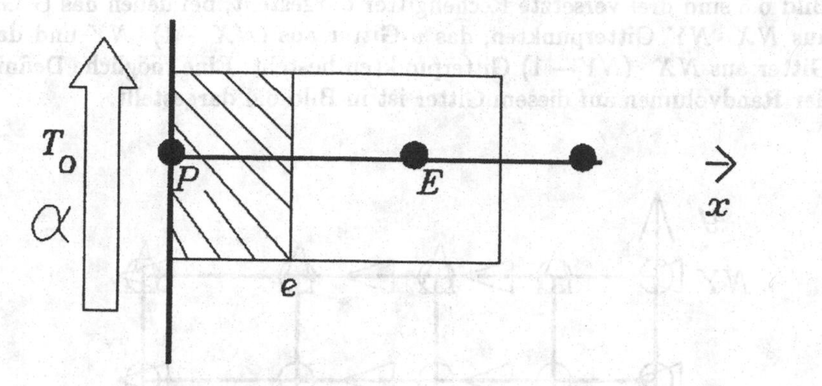

Bild 6.2. Halbzelle am Rechenfeldrand

$$q_P = -\{\lambda \frac{\partial T}{\partial x}\}_P = \alpha \cdot (T_0 - T_P) .$$

Mit bekannter Wärmeübergangszahl α und Strömungstemperatur T_0 ergibt sich so

$$\lambda_e \frac{T_E - T_P}{x_E - x_P} + \alpha(T_0 - T_P) + \overline{S}(x_e - x_P) = 0 .$$

Als Differenzengleichung folgt so

$$a_P T_P = a_0 T_0 + a_E T_E + b ,$$

mit

$$a_P = a_0 + a_E \qquad a_0 = \alpha$$

$$a_E = \frac{\lambda_e}{x_E - x_P} \qquad b = \overline{S}(x_e - x_P) .$$

Auch diese Differenzengleichung zur Bestimmung der Temperatur T_P am linken Rechenfeldrand unterscheidet sich also nicht prinzipiell von denen, die im Rechenfeldinneren gewonnen werden.

Aus dem soeben erläuterten Beispiel wird klar, daß es oftmals zweckmäßig ist, die Kontrollvolumen am Rechenfeldrand anders zu definieren als im Rechenfeldinneren. Wird mit versetzten Rechengittern gearbeitet (vgl. Kap. 5.1), ist gewöhnlich die in Bild 6.3 skizzierte Anordnung der einzelnen Rechengitter von Vorteil. Hier werden die Positionen der Geschwindigkeitskomponenten immer dann nicht um eine halbe Teilung verschoben, wenn die betreffende Geschwindigkeitskomponente normal zu einem Rand steht. In

Bild 6.3 sind drei versetzte Rechengitter dargestellt, bei denen das G-Gitter aus $NX \cdot NY$ Gitterpunkten, das u-Gitter aus $(NX - 1) \cdot NY$ und das v-Gitter aus $NX \cdot (NY - 1)$ Gitterpunkten besteht. Eine mögliche Definition der Randvolumen auf diesem Gitter ist in Bild 6.4 dargestellt.

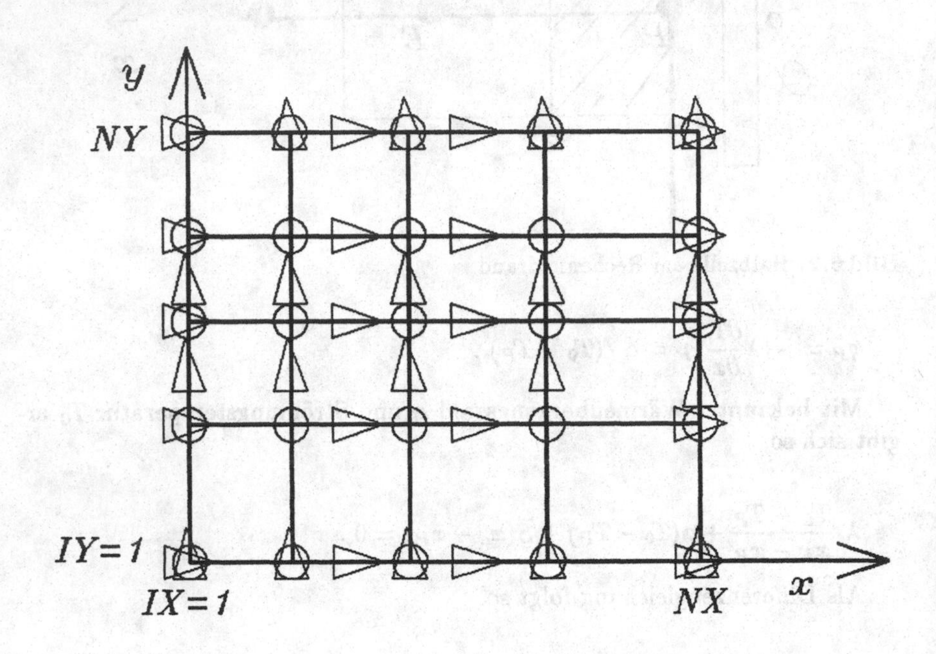

Bild 6.3. u-, v- und G-Gitter

An dieser Stelle sei darauf hingewiesen, daß natürlich auch andere Anordnungen der Kontrollvolumen am Rechenfeldrand möglich sind und in der Praxis tatsächlich auch unterschiedliche Arten der Definition von Randvolumen anzutreffen sind. Auch hier gilt, daß alles erlaubt ist, was zweckmäßig ist und den in Kap. 4.1.3 angeführten Forderungen entspricht.

Beispiel 6.2 : Rotationssymmetrische Rohrströmung mit Querschnittserweiterung

Bei einer plötzlichen Querschnittserweiterung in einer Rohrströmung tritt, wie in Bild 6.5 skizziert, Rückströmung auf. Der elliptische Charakter der Strömung ist wegen dieser Rückströmung offensichtlich. Da die Strömung elliptisch ist, müssen an allen Rechenfeldgrenzen Randbedingungen vorgegeben werden. Wird die Strömung in einem Zylinderkoordinatensystem berechnet, genügen die Dimensionen r in radialer Richtung und x in axialer Richtung. Welche Randbedingungen in diesem Beispiel zweckmäßig sein können, wird im folgenden erläutert.

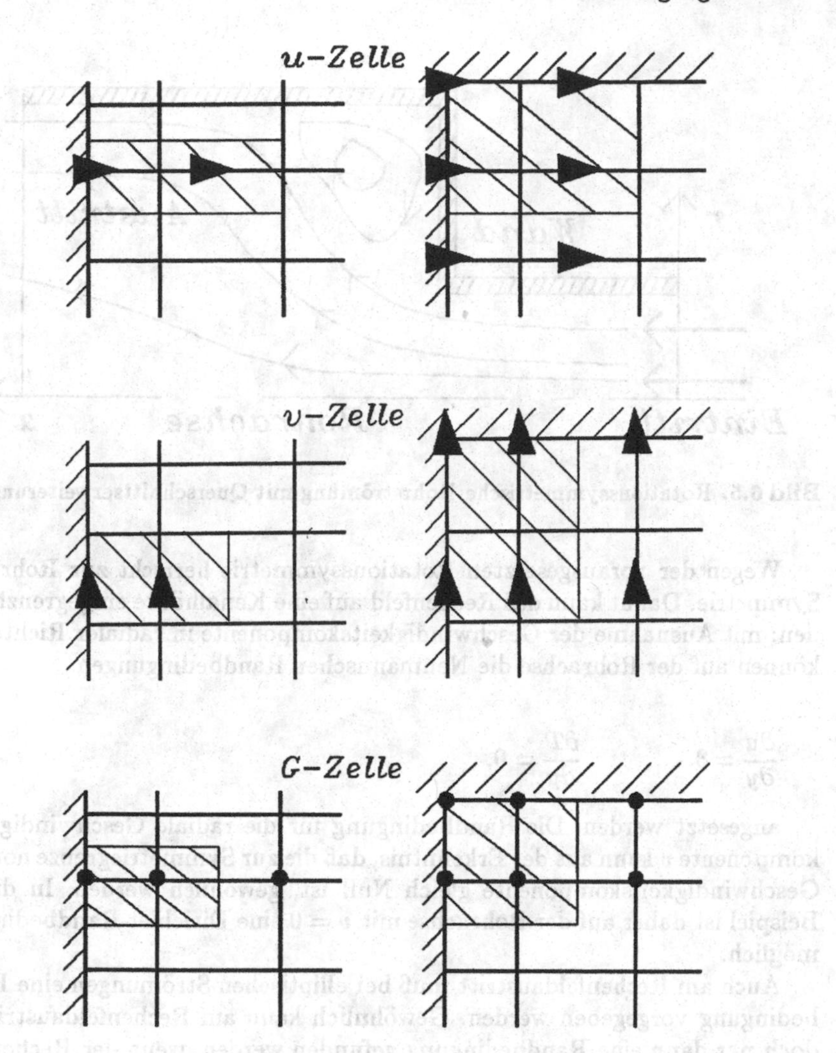

Bild 6.4. *u*-, *v*- und *G*-Randvolumen

Am Rechenfeldeintritt werden alle abhängigen Variablen direkt vorgegeben (Dirichlet-Randbedingungen). Dabei sind sind natürlich auch ungleichförmige Verteilungen möglich. An der Wand kann für die Geschwindigkeitskomponenten u und v die Randbedingung aus der Haftbedingung gesetzt werden. Interessiert neben dem Geschwindigkeitsfeld auch die Temperaturverteilung, kann die Temperaturverteilung an der Wand beispielsweise aus einer gemessenen Wandtemperaturverteilung direkt vorgegeben werden. Ist die Wand adiabatisch, wird für die Temperaturgleichung mit der Bedingung $\{\partial T/\partial r\}_{\mathrm{Wand}} = 0$ gearbeitet.

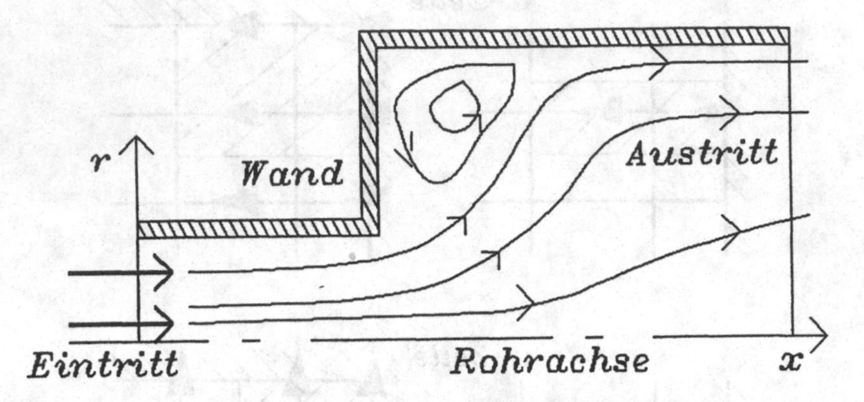

Bild 6.5. Rotationssymmetrische Rohrströmung mit Querschnittserweiterung

Wegen der vorausgesetzten Rotationssymmetrie herrscht zur Rohrachse Symmetrie. Damit kann das Rechenfeld auf eine Kanalhälfte eingegrenzt werden: mit Ausnahme der Geschwindigkeitskomponente in radialer Richtung v können auf der Rohrachse die Neumannschen Randbedingungen

$$\frac{\partial u}{\partial y} = 0. \qquad \frac{\partial T}{\partial y} = 0.$$

angesetzt werden. Die Randbedingung für die radiale Geschwindigkeitskomponente v kann aus der Erkenntnis, daß die zur Symmetriegrenze normale Geschwindigkeitskomponente gleich Null ist, gewonnen werden. In diesem Beispiel ist daher auf der Rohrachse mit $v = 0$ eine Dirichlet-Randbedingung möglich.

Auch am Rechenfeldaustritt muß bei elliptischen Strömungen eine Randbedingung vorgegeben werden. Gewöhnlich kann am Rechenfeldaustritt jedoch nur dann eine Randbedingung gefunden werden, wenn der Rechenfeldaustritt an eine Stelle gelegt wird, wo die 'Stromauf-Wirkung' vernachlässigt werden darf. Eine vernachlässigbare Stromauf-Wirkung wie in parabolischen Strömungen bedeutet in dem hier besprochenen Beispiel einer rotationssymmetrischen Rohrströmung, daß $a_E \approx 0$ oder $a_E \ll a_W$, so daß die stromab liegenden Werte ohne Bedeutung sind.

Diese Annahme ist an gewisse Bedingungen geknüpft, die im folgenden genannt werden. Mit dem UPWIND-Ansatz ist beispielsweise:

$$a_E = \left(\frac{\Gamma_e}{\Delta x_e} + [\![0, -\{\rho u\}_e]\!] \right) \cdot A_e = \frac{\Gamma_e}{\Delta x_e} \cdot A_e \qquad \text{für} \qquad u_e > 0\,,$$

$$a_W = \frac{\Gamma_w}{\Delta x_w} \cdot A_w + \{\rho u A\}_w \qquad \text{für} \qquad u_w > 0 \,.$$

Hieraus ist zu erkennen, daß die Annahme $a_E \ll a_W$ strengenommen nur für $Pe \gg 1$ gerechtfertigt ist, also dann, wenn die Konvektion viel größer ist als die Diffusion.

Als weitere Voraussetzung für die Randbedingung, bei der von parabolischen Verhältnissen am Rechenfeldaustritt ausgegangen wird, müssen neben der Peclet-Zahl einige weitere Kriterien beachtet werden. Wenn die Strömungszustände am Rechenfeld-Austritt unabhängig von den dazu stromab liegenden Strömungsverhältnissen sein sollen, ist am Austritt keine Rückströmung erlaubt. Aus diesem Grund darf in dem hier besprochenen Beispiel der Rechenfeld-Austritt niemals im Bereich der sich ausbildenden Rückströmung liegen. Weiterhin ist zu beachten, daß der Druck in stromab liegenden Gebieten nur einen kleinen Einfluß auf stromauf liegende Gebiete haben darf. Hier sei daran erinnert, daß strenggenommen erst bei Schallgeschwindigkeit eine völlige Entkopplung gegeben sein kann, da sich kleine Druckstörungen mit Schallgeschwindigkeit ausbreiten.

Eine häufig benutzte Austrittsrandbedingung basiert auf der Annahme einer ausgebildeten Strömung am Austritt. Ausgebildete Strömungen, für die $\partial\Phi/\partial x = 0$ ist, gehören zur Klasse der parabolischen Strömungen. Aus der Kontinuitätsgleichung folgt daraus für stationäre und inkompressible Strömungen die Beziehung

$$\frac{\partial v}{\partial y} = 0 \,.$$

Wegen der Haftbedingung an der Wand kann hieraus abgeleitet werden, daß überall am Austritt $v = 0$ gilt.

Beispiel 6.3: Verdrallte Rohrströmung mit quer eingeblasenen einzelnen Luftstrahlen

In dem in Bild 6.6 gezeichneten Kanal wird die am linken Rand eintretende Strömung durch Leitbleche verdrallt. Etwas weiter stromab werden vier am Umfang verteilte Strahlen quer in die verdrallte Hauptströmung eingeblasen. Durch diese einzelnen Einblasungen ist die Strömung dreidimensional. Erfolgt die Rechnung in Zylinderkoordinaten, können, wie in Bild 6.7 skizziert, in Umfangsrichtung Ebenen gefunden werden, die paarweise die gleiche Verteilung der Strömungsgrößen aufweisen. Offensichtlich wiederholen sich in Umfangsrichtung alle Strömungszustände in einem Abstand von 90°. Mit zyklischen Randbedingungen kann dies dazu genutzt werden, das Rechenfeld in Umfangsrichtung auf ein 'Tortenstück' zu beschränken.

Bei dem in Bild 6.7 skizzierten Rechengitter sind die Werte auf den Randlinien bei $IX = 1$ und $IX = 8$ aus

$$\Phi(IX = 1) = \Phi(IX = 7)$$

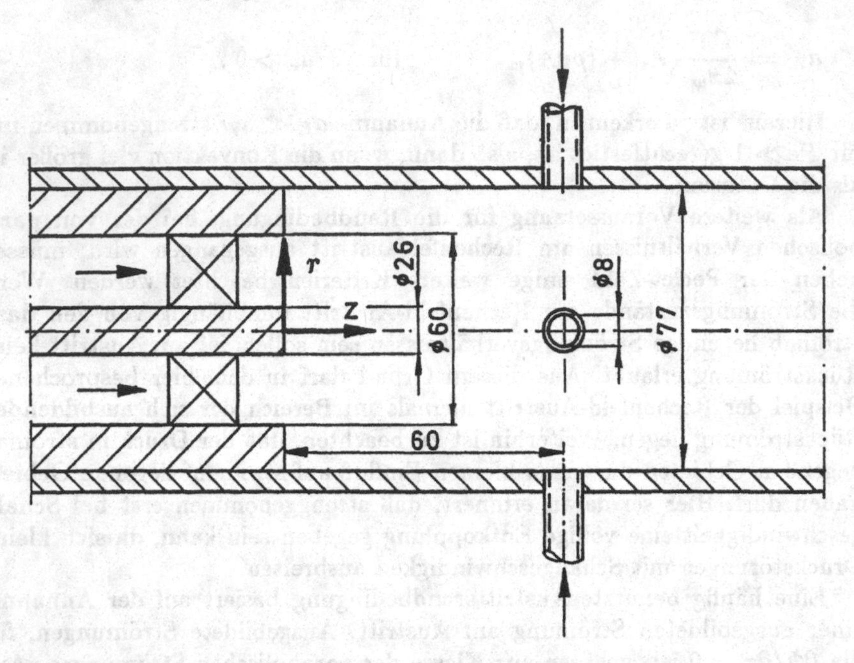

Bild 6.6. Verdrallte Rohrströmung mit quer eingeblasenen einzelnen Luftstrahlen

und

$$\Phi(IX = 8) = \Phi(IX = 2)$$

zu ermitteln. Die Φ-Werte bei $IX = 7$ und $IX = 2$ liegen im Inneren des Rechenfeldes und werden daher aus Differenzengleichungen bestimmt. Demgegenüber können die Werte auf den beiden Rändern wie beschrieben aus den zyklischen Randbedingungen gesetzt werden.

Räumliche Periodizitäten in einer Strömung in der Rechnung sind jedoch nicht allein durch ein entsprechendes zyklisches Setzen der Randwerte wiederzugeben. Vielmehr ist auch in der Rechnung sicherzustellen, daß neben den Randwerten auch die an den zyklischen Rändern ein- und austretenden Flüsse periodisch wiederauftreten.

Ein für zyklische Randbedingungen geeignetes Rechengitter ist in Bild 6.8 dargestellt. Ist in diesem Rechengitter beispielsweise der Abstand $\Delta\theta_{1,2}$ zwischen dem Randpunkt $R1$ und dem Rechenpunkt $P2$ nicht gleich dem Abstand $\Delta\theta_{7,8}$ zwischen den Punkten $P7$ und $R8$, folgen ungleiche diffusive Flüsse am linken und rechten Rechenfeldrand, wenn die Werte auf den zyklischen Rändern wie oben beschrieben gesetzt werden. Bei zyklischen Randbedingungen sollte daher aus Einfachheitsgründen auch das Rechengitter 'zyklisch' sein. Bei der Verwendung von Diskretisierungsansätzen höherer Ordnung für die Konvektion (vgl. Kap. 4.2.1) muß ebenso gewährleistet werden, daß auch die konvektiven Flüsse an den zyklischen Rändern gleich sind.

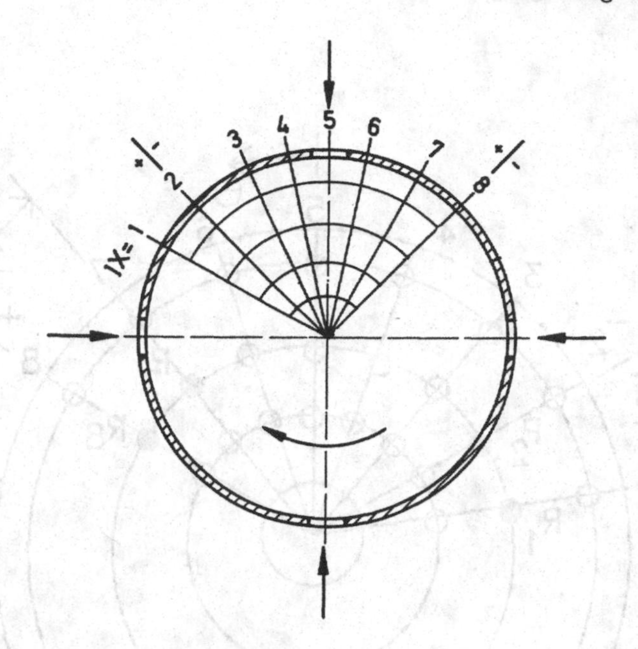

Bild 6.7. Zyklische Randbedingungen

Abschließend sei in diesem Beispiel noch darauf hingewiesen, daß die Definition von geeigneten Austrittsrandbedingungen besonders bei der Berechnung von Drallströmungen oft mit Schwierigkeiten verbunden ist (z.B. Noll (1986), Noll u.a. (1987)). Escudier und Keller (1985) zeigten in Experimenten, daß in verdrallten Strömungen in einem sehr weiten Bereich des Strömungsfeldes ein erheblicher Stromaufeinfluß von stromab liegenden Strömungsgebieten vorherrschen kann. Für die Rechnung bedeutet dies, daß in solchen Drallströmungen mit der üblichen Ausflußrandbedingung die in der realen Strömung herrschenden Zustände oft nicht richtig wiedergeben werden können. Dies wird in vielen Arbeiten nicht beachtet. So werden beispielsweise oftmals Querschnittsänderungen oder auch Strömungsumlenkungen, die dem interessierenden Strömungsbereich folgen, in der Rechnung nicht berücksichtigt. Die hieraus stammenden schlechten Resultate, die beispielsweise im Vergleich mit Messungen vorgefunden werden, werden dann oftmals zu Unrecht den verwendeten Transportmodellen zugeschrieben.

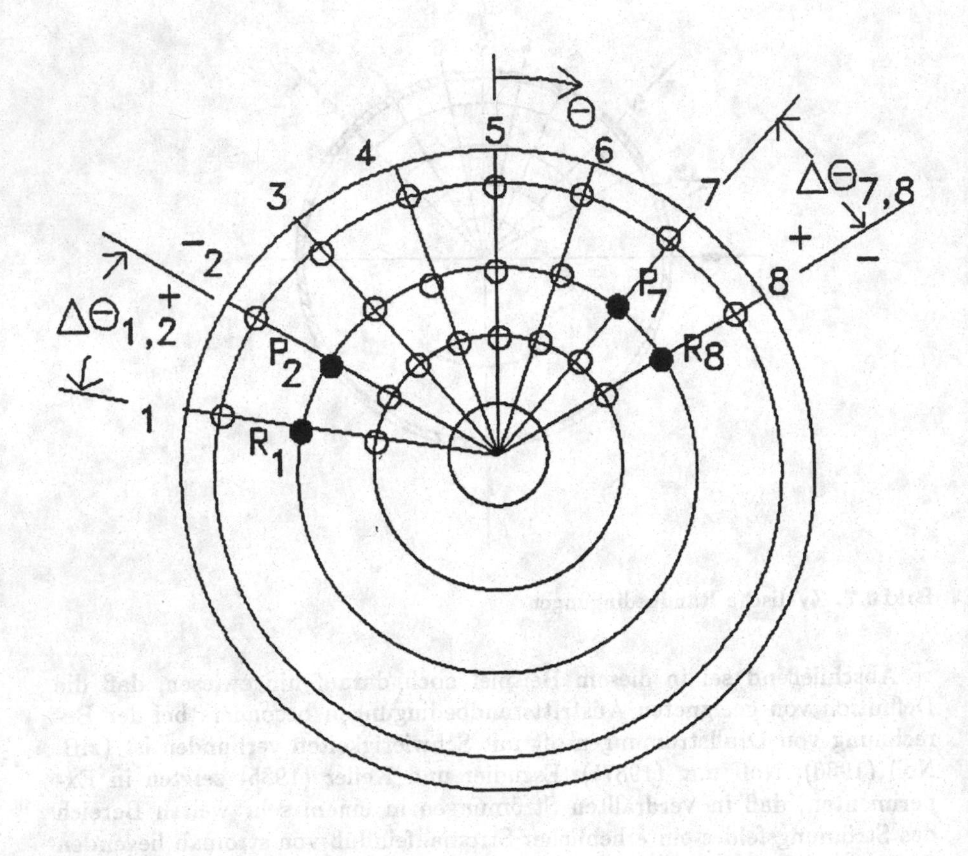

Bild 6.8. Zyklische Randbedingungen (Anordnung der Rechenzellen)

7 Lösungsalgorithmen

In den vorangegangen Kapiteln wurde gezeigt, daß in einer numerischen Strömungssimulation ein Rechenfeld ausgewiesen wird, in dem ein Gitter von Rechen- und Randpunkten gelegt wird. Jedem Rechenpunkt ist bei der Methode der Finiten Volunen ein Kontrollvolumen zugeordnet, über das die differentiellen Transportgleichungen integriert werden. Für jede Transportgleichung folgt so an jedem Rechenpunkt eine algebraische Gleichung (Differenzengleichung) zur Bestimmung der Strömungsgrößen. Die Differenzengleichungen an allen Rechenpunkten bilden zusammen ein System von gekoppelten, algebraischen Gleichungen. Dieses Gleichungssystem, das bei der Berechnung von Strömungen gewöhnlich nichtlinear ist, muß mit numerischen Algorithmen gelöst werden. Zur Lösung von algebraischen Gleichungssystemen sind eine Reihe von Rechenmethoden bekannt, die in direkte und iterative Verfahren zu trennen sind; von diesen Methoden soll im folgenden eine Auswahl vorgestellt werden. Dabei wird der Eignung der verschiedenen numerischen Algorithmen für die numerische Simulation von Strömungen besonderes Augenmerk gelten.

Beispiel 7.1: Lösung der Differenzengleichungen zur Berechnung der eindimensionalen Temperaturverteilung in einem Stab

In diesem Beispiel soll die in diesem Kapitel verfolgte numerische Aufgabe anhand der Berechnung der Temperaturverteilung in einem Stab dargestellt werden. Ausgehend von der bereits in mehreren Beispielen geschilderten Problemstellung (vgl. Beispiele 4.3 - 4.9 und Beispiel 6.1) folgt aus der Diskretisierung der Transportgleichung für die Temperatur mit dem in Bild 7.1 gezeigten Rechengitter an jedem Rechenpunkt eine Differenzengleichung.

Hier wurde das Rechenfeld mit N Punkten diskretisiert und die einzelnen Punkte von links nach rechts durchnumeriert. An jedem Rechenpunkt folgt nun aus der Diskretisierung eine Differenzengleichung zur Bestimmung der Temperatur. Das gesamte Gleichungssystem setzt sich so aus den an den einzelnen Rechenpunkten gefundenen Differenzengleichungen zusammen:

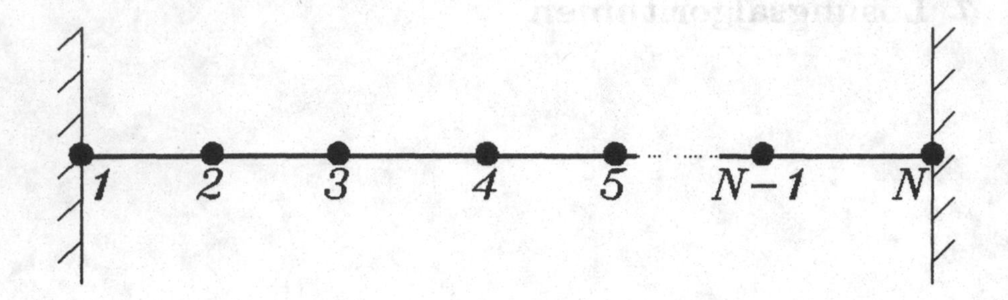

Bild 7.1. Rechengitter

Punkt 2: $a_{2,P}T_2 = a_{2,E}T_3 + b_2$
Punkt 3: $a_{3,P}T_3 = a_{3,W}T_2 + a_{3,E}T_4 + b_3$
Punkt 4: $a_{4,P}T_4 = a_{4,W}T_3 + a_{3,E}T_5 + b_4$

$\vdots$

Punkt i: $a_{i,P}T_i = a_{i,W}T_{i-1} + a_{i,E}T_{i+1} + b_i$

$\vdots$

Punkt N-1: $a_{N-1,P}T_{N-1} = a_{N-1,W}T_{N-2} + b_{N-1}$

Unbekannte Größen sind in diesem Gleichungssystem die Temperaturen $T_2 \dots T_{N-1}$ an den Rechenpunkten $2 \dots N-1$.

In der Gleichung des Punktes 2 tritt der Einfluß des Randpunktes 1 nicht zutage. Wie in Beispiel 6.1 schon gezeigt wurde, ist in den Fällen, in denen ein Wärmefluß als Randbedingung vorzugeben ist, der Koeffizient $a_{2,W} = 0$. Ist dagegen T_1 in einer Dirichlet-Randbedingung vorgeben, wird in der Formulierung des obigen Gleichungssystems der Quellterm b_2 mit

$$b_2 = \overline{S}\Delta x_{2,w} + a_{2,W}T_1$$

gebildet. Entsprechend wird am rechten Rand verfahren:

$$b_{N-1} = \overline{S}\Delta x_{N-1,e} + a_{2,E}T_N$$

Das System von Differenzengleichungen läßt sich in Matrixschreibweise

$$\mathbf{AT} = \mathbf{b}$$

zusammenfassen. Dabei ist die 'Koeffizientenmatrix'

$$\mathsf{A}=\begin{pmatrix} a_{2,P} & -a_{2,E} & 0 & \dots & 0 \\ -a_{3,W} & a_{3,P} & -a_{3,E} & \dots & 0 \\ \vdots & \vdots & \vdots & & \vdots \\ 0 & \dots & 0 & -a_{N-1,W} & a_{N-1,P} \end{pmatrix}$$

Da in der Koeffizientenmatrix A nur in der Hauptdiagonale und in den dazu direkt ober- und unterhalb gelegenen Nebendiagonalen die Matrixelemente ungleich Null sind, wird die Matrix A nach ihrer Struktur als dreibandige Matrix oder 'Tridiagonalmatrix' bezeichnet. Die beiden Vektoren **T** und **b** sind

$$\mathbf{T}=\begin{pmatrix} T_2 \\ \vdots \\ T_{N-1} \end{pmatrix} \qquad \mathbf{b}=\begin{pmatrix} b_2 \\ \vdots \\ b_{N-1} \end{pmatrix}$$

Das Gleichungssystem **AT** = **b** kann z.B. durch die im folgenden Kap. 7.1.1 vorgestellte Gauß-Elimination gelöst werden. Für die hier vorliegende Form der Koeffizientenmatrix A, bei der nur in drei Banden Elemente ungleich Null sind, kann eine Variante der Gauß-Elimination als Lösungsverfahren benutzt werden. Dieses sehr effektive Verfahren wird als TDMA ('TriDiagonal-Matrix Algorithm', vgl. Patankar (1980)) oder auch als Thomas-Algorithmus bezeichnetet.

Bei diesem Verfahren wird von folgender Idee ausgegangen: in einer 'Vorwärtssubstitution' wird in der Gleichung des Punkts 3 die Unbekannte T_2 durch T_3 aus der Gleichung des Punkts 2 ersetzt. Nun kann in der Gleichung des Punkts 4 die Unbekannte T_3 durch T_4 aus der neuen Gleichung des Punkts 3 ersetzt werden. Durch die Fortsetzung dieser sukzessiven Elimination einzelner unbekannter Größen entstehen Gleichungen mit jeweils nur zwei Unbekannten. In der letzten Gleichung (Punkt $N-1$) wird T_{N-2} durch T_{N-1} substituiert, so daß in der neuen Gleichung des Punkts $N-1$ die Temperatur T_{N-1} die einzige verbleibende Unbekannte ist und somit aus dieser Gleichung T_{N-1} berechnet werden kann. Durch eine 'Rückwärtssubstitution' können nun auch alle anderen Unbekannten ermittelt werden.

Durch die Vorwärtssubstitution entstehen Gleichungen der Form

$$T_i = P_i \cdot T_{i+1} + Q_i \qquad i = 2 \dots (N-1)\,. \qquad (*)$$

Analog gilt

$$T_{i-1} = P_{i-1} \cdot T_i + Q_{i-1} \qquad i = 2 \dots (N-1)\,. \qquad (**)$$

Substitution von Gleichung (**) in der Differenzengleichung des Punkts i

$$a_{i,P}T_i = a_{i,W}T_{i-1} + a_{i,E}T_{i+1} + b_i \qquad i = 2\ldots(N-1)$$

ergibt:

$$a_{i,P}T_i = a_{i,E}T_{i+1} + a_{i,W}(P_{i-1}T_i + Q_{i-1}) + b_i \qquad i = 2\ldots(N-1)$$

Umordnen führt auf die Form von Gleichung (*). Aus einem Koeffizientenvergleich dieser Gleichung mit Gleichung (*) folgt

$$P_i = \frac{a_{i,E}}{a_{i,P} - a_{i,W}P_{i-1}} \qquad i = 2\ldots(N-1)$$

$$Q_i = \frac{b_i + a_{i,W} \cdot Q_{i-1}}{a_{i,P} - a_{i,W}P_{i-1}} \qquad i = 2\ldots(N-1)$$

Die Faktoren P_i und Q_i können damit rekursiv berechnet werden. Da am Punkt 2 der Koeffizient $a_{2,W} = 0$ ist, können bei $i = 2$ die Startwerte für die rekursive Berechnung von P_i und Q_i bestimmt werden. So folgt für $i = 2$:

$$P_2 = \frac{a_{2,E}}{a_{2,P}} \qquad Q_2 = \frac{b_2}{a_{2,P}}$$

Am rechten Rechenfeldrand gilt beim Punkt $N-1$ für den Koeffizienten $a_{N-1,E} = 0$. Hieraus folgt $P_{N-1} = 0$. Damit ist die Temperatur am Punkt $N-1$ aus Gleichung (*) mit

$$T_{N-1} = Q_{N-1}$$

zu bestimmen.

Das soeben vorgestellte Lösungsverfahren taugt prinzipiell zur Lösung von Gleichungssystemen mit dreibandiger Koeffizientenmatrix. Zusammenfassend werden dabei folgende Schritte hintereinander ausgeführt:

1. Berechnung der Startwerte P_2 und Q_2
2. Rekursive Berechnung von P_i und Q_i für $i = 3\ldots N-1$
3. $T_{N-1} = Q_{N-1}$
4. Rekursive Bestimmung der unbekannten Größen $T_{N-2}, T_{N-3}, \ldots T_3, T_2$ mit Gleichung (*)

In Analogie zu der im Beispiel 7.1 vorgestellten Vorgehensweise wird auch in mehrdimensionalen Problemstellungen vorgegangen: Zunächst werden die Punkte des Rechengitters in einer geeigneten Weise durchnumeriert. Die Punkte können dabei durchlaufend wie in Bild 7.2a oder mehrfach indiziert wie in Bild 7.2b dargestellt numeriert werden.

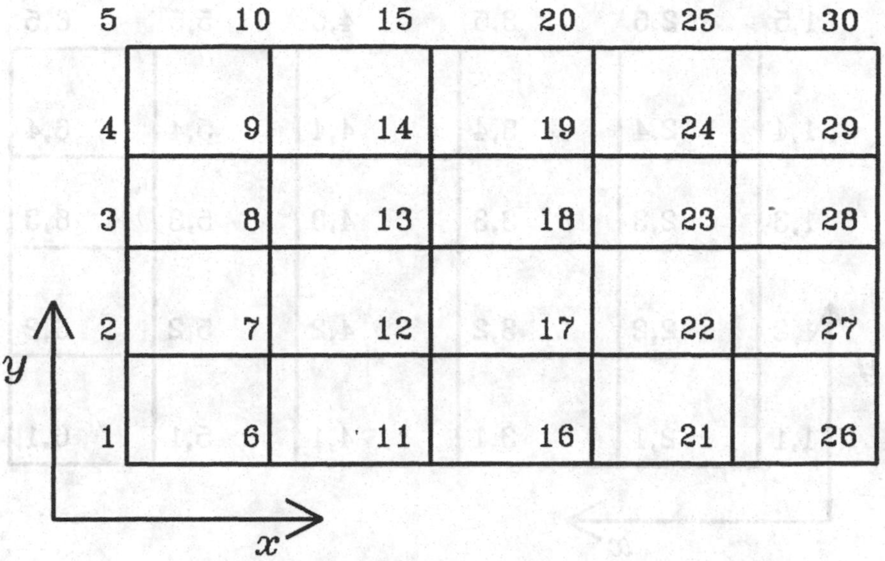

Bild 7.2a. Durchlaufende Numerierung

Die in Bild 7.2a dargestellte durchlaufende Numerierung der Gitterpunkte eignet sich auch zur Numerierung von Rechennetzen, in denen die einzelnen Rechenpunkte nicht wie in Bild 7.2b in einer Punktematrix angeordnet sind, sondern mehr oder weniger frei im Rechenfeld verteilt sind. Demgegenüber wird die doppelte oder dreifache Indizierung der Gitterpunkte von vielen Programmentwicklern und -anwendern wegen ihrer besseren Übersichtlichkeit geschätzt. Festzuhalten ist, daß die Effizienz eines Gleichungslösers prinzipiell nicht davon abhängt, welche der beiden genannten Indizierungen der Rechenpunkte bevorzugt wird. Den folgenden Betrachtungen wird die in Bild 7.2a gezeigte durchlaufende Numerierung zugrundegelegt.

Die Effizienz eines Gleichungslösers wird, wie bereits betont wurde, durch die gewählte Art der Indizierung der Gitterpunkte nicht beeinträchtigt; die Numerierung der Punkte in der einen oder anderen Art der Indizierung sollte jedoch immer so gewählt werden, daß eine möglichst schmale Bandbreite in der resultierenden Koeffizientenmatrix resultiert (vgl. hierzu auch die 'Schachbrettnumerierung' in Kap. 7.2.5.1). Wird in dem oben erläuterten Beispiel 7.1 beispielsweise nach einer durchgeführten Rechnung festgestellt, daß an einer Stelle des Rechenfeldes aufgrund hoher Gradienten in der Temperaturverteilung die Diskretisierungsgenauigkeit nicht ausreichend ist, kann

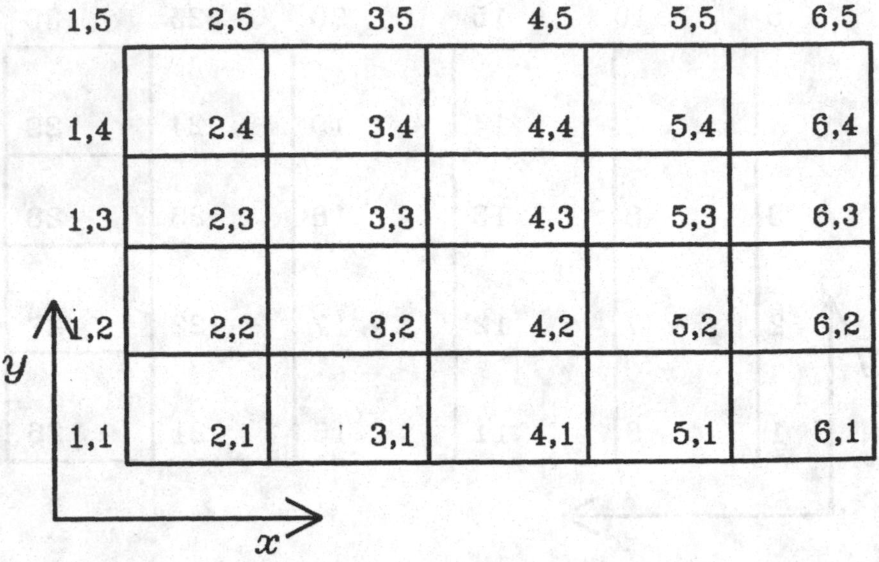

1,5	2,5	3,5	4,5	5,5	6,5
1,4	2.4	3,4	4,4	5,4	6,4
1,3	2,3	3,3	4,3	5,3	6,3
1,2	2,2	3,2	4,2	5,2	6,2
1,1	2,1	3,1	4,1	5,1	6,1

y x

Bild 7.2b. Doppelte Indizierung

der Wunsch bestehen, eine zweiten Rechnung mit einem lokal verfeinerten Rechengitter durchzuführen. Dazu soll beispielsweise ein weiterer Rechenpunkt an einer als kritisch betrachteten Stelle eingefügt werden. Wird die alte Numerierung wie in Bild 7.3 gezeigt beibehalten und der neue Rechenpunkt mit der Nummer $N+1$ versehen, folgt beispielsweise am Punkt 3 die Differenzengleichung

Punkt 3: $a_{3,P}T_3 = a_{3,W}T_{N+1} + a_{3,E}T_4 + b_3$

Damit ist die Koeffizientenmatrix des beschreibenden Gleichungssystems nicht mehr dreibandig und das vorgestellte, sehr effektive Lösungsverfahren kann nicht angewandt werden. Besser ist daher, alle Punkte nach Einfügen eines oder mehrerer Punkte neu zu numerieren.

Wie in der erläuterten eindimensionalen Problemstellung ist auch in zweidimensionalen Situationen für jeden Rechenpunkt 'i'und für jede abhängige Variable Φ eine Differenzengleichung in der Form der allgemeinen Differenzengleichung zu berücksichtigen:

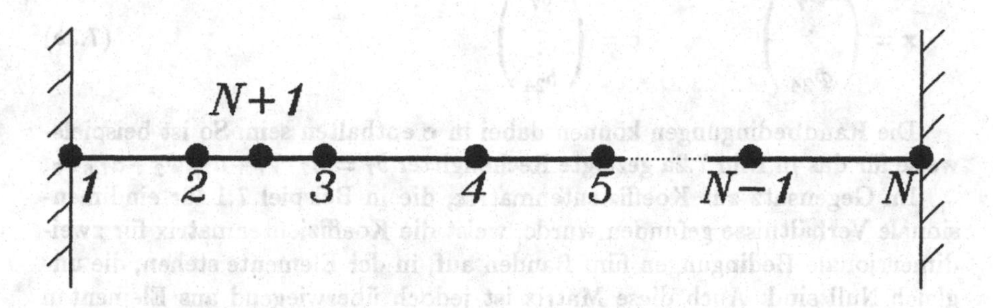

Bild 7.3. Modifiziertes Rechengitter

$$a_{i,P}\Phi_i = \sum_{nb}(a_{i,nb}\Phi_{nb}) + b_i \ . \tag{7.1}$$

So gilt beispielsweise für das in Bild 7.2a dargestellte Gitter am Punkt $i = 13$:

$$a_{13,13}\Phi_{13} = a_{13,8}\Phi_8 + a_{13,18}\Phi_{18} + a_{13,12}\Phi_{12} + a_{13,14}\Phi_{14} + b_{13} \ . \tag{7.2}$$

Das gesamte Gleichungssystem kann wieder in der kompakten Matrixschreibweise dargestellt werden:

$$\mathbf{A}\mathbf{x} = \mathbf{c} \ . \tag{7.3a}$$

Dabei ist wie in Beispiel 7.1 die Matrix A die Koeffizientenmatrix, **x** der Lösungsvektor, der aus den Φ-Werten an den einzelnen Rechenpunkten gebildet wird, und **c** die rechte Seite des Gleichungssystems. Für das in Bild 7.2a gezeigte zweidimensionale Rechengitter ist die Koeffizientenmatrix

$$A =$$

$$\begin{pmatrix}
a_{7,7} & -a_{7,8} & 0 & 0 & 0 & -a_{7,12} & 0 & \cdots & \\
-a_{8,7} & a_{8,8} & -a_{8,9} & 0 & 0 & 0 & -a_{8,13} & \cdots & 0 \\
 & \ddots & \ddots & \ddots & & & & \ddots & \\
-a_{12,7} & 0 & 0 & 0 & -a_{12,11} & a_{12,12} & -a_{12,13} & 0 & \cdots \\
0 & -a_{13,8} & 0 & 0 & 0 & -a_{13,12} & a_{13,13} & -a_{13,14} & \cdots \\
 & & \ddots & & & \ddots & \ddots & &
\end{pmatrix}$$

x und **c** sind hier

$$\mathbf{x} = \begin{pmatrix} \Phi_7 \\ \vdots \\ \Phi_{24} \end{pmatrix} \qquad \mathbf{c} = \begin{pmatrix} b_7 \\ \vdots \\ b_{24} \end{pmatrix} \tag{7.3b}$$

Die Randbedingungen können dabei in **c** enthalten sein. So ist beispielsweise für das in Bild 7.2a gezeigte Rechengitter $b_7 = S_7 \cdot V_7 + a_{7,2}\Phi_2 + a_{7,6}\Phi_6$.

Im Gegensatz zur Koeffizientenmatrix, die in Beispiel 7.1 für eindimensionale Verhältnisse gefunden wurde, weist die Koeffizientenmatrix für zweidimensionale Bedingungen fünf Banden auf, in der Elemente stehen, die ungleich Null sind. Auch diese Matrix ist jedoch überwiegend aus Elementen zusammengesetzt, die gleich Null sind.

Die Struktur der Koeffizientenmatrix folgt unmittelbar aus der Struktur des Rechengitters, der Numerierung der Rechenpunkte und den gewählten Diskretisierungsansätzen. Im allgemeinen gilt, daß die Koeffizientenmatrix, die aus der Diskretisierung mit der Methode der Finiten Volumen gewonnen wird, für ein 'strukturiertes' (regelmäßiges) Rechengitter durch eine geeignete Numerierung der Gitterpunkte immer auf eine 'Bandstruktur' zu bringen und 'schwachbesetzt' ist. Die Koeffizientenmatrix für dreidimensionale Probleme hat mit der UPWIND-Diskretisierung immer die in Bild 7.4 skizzierte Struktur mit sieben Banden.

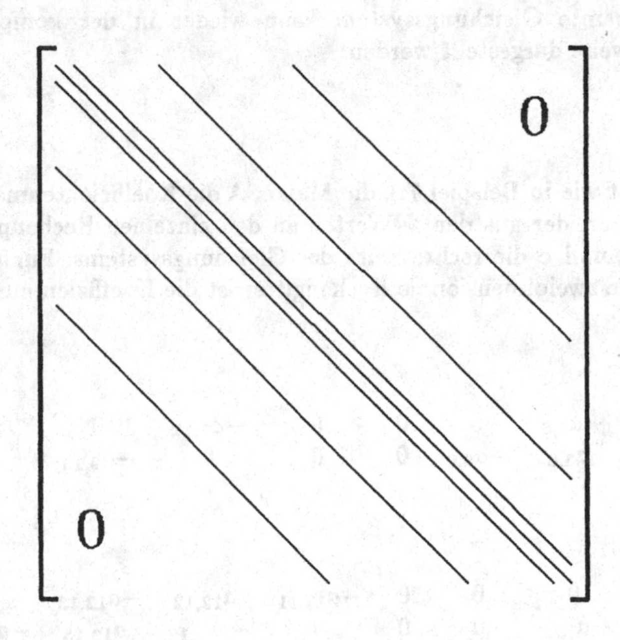

Bild 7.4. Struktur der Koeffizientenmatrix für dreidimensionale Problemstellungen mit dem UPWIND-Ansatz

In Bild 7.4 werden mit den durchgezogenen Linien die Banden der Matrix A gekennzeichnet, die ungleich Null sind. Die Position der Koeffizienten in der Matrix A folgt aus der jeweils gewählten Numerierung der Rechenpunkte.

Weil in der Koeffizientenmatrix sehr viele Elemente enthalten sind, die gleich Null sind, ist es nicht zweckmäßig, alle Matrixelemente zu speichern. Aufgrund der Bandenstruktur der Matrix genügt es, nur die Elemente der belegten Banden zu speichern.

7.1 Direkte Lösungsverfahren

Zur numerischen Lösung des Systems von Differenzengleichungen stehen zwei prinzipielle Wege offen: direkte und iterative Algorithmen. In iterativen Verfahren wird der Lösungsvektor sukzessive in mehreren Durchgängen (Iterationen) so lange nachkorrigiert, bis ein Kriterium erfüllt ist, das anzeigt, daß der Lösungsvektor nicht mehr weiter verbessert werden muß. In direkten Verfahren wird die Lösung in einem einzigen Durchgang gefunden. In diesem Kapitel sollen nun einige ausgewählte 'klassische' direkte Löser vorgestellt und daran die Vor- und Nachteile bei der Lösung der in der Strömungsberechnung typischen Gleichungssysteme diskutiert werden.

7.1.1 Gauß-Elimination

Die Gauß-Elimination bietet eine Möglichkeit zur direkten Inversion eines linearen Gleichungssystems $\mathsf{A} \cdot \mathbf{x} = \mathbf{c}$. Linear ist dieses Gleichungssystem dann, wenn sowohl die Matrix A als auch die rechte Seite **c** keine Funktionen des Lösungsvektors **x** sind.

Bei der Gauß-Elimination wird in zwei Schritten vorgegangen: Zuerst wird das Gleichungssystem von $\mathsf{A} \cdot \mathbf{x} = \mathbf{c}$ in $\mathsf{U} \cdot \mathbf{x} = \mathbf{d}$ umgeformt, wobei U eine obere Dreiecksmatrix ist (Bild 7.5). In einer oberen Dreiecksmatrix sind nur die Elemente ungleich Null, die rechts oberhalb der Matrixdiagonalen stehen.

Im zweiten Schritt wird $\mathsf{U} \cdot \mathbf{x} = \mathbf{d}$ durch eine Rückwärtssubstitution nach **x** aufgelöst.

Die Umformung von $\mathsf{A} \cdot \mathbf{x} = \mathbf{c}$ in $\mathsf{U} \cdot \mathbf{x} = \mathbf{d}$ wird durch Normierungsschritte, durch die die Diagonalelemente der Matrix A zu Eins werden, und durch Reduzierungsschritte, in denen die Elemente links der Diagonale zu Null werden, erreicht. Die Strategie der Gauß-Elimination soll im folgendem Beispiel verdeutlicht werden.

Beispiel 7.2: Lösung eines Gleichungssystems aus drei Gleichungen mit drei Unbekannten durch eine Gauß-Elimination

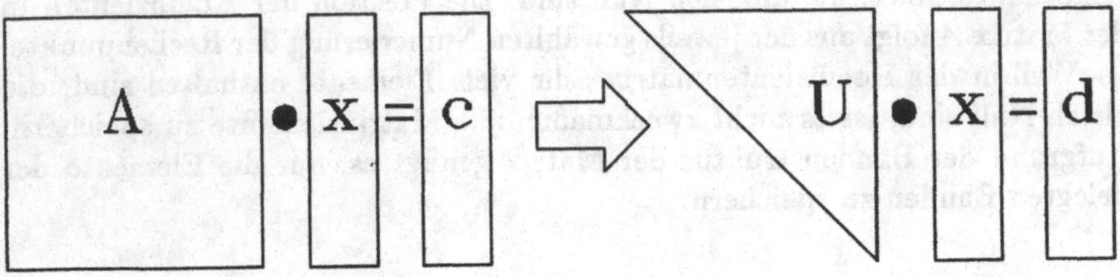

A • x = c ⇒ U • x = d

Bild 7.5. Gauß-Elimination: erster Schritt

$$\begin{aligned} a_{11}x_1 + a_{12}x_2 + a_{13}x_3 &= c_1 && (1)\\ a_{21}x_1 + a_{22}x_2 + a_{23}x_3 &= c_2 && (2)\\ a_{31}x_1 + a_{32}x_2 + a_{33}x_3 &= c_3 && (3) \end{aligned}$$

Durch die algebraischen Umformungen

Gleichung (1) $\cdot (-\frac{a_{21}}{a_{11}})$ + Gleichung (2)

Gleichung (1) $\cdot (-\frac{a_{31}}{a_{11}})$ + Gleichung (3)

folgen die neuen Gleichungen

$$\begin{aligned} a_{11}x_1 + a_{12}x_2 + a_{13}x_3 &= c_1 && (1)\\ a'_{22}x_2 + a'_{23}x_3 &= c'_2 && (4)\\ a'_{32}x_2 + a'_{33}x_3 &= c'_3 && (5) \end{aligned}$$

Durch

Gleichung (4) $\cdot (-\frac{a'_{32}}{a'_{22}})$ + Gleichung (5)

folgt das gewünschte Gleichungssystem, dessen Koeffizientenmatrix eine obere Dreiecksmatrix ist:

$$\begin{aligned} a_{11}x_1 + a_{12}x_2 + a_{13}x_3 &= c_1 && (1)\\ a'_{22}x_2 + a'_{23}x_3 &= c'_2 && (4)\\ a''_{33}x_3 &= c''_3 && (6) \end{aligned}$$

Dieses Gleichungssystem kann jetzt in einer Rückwärtssubstitution gelöst werden: Gleichung (6) ergibt unmittelbar x_3; damit folgt aus Gleichung (4) x_2 und daraus mit Gleichung (1) x_1.

Bei der Gauß-Elimination muß grundsätzlich für alle Matrixelemente Speicherplatz zur Verfügung gestellt werden. Dies ist ein entscheidender Nachteil, wenn die Koeffizientenmatrix nur schwachbesetzt ist, also ein Großteil der Matrixelemente gleich Null sind. Auch in diesem Fall muß bei der Gauß-Elimination ein Arbeitsspeicher bereitgestellt werden, der alle Plätze in der Koeffizientenmatrix umfaßt. Wenn beispielsweise in Gleichung (2) des soeben angeführten Beispiels $a_{23} = 0$ ist, folgt $a'_{23} = -(a_{21}/a_{11}) \cdot a_{13} \neq 0$, für $a_{11}, a_{21}, a_{13} \neq 0$.

Die Tragweite dieses Nachteils der Gauß-Elimination wird sofort bei der Berechnung von dreidimensionalen Strömungen deutlich. Bei der Berechnung von dreidimensionalen Strömungen sind gewöhnlich sehr viele Gitterpunkte zur Diskretisierung des Rechenfeldes erforderlich. Daher besteht hierbei auch das zu lösende Gleichungssystem aus sehr vielen Differenzengleichungen. Wird beispielsweise auf einem nichtversetzten Gitter mit 12 Linien in x-Richtung, 32 Linien in y-Richtung und 32 Linien in z-Richtung, d.h. $12 \cdot 32 \cdot 32$ Rechen- und Randpunkten, gearbeitet, sind für jede interessierende Strömungsgröße 9000 Differenzengleichungen zu lösen. Schon wenn in einer solchen Rechnung beispielsweise nur die Transportgleichungen für die drei Geschwindigkeitskomponenten u, v, w und für die Druckkorrektur p' gelöst werden sollen, besteht das Differenzengleichungssystem aus 36000 gekoppelten Gleichungen. Da die Gauß-Elimination für alle Elemente der Matrix A Arbeitsspeicher verlangt, wären zur Lösung dieses Gleichungssystems 1 296 000 000 Speicherplätze erforderlich. Da schon für dieses, noch vergleichsweise kleine Gleichungssystem ein so hoher Speicherplatzaufwand zu treiben wäre, ist die oben vorgestellte Gauß-Elimination für Strömungsberechnungen nicht geeignet.

7.1.2 Cramersche Regel

Bei Anwendung der sogenannten Cramerschen Regel können die einzelnen Komponenten des Lösungsvektors $\mathbf{x}$ nach folgender Vorschrift bestimmt werden (Faddejew und Faddejewa (1964)):

$$x_i = \frac{\Delta_i}{\Delta} \qquad i = 1 \ldots N \tag{7.4}$$

Dabei ist Δ die Determinante der Koeffizientenmatrix und Δ_i die Determinante der Matrix, die ensteht, wenn in der Koeffizientenmatrix die i-te Spalte durch den 'Rechte-Seite-Vektor' c ersetzt wird.

Diese Methode ist wesentlich rechenaufwendiger als die Gauß-Elimination, weil schon zur Berechnung einer einzigen Determinante nur geringfügig weniger Rechenaufwand erforderlich ist als bei der gesamten Gauß-Elimination.

7.1.3 LU-Zerlegung

Bei der LU-Zerlegung ('Lower-Upper'-Zerlegung, manchmal auch 'LR-Zerlegung') wird die Matrix A in das Produkt einer unteren mit einer oberen Dreiecksmatrix zerlegt (Bild 7.6):

$$\mathsf{A} = \mathsf{L} \cdot \mathsf{U} \,. \tag{7.5}$$

Damit folgt aus $\mathsf{A} \cdot \mathbf{x} = \mathbf{c}$

$$\mathsf{L} \cdot \mathsf{U} \cdot \mathbf{x} = \mathbf{c} \,. \tag{7.6}$$

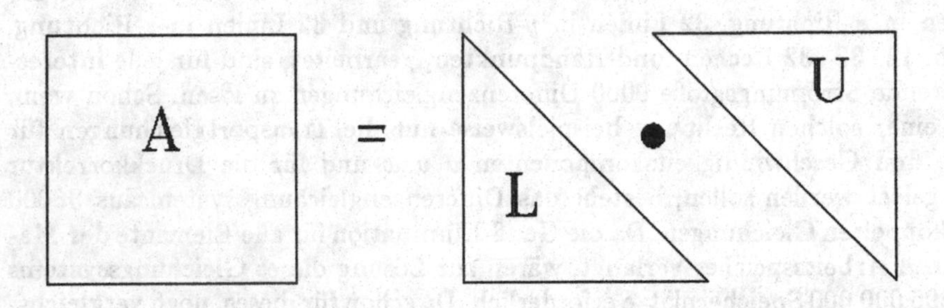

Bild 7.6. LU-Zerlegung

Mit

$$\mathsf{A} = \begin{pmatrix} a_{1,1} & a_{1,2} & \cdots & a_{1,n} \\ a_{2,1} & a_{2,2} & \cdots & a_{2,n} \\ \vdots & \vdots & \vdots & \vdots \\ a_{n,1} & a_{n,2} & \cdots & a_{n,n} \end{pmatrix}, \tag{7.7a}$$

$$\mathsf{L} = \begin{pmatrix} l_{1,1} & & & \\ l_{2,1} & l_{2,2} & & \\ \vdots & \vdots & \ddots & \\ l_{n,1} & l_{n,2} & \cdots & l_{n,n} \end{pmatrix}, \tag{7.7b}$$

$$\mathsf{U} = \begin{pmatrix} 1 & u_{1,2} & \cdots & u_{1,n} \\ & 1 & \cdots & u_{2,n} \\ & & \ddots & \\ & & & 1 \end{pmatrix} \tag{7.7c}$$

sind die Elemente der L- und der U-Matrix aus

$$l_{i,j} = a_{i,j} - \sum_{k=1}^{j-1} l_{i,k} u_{k,j} \,, \tag{7.8a}$$

$$u_{i,j} = \frac{1}{l_{i,i}} \left(a_{i,j} - \sum_{k=1}^{j-1} l_{i,k} u_{k,j} \right) \tag{7.8b}$$

rekursiv zu bestimmen (Smith (1978)).

Das Gleichungssystem $\mathsf{L} \cdot \mathsf{U} \cdot \mathbf{x} = \mathbf{c}$ kann in zwei einfach lösbare Gleichungssysteme aufgespalten werden:

$$\mathsf{U} \cdot \mathbf{x} = \mathbf{y} \,, \tag{7.9a}$$

$$\mathsf{L} \cdot \mathbf{y} = \mathbf{c} \,. \tag{7.9b}$$

Der Lösungsweg bei der LU-Zerlegung ist damit:

1. Löse Gleichungssystem (7.9b) durch Vorwärtssubstitution $\longrightarrow \mathbf{y}$
2. Löse Gleichungssystem (7.9a) durch Rückwärtssubstitution $\longrightarrow \mathbf{x}$

Der Nachteil dieser Methode bei schwachbesetzten Matrizen ist, daß in L und U mehr Elemente ungleich Null sind als in der ursprünglichen Koeffizientenmatrix A, so daß auch hier sehr viel Arbeitspeicher zur Verfügung gestellt werden muß.

Eine Möglichkeit den Speicherplatzbedarf der LU-Zerlegung einzuschränken bieten die sogenannten ILU-Zerlegungsmethoden ('Incomplete Lower-Upper'-Zerlegung). Unter Vernachlässigung einzelner Elemente, die aus der LU-Zerlegung folgen, werden hierbei L und U so ermittelt, daß der zusätzliche Speicherplatzbedarf möglichst gering ist. Aufgrund der Vernachlässigung einzelner Elemente in der U- und der L-Matrix kann jedoch die Lösung nicht in einem Schritt ermittelt werden; die Lösung folgt hier vielmehr erst in einer iterativen Lösungsprozedur (vgl. hierzu Kap. 7.2.6).

Neben den oben besprochenen direkten Lösungsmethoden sind eine Vielzahl weiterer direkter Methoden bekannt (z.B. Householder (1964), Faddejew und Faddejewa (1964)). Aufgrund des mit diesen Methoden verbundenen hohen Speicherplatzaufwands und wegen der gewöhnlich vorliegenden Nichtlinearität der Gleichungssysteme, werden diese Methoden jedoch in der numerischen Strömungsberechnung allenfalls bei den block-iterativen Verfahren zur Lösung von untergeordneten Gleichungssystemen eingesetzt (vgl. Kap. 7.2.5).

Abschließend sei zu den direkten Lösungsmethoden bemerkt, daß bei diesen Algorithmen Rundungsfehler ein nicht zu unterschätzendes Problem bereiten können. Da alle Rechner reele Zahlen nur mit einer endlichen Genauigkeit darstellen, ist bei der Anwendung von direkten Lösungsverfahren immer die Gefahr gegeben, daß Rundungsfehler unkontrolliert anwachsen. Deshalb sollte bei den direkten Verfahren immer eine Ergebniskontrolle angeschlossen werden. Ergebnisse mit großen Rundungsfehlern können dann beispielsweise iterativ nachverbessert werden (vgl. hierzu auch Faddejew und Faddejewa (1964), Kulisch und Miranker (1983)).

7.2 Iterative Verfahren

Wegen des hohen Speicherplatzbedarfs und aufgrund der Nichtlinearität der Differenzengleichungen erscheinen derzeit zur numerischen Lösung der in der numerischen Strömungssimulation gewöhnlich sehr großen Gleichungssysteme nur iterative Algorithmen als geeignet. Im folgenden sollen einige dieser iterativen Lösungsverfahren vorgestellt werden; für eine weitergehende Behandlung der iterativen Lösungsverfahren sei schon an dieser Stelle auf Smith (1978), Ortega und Rheinboldt (1970), Kosmol (1989) und Hageman und Young (1981) verwiesen.

7.2.1 Allgemeine Iterationsvorschrift

Ausgehend von Startwerten für den Lösungsvektor $\mathbf{x}$ wird bei iterativen Verfahren der Lösungsvektor $\mathbf{x}$ in mehreren hintereinandergeschalteten 'Iterationen' solange verbessert bis anhand eines geeigneten Genauigkeitskriteriums (vgl. Kap. 7.4) der Rechengang abgebrochen wird. Iterative Verfahren zur Lösung eines linearen Gleichungssystems $\mathsf{A} \cdot \mathbf{x} = \mathbf{c}$ können auf eine allgemeine Iterationsvorschrift zurückgeführt werden:

$$\mathbf{x}^{(m+1)} = \mathsf{G} \cdot \mathbf{x}^{(m)} + \mathbf{d} . \tag{7.10}$$

Dabei ist G die sogenannte Iterationsmatrix; $^{(m)}$ kennzeichnet die m-te Iteration.

Zur Ableitung dieser Iterationsvorschrift wird das ursprüngliche Gleichungssystem $\mathsf{A} \cdot \mathbf{x} = \mathbf{c}$ in $\mathbf{x} = \mathsf{G} \cdot \mathbf{x} + \mathbf{d}$ umgeordnet. Dazu wird die Koeffizientenmatrix A durch folgenden allgemeinen Ansatz zerlegt:

$$\mathsf{A} = \mathsf{Q} \cdot (\mathsf{E} - \mathsf{G}) . \tag{7.11}$$

E ist die Einheitsmatrix, in der die Elemente der Hauptdiagonalen gleich Eins und alle anderen Elemente gleich Null sind. Q ist die sogenannte Zerlegungsmatrix. Je nach Wahl von Q folgen unterschiedliche Iterationsmatrizen und damit unterschiedliche Iterationsverfahren:

$$G = E - Q^{-1} \cdot A\,. \tag{7.12}$$

Nach Einsetzen der Beziehung (7.11) in $A \cdot x = c$ folgt:

$$x = Gx + d \qquad \text{mit} \qquad d = Q^{-1}c\,. \tag{7.13}$$

Werden nun für den Lösungsvektor x auf der rechten Seite von Gleichung (7.13) immer die alten Werte eingesetzt (d.h. eingangs die gesetzten Startwerte und danach die neu errechneten Werte aus der jeweils vorangegangenen Iteration), wird die in Gleichung (7.10) formulierte Iterationsvorschrift erhalten.

7.2.2 Jacobi-Verfahren

Bei diesem Iterationsverfahren ist die Zerlegungsmatrix

$$Q = D\,, \tag{7.14}$$

wobei D eine Diagonalmatrix ist, bei der die Elemente links und rechts der Hauptdiagonalen gleich Null sind und deren Hauptdiagonalelemente gleich den Elementen der Hauptdiagonalen der Koeffizientenmatrix A sind.

Mit $Q = D$ ist die Iterationsmatrix

$$G = E - D^{-1} \cdot A\,. \tag{7.15}$$

In G fehlen also die Elemente der Hauptdiagonalen $a_{i,i}$. Auf den verbleibenden Banden stehen die mit $a_{i,i}$ normierten Elemente.

Beispiel 7.3: Iterative Lösung eines Gleichungssystems aus drei Gleichungen mit drei Unbekannten mit einer Jacobi-Iteration (vgl. Beispiel 7.2)

$$a_{11}x_1 + a_{12}x_2 + a_{13}x_3 = c_1 \tag{1a}$$
$$a_{21}x_1 + a_{22}x_2 + a_{23}x_3 = c_2 \tag{2a}$$
$$a_{31}x_1 + a_{32}x_2 + a_{33}x_3 = c_3 \tag{3a}$$

Durch einfaches Umstellen dieser Gleichungen können daraus die Gleichungen für die Jacobi-Iteration gewonnen werden:

$$x_1^{(m+1)} = -\frac{a_{12}}{a_{11}}x_2^{(m)} - \frac{a_{13}}{a_{11}}x_3^{(m)} + \frac{c_1}{a_{11}} \tag{1b}$$
$$x_2^{(m+1)} = -\frac{a_{21}}{a_{22}}x_1^{(m)} - \frac{a_{23}}{a_{22}}x_3^{(m)} + \frac{c_2}{a_{22}} \tag{2b}$$
$$x_3^{(m+1)} = -\frac{a_{31}}{a_{33}}x_1^{(m)} - \frac{a_{32}}{a_{33}}x_2^{(m)} + \frac{c_3}{a_{33}} \tag{3b}$$

Hier werden also anhand der Gleichungen (1b), (2b) und (3b) die einzelnen Elemente des Lösungsvektors $\mathbf{x}$ laufend aus alten (bekannten) Werten neu berechnet bis die Gleichungen (1) bis (3) ausreichend genau erfüllt sind.

Das Jacobi-Verfahren gehört zur Klasse der sogenannten Gesamtschrittverfahren: bei der $(m+1)$-ten Iteration wird auf der rechten Gleichungsseite der ('alte') Lösungsvektor $\mathbf{x}^{(m)}$ zugrunde gelegt. Die Reihenfolge, in der die einzelnen Elemente des Lösungsvektors berechnet werden, spielt keine Rolle. Dies ist der Unterschied des Jacobi-Verfahrens zum sogenannten Gauß-Seidel-Verfahren, das im nächsten Kapitel besprochen wird.

7.2.3 Gauß-Seidel-Verfahren

Bei diesem Verfahren werden bei der iterativen Berechnung der einzelnen Elemente x_i des Lösungsvektors neben den alten immer auch die schon neu berechneten Elemente zugrunde gelegt. Das Gauß-Seidel-Verfahren gehört deshalb zu den sogenannten Einzelschrittverfahren.

Beispiel 7.4: Iterative Lösung eines Gleichungssystems aus drei Gleichungen mit drei Unbekannten mit einer Gauß-Seidel-Iteration (vgl. Beispiel 7.3)
Statt von den in Beispiel 7.3 genannten Iterationsgleichungen wird in einer Gauß-Seidel-Iteration von folgenden Beziehungen ausgegangen:

$$x_1^{(m+1)} = -\frac{a_{12}}{a_{11}}x_2^{(m)} - \frac{a_{13}}{a_{11}}x_3^{(m)} + \frac{c_1}{a_{11}} \qquad (1c)$$

$$x_2^{(m+1)} = -\frac{a_{21}}{a_{22}}x_1^{(m+1)} - \frac{a_{23}}{a_{22}}x_3^{(m)} + \frac{c_2}{a_{22}} \qquad (2c)$$

$$x_3^{(m+1)} = -\frac{a_{31}}{a_{33}}x_1^{(m+1)} - \frac{a_{32}}{a_{33}}x_2^{(m+1)} + \frac{c_3}{a_{33}} \qquad (3c)$$

Hier wird also im Unterschied zur Jacobi-Iteration beispielsweise bei der Berechnung von $x_2^{(m+1)}$ schon auf den neuen Wert $x_1^{(m+1)}$ zurückgegriffen.

Bei dem Gauß-Seidel-Verfahren ist mit

$$\mathsf{A} = \mathsf{D} - \mathsf{L}^* - \mathsf{U}^* \,, \qquad (7.16)$$

wobei L^* die streng untere Dreiecksmatrix und U^* die streng obere Dreiecksmatrix sind, in denen auch die Elemente der Hauptdiagonalen gleich Null sind.

Die Zerlegungs- und die Iterationsmatrix sind damit

$$\mathsf{Q} = \mathsf{D} - \mathsf{L}^* \qquad \mathsf{G} = (\mathsf{D} - \mathsf{L}^*)^{-1} \cdot \mathsf{U}^* \,. \qquad (7.17)$$

Als Iterationsvorschrift der Gauß-Seidel-Iteration folgt so:

$$\mathbf{x}^{(m+1)} = (\mathsf{D} - \mathsf{L}^*)^{-1}[\mathsf{U}^*\mathbf{x}^{(m)} + \mathbf{c}] \,. \tag{7.18a}$$

Durch Umstellen kann daraus die etwas überschaubarere Formulierung

$$\mathsf{D}\mathbf{x}^{(m+1)} = \mathsf{L}^*\mathbf{x}^{(m+1)} + \mathsf{U}^*\mathbf{x}^{(m)} + \mathbf{c} \tag{7.18b}$$

gewonnen werden.

Beispiel 7.5: Geometrische Veranschaulichung der iterativen Lösung eines Gleichungssystems aus zwei linearen Gleichungen mit dem Gauß-Seidel-Verfahren

Die iterative Lösung eines Gleichungssystems aus zwei linearen algebraischen Gleichungen

$$a_1 x + b_1 y = c_1 \tag{1}$$

$$a_2 x + b_2 y = c_2 \tag{2}$$

zur Bestimmung der zwei Unbekannten x und y soll in diesem Beispiel für das Gauß-Seidel-Verfahren geometrisch dargestellt werden.

Die beiden linearen Gleichungen (1) und (2) sind Geraden. Die Lösung dieses Gleichungssystems ist der Schnittpunkt dieser beiden Geraden (vgl. Bild 7.7). Bei der iterativen Lösung des Gleichungssystems mit dem Gauß-Seidel-Verfahren wird die Lage des Schnittpunkts x^*, y^* aus

$$x^{(m+1)} = -\frac{b_1}{a_1} y^{(m)} + \frac{c_1}{a_1} \tag{3}$$

$$y^{(m+1)} = -\frac{a_2}{b_2} x^{(m+1)} + \frac{c_2}{b_2} \tag{4}$$

bestimmt. Die ständige Neuberechnung von x und y und damit der iterative Rechengang sind in Bild 7.7 skizziert: ausgehend von einem Startpunkt $x^{(0)}, y^{(0)}$ wird zuerst bei festgehaltenem $y = y^{(0)}$ mit der Geraden (1) der neue x-Wert und damit der Punkt $x^{(1)}, y^{(0)}$ ermittelt. Anschließend folgt die Neuberechnung des y-Wertes bei festgehaltenem $x = x^{(1)}$ mit der Geraden (2). Nun folgt wieder die Neuberechnung des x-Wertes, usw.. Diese Prozedur wird solange fortgesetzt bis mit einem Punkt $x^{(m)}, y^{(m)}$ der Lösungspunkt x^*, y^* genügend nahe angenähert wird.

Die Anzahl der Iterationen, die zum Erreichen einer gewünschten Genauigkeit erforderlich sind, hängt bei jedem Iterationsverfahren von der sogenannten Kondition des Gleichungssystems ab. Die Kondition eines Gleichungssystem wird von den Koeffizienten des Gleichungssystems bestimmt.

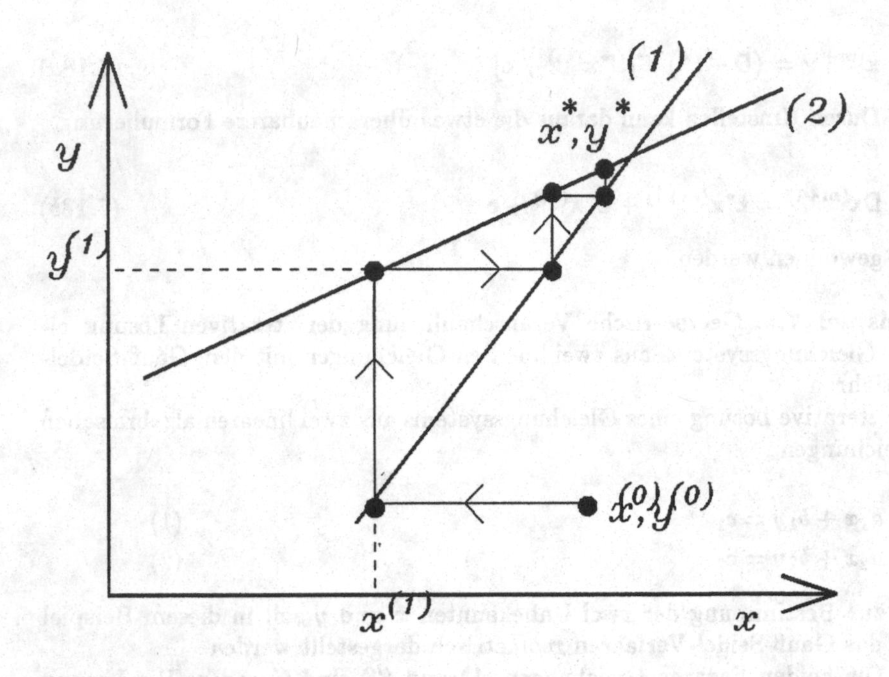

Bild 7.7. Gauß-Seidel-Iteration

Ein Gleichungssystem besitzt dann eine schlechte Kondition, wenn schon kleine Änderungen in der Koeffizientenmatrix A oder im Rechte-Seite-Vektor c große Änderungen im Lösungsvektor **x** mit sich bringen.

Im vorigen Beispiel kann die Kondition des Gleichungssystems unmittelbar daraus erkannt werden wie die beiden Geraden zueinander liegen. Ist, wie in Bild 7.8 dargestellt, die Steigung der beiden Geraden ähnlich, weist das Gleichungssystem eine schlechte Kondition auf. In diesem Fall werden schon bei kleinen Änderungen der Geradensteigungen oder bei kleiner Parallelverschiebung einer der Geraden große Änderungen in der Lage des Schnittpunkts der beiden Geraden hervorgerufen. Bei schlechter Kondition sind bis zum Erreichen der Lösung viele Iterationen erforderlich. Dabei soll darauf hingewiesen werden, daß die Lösung der in Bild 7.8 dargestellten Situation gleich der Lösung ist, die in Bild 7.7 mit wesentlich weniger Iterationen zu erreichen ist.

Das Bestreben vieler iterativer Lösungsstrategien ist daher oft darauf ausgerichtet, noch vor Beginn der eigentlichen iterativen Lösung, das Gleichungssystem möglichst gut zu konditionieren. Dieser oft als 'Vor-' oder 'Präkonditionierung' bezeichnete erste Schritt einer iterativen

Lösungsprozedur kann in geeigneten algebraischen Umformungen des Gleichungssystems erreicht werden. Bei der in Bild 7.8 skizzierten Situation würde also in der Vorkonditionierung des Gleichungssystems das Ziel verfolgt werden, den Winkel zwischen den beiden Geraden bei festgehaltenem Schnittpunkt x^*, y^* zu vergrößern. Dazu muß das ursprüngliche Gleichungssystem so verändert werden, daß die beiden Bestimmungsgleichungen auf Geraden führen, deren Steigungen $(-a_1/b_1)$ und $(-a_2/b_2)$ stärker differieren als im Ausgangszustand, wobei der Schnittpunkt der beiden Geraden am gleichen Punkt erhalten bleiben muß.

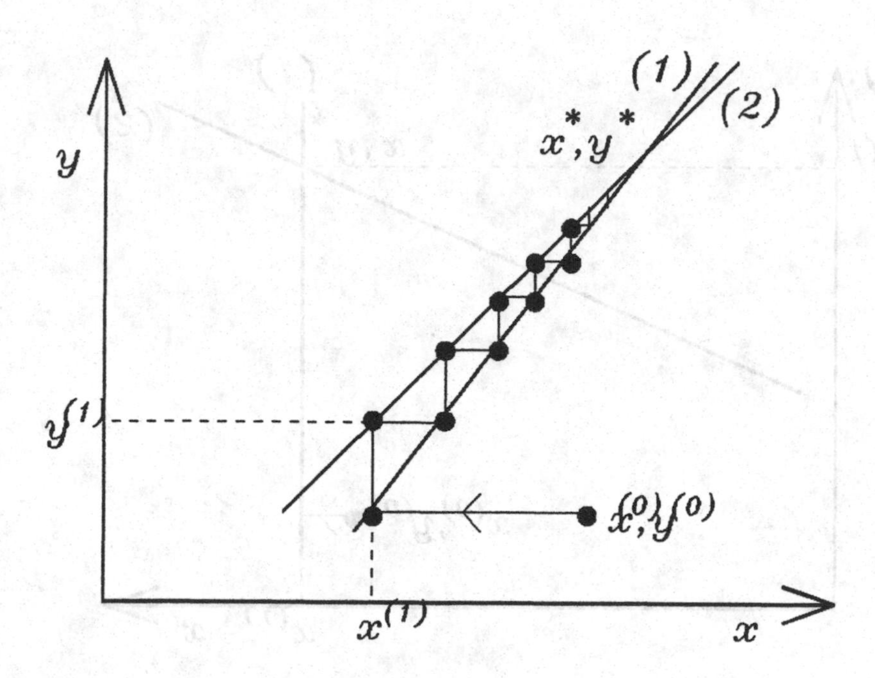

Bild 7.8. Gauß-Seidel-Iteration bei schlechter Kondition des Gleichungssystems

Bei der Vorkonditionierung des Gleichungssystems wird angestrebt, die Kopplungen der einzelnen Gleichungen abzuschwächen oder sogar ganz aufzuheben. In Bild 7.9 ist hierzu die Situation skizziert, die sich dann ergibt, wenn es gelingt, das in Beispiel 7.5 vorgegebene Gleichungssystem so vorzukonditionieren, daß eine Gleichung entkoppelt ist. Hier ist die Gerade (1) so gedreht worden, daß sie senkrecht auf der x-Achse steht; die Unbekannte x ergibt sich so unabhängig vom jeweiligen Wert der unbekannten Variablen y. Damit folgt die Lösung des Gleichungssystems mit dem Gauß-Seidel-Verfahren in einer Iteration, also direkt. An dieser Stelle sei daran erinnert, daß bei der Gauß-Elimination im ersten Schritt das Gleichungssystem $\mathbf{A} \cdot \mathbf{x} = \mathbf{c}$ in $U \cdot \mathbf{x} = \mathbf{d}$ umgeformt wird. In dieser 'Vorkonditionierung' des Gleichungssystems werden die zwischen den einzelnen Gleichungen bestehenden Kopplungen immer weiter reduziert bis die letzte Gleichung des umgeformten Gleichungssystems nur noch mit einer Unbekannten gebildet wird. Die bei der Gauß-Elimination im zweiten Schritt erfolgende Rückwärtssubstitution kann so auch als eine Iteration des Gauß-Seidel-Verfahrens gesehen werden.

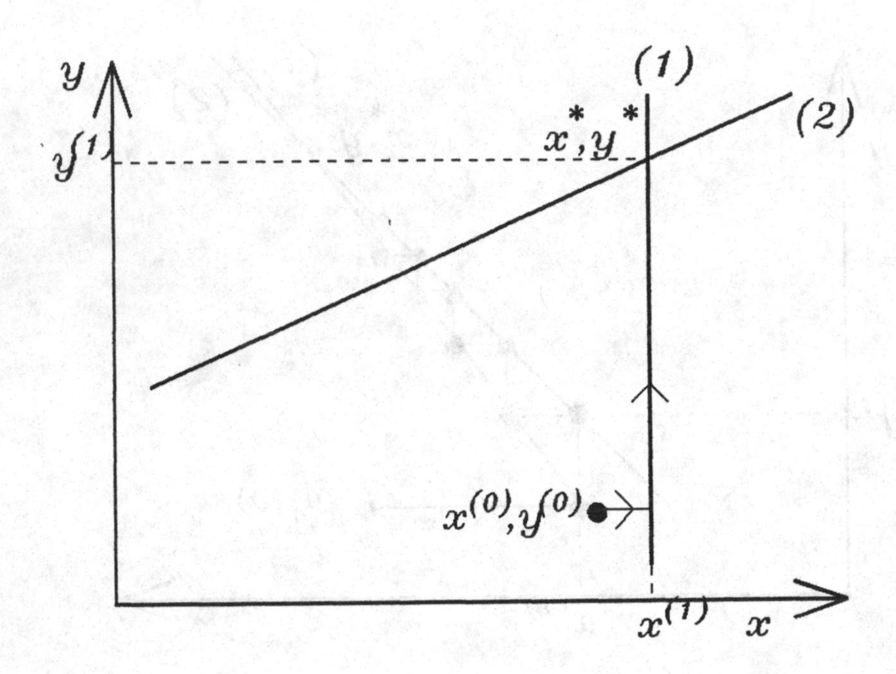

Bild 7.9. Entkopplung

Noch vor der Geschwindigkeit, mit der ein iteratives Verfahren zur gesuchten Lösung 'konvergiert', ist natürlich von Interesse, ob und unter welchen Bedingungen ein iterativer Rechengang überhaupt zur Lösung führt. Auch für diese Fragestellung können einige grundlegende Aspekte anhand des in Beispiel 7.5 geometrisch veranschaulichten Rechengangs erörtert werden.

Wie bereits gezeigt wurde, hängt die Anzahl von erforderlichen Iterationen entscheidend von der Kondition des zu lösenden Gleichungssystems und damit von der Lage der beiden Bestimmungsgeraden ab. In den Bildern 7.7 und 7.8 wurde zur Ermittlung der Iterierten $x^{(m+1)}$ von der Gleichung der Geraden (1) und zur Berechnung von $y^{(m+1)}$ von der Gleichung der Geraden (2) ausgegangen. Werden diese Bestimmungsgleichungen vertauscht, so daß aus der Geraden (2) $x^{(m+1)}$ und aus der Geraden (1) $y^{(m+1)}$ neubestimmt werden, entsteht die in Bild 7.10 dargestellte Situation: die Gauß-Seidel-Iteration führt in diesem Fall von der Lösung weg, das Iterationsverfahren arbeitet instabil!

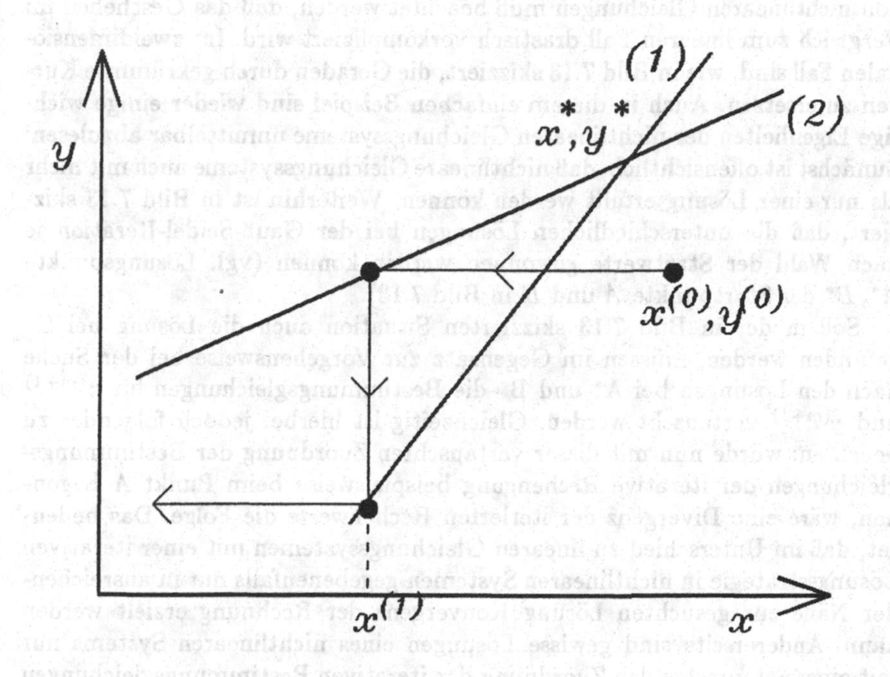

Bild 7.10. Divergenz der Gauß-Seidel-Iteration

Offensichtlich ist für das Gelingen einer iterativen Rechnung von entscheidender Bedeutung, welche Bestimmungsgleichungen den einzelnen Elementen des Lösungsvektors zugeordnet sind. Wie in Kap. 7.4 noch erläutert wird, sollte die Reihenfolge der einzelnen Bestimmungsgleichungen innerhalb des Gleichungssystems immer so gewählt werden, daß in jeder Zeile der Koeffizientenmatrix $a_{i,i} \geq \sum_j |a_{i,j}|$ gilt.

Zum Schluß dieses Abschnitts soll nun die Situation betrachtet werden, die sich einstellt, wenn die beiden Geraden in Beispiel 7.5 Steigungen mit unterschiedlichem Vorzeichen aufweisen. Wie Bild 7.11 zu entnehmen ist, wird in diesem Fall die Lösung umkreist. In den Fällen, in denen die Steigungen der beiden Geraden betragsmäßig gleich aber von verschiedenem Vorzeichen sind, führt die Gauß-Seidel-Iteration weder zur Divergenz noch zur Konvergenz des Lösungsvektors (vgl. Bild 7.12).

Die Eigenheiten der Gauß-Seidel-Iteration, die bei der obigen Betrachtung des einfachen Beispiels der Lösung eines Gleichungssystems aus zwei linearen Gleichungen veranschaulicht werden konnten, dürfen auch auf allgemeine mehrdimensionale Verhältnisse abstrahiert werden. Bei der Übertragung der gefundenen Eigenschaften der Gauß-Seidel-Iteration auf die iterative Lösung von nichtlinearen Gleichungen muß beachtet werden, daß das Geschehen im Vergleich zum linearen Fall drastisch verkompliziert wird. Im zweidimensionalen Fall sind, wie in Bild 7.13 skizziert, die Geraden durch gekrümmte Kurven zu ersetzen. Auch in diesem einfachen Beispiel sind wieder einige wichtige Eigenheiten der nichtlinearen Gleichungssysteme unmittelbar abzulesen: Zunächst ist offensichtlich, daß nichtlineare Gleichungssysteme auch mit mehr als nur einer Lösung erfüllt werden können. Weiterhin ist in Bild 7.13 skizziert, daß die unterschiedlichen Lösungen bei der Gauß-Seidel-Iteration je nach Wahl der Startwerte gewonnen werden können (vgl. Lösungspunkte A^*, B^* der Startpunkte A und B in Bild 7.13).

Soll in der in Bild 7.13 skizzierten Situation auch die Lösung bei C* gefunden werden, müssen im Gegensatz zur Vorgehensweise bei der Suche nach den Lösungen bei A* und B* die Bestimmungsgleichungen für $x^{(m+1)}$ und $y^{(m+1)}$ vertauscht werden. Gleichzeitig ist hierbei jedoch folgendes zu beachten: würde nun mit dieser vertauschten Zuordnung der Bestimmungsgleichungen der iterative Rechengang beispielsweise beim Punkt A begonnen, wäre eine Divergenz der iterierten Rechenwerte die Folge. Das bedeutet, daß im Unterschied zu linearen Gleichungssystemen mit einer iterativen Lösungsstrategie in nichtlinearen Systemen gegebenenfalls nur in ausreichender Nähe zur gesuchten Lösung Konvergenz der Rechnung erzielt werden kann. Andererseits sind gewisse Lösungen eines nichtlinearen Systems nur mit einer entsprechenden Zuordnung der iterativen Bestimmungsgleichungen zu erreichen.

Nach diesem kurzen Exkurs in die Problematik, die sich bei der Lösung von nichtlinearen Gleichungssystemen stellt, sollen im folgenden wieder vorwiegend iterative Prozeduren zur Lösung von linearen Gleichungssystemen besprochen werden. Wege, die zur Lösung von nichtlinearen Systemen eingeschlagen werden, werden in Kap. 7.2.8 erörtert.

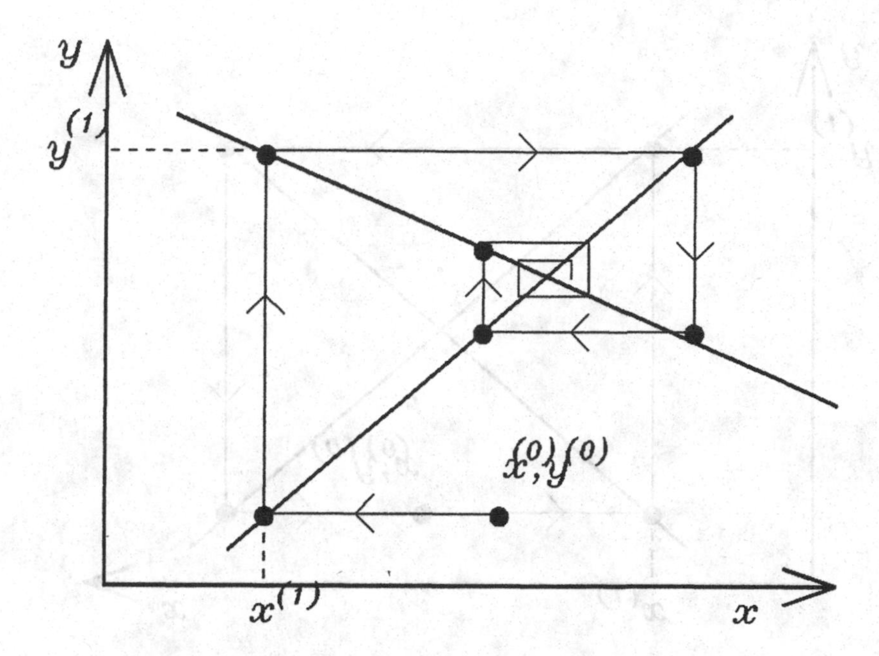

Bild 7.11. Gauß-Seidel-Iteration bei im Vorzeichen verschiedenen Geradensteigungen

7.2.4 SOR-Verfahren

In Situationen, in denen wie in den Bildern 7.8, 7.11 und 7.12 gezeigt die Konvergergenzrate niedrig ist, kann durch eine sogenannte Über- oder Unterrelaxation die Konvergenzrate einfach gesteigert werden. Dabei wird die iterative Korrektur der einzelnen Zwischenlösungen entweder verlängert oder verkürzt.

Bei der in Bild 7.8 eingetragenen Gauß-Seidel-Iteration sind offensichtlich die Korrekturen zu klein und es liegt daher nahe, die aus den Bestimmungsgleichungen resultierenden Korrekturen zu erhöhen. Werden die iterativen Korrekturen beispielsweise nach der ersten Iteration um einen Faktor > 1 verstärkt, ergibt sich der in Bild 7.14 skizzierte Lösungsgang. Schon anhand dieses Bildes wird offensichtlich, daß mit der Wahl des Verstärkungsfaktors der Lösungsfortschritt entscheidend beeinflußt wird. Hier existiert ein optimaler Verstärkungsfaktor, der zur größtmöglichen Konvergenzrate führt (vgl. hierzu auch Smith (1978)).

Während in Bild 7.8 die Korrekturen als zu klein erkannt werden können, sind in den Bildern 7.11 und 7.12 die Korrekturen offensichtlich zu groß; hier

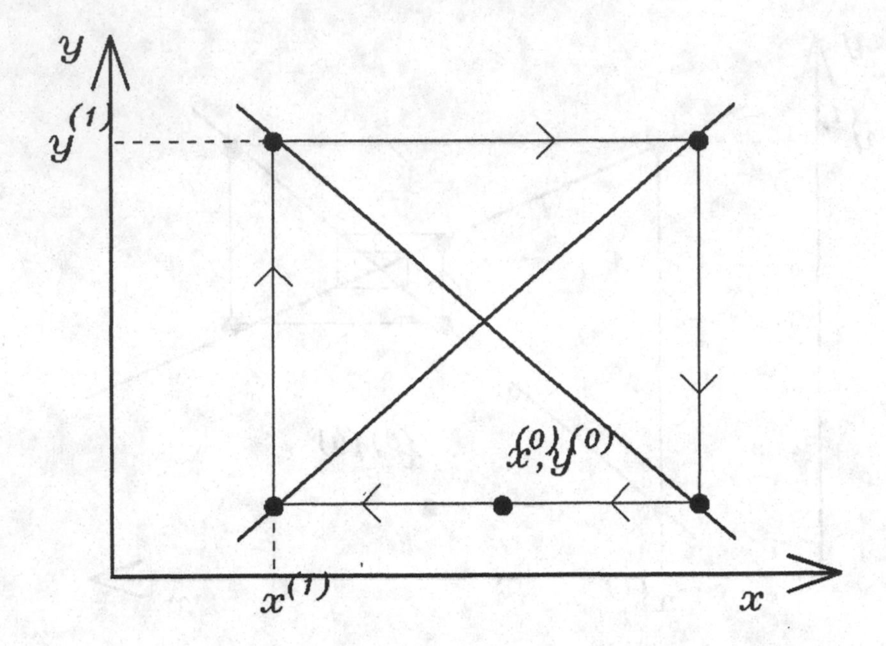

Bild 7.12. Gauß-Seidel-Iteration bei betragsgleichen aber im Vorzeichen verschiedenen Geradensteigungen

sollten die Korrekturen daher verkleinert werden. Werden bei dem in Bild 7.12 eingetragenen Rechengang die einzelnen Korrekturen nach der ersten Iteration beispielsweise mit dem Faktor 0.75 multipliziert, ergibt sich die in Bild 7.15 dargestellte Situation.

Auch hier existiert wie bei der Überrelaxation ein Optimum in der Wahl des Relaxationsfaktors, mit dem die einzelnen Korrekturen zu multiplizieren sind. Bei der in Bild 7.15 eingezeichneten Problemstellung wird offensichtlich mit dem Wert von 0.5 der Relaxationsfaktor optimal.

Während die Verstärkung der Korrekturen als Überrelaxation bezeichnet werden kann, ist die Abschwächung der Korrekturen als Unterrelaxation bekannt. Gemeinhin werden alle Rechentechniken, in denen iterative Korrekturen entweder verkleinert oder vergrößert werden, als SOR-Verfahren (SOR = 'Successive Over-Relaxation') bezeichnet (vgl. hierzu Ortega und Rheinboldt (1970)). Zur weiteren Erläuterung des SOR-Verfahrens ist es zweckmäßig statt der allgemeinen Iterationsvorschrift (7.10) die Iterationsvorschrift als

$$\mathbf{x}^{(m+1)} = \mathbf{x}^{(m)} + \Delta\mathbf{x}^{(m+1)} \tag{7.19}$$

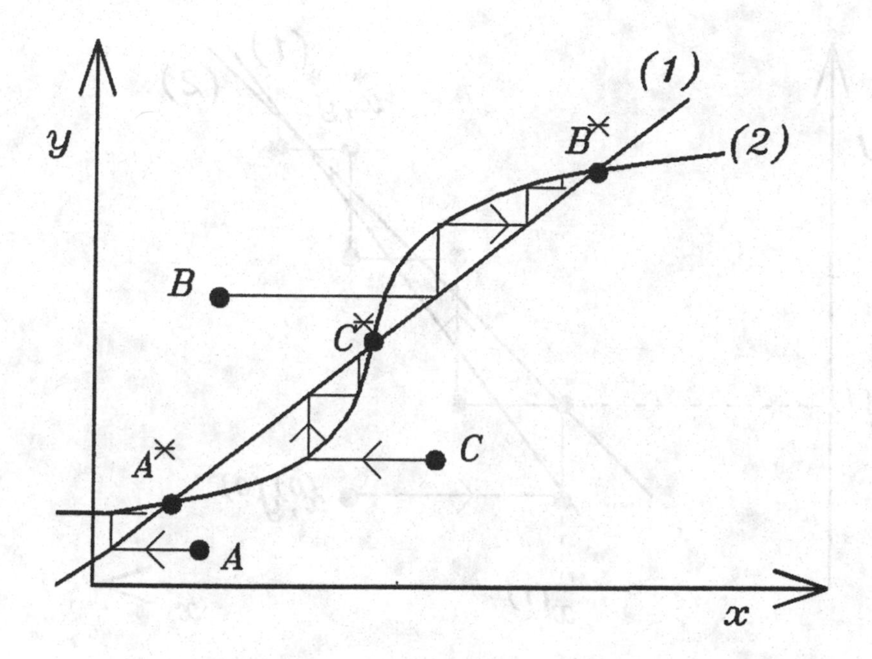

Bild 7.13. Gauß-Seidel-Iteration bei nichtlinearen Bestimmungsgleichungen

zu formulieren. Hier ist $\mathbf{\Delta x}^{(m+1)}$ der Korrekturvektor, mit dem $\mathbf{x}^{(m)}$ verbessert wird.

Beispiel 7.6: Iterative Lösung eines Gleichungssystems aus drei Gleichungen mit drei Unbekannten mit einem SOR-Verfahren (vgl. Beispiel 7.4)
Um die in Gleichung (7.19) angegebene Iterationsvorschrift zu gewinnen, wird die Iterationsvorschrift des Gauß-Seidel-Verfahrens zur Lösung des in Beispiel 7.4 aufgeführten Gleichungssystems umgeformt in:

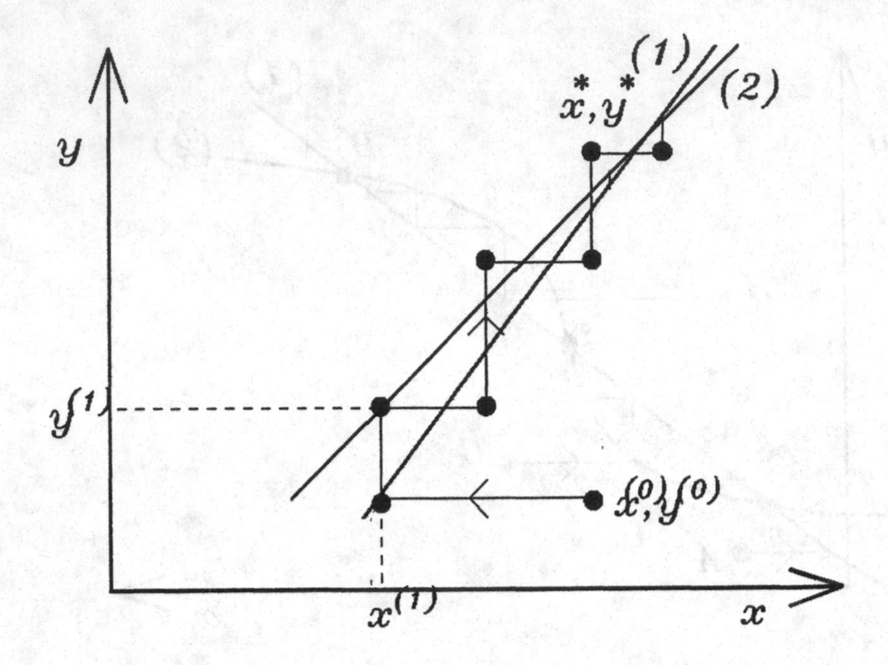

Bild 7.14. Gauß-Seidel-Iteration mit verstärkten Korrekturen (Bild 7.8)

$$x_1^{(m+1)} = x_1^{(m)} + \underbrace{\frac{1}{a_{11}}\left[-a_{11}x_1^{(m)} - a_{12}x_2^{(m)} - a_{13}x_3^{(m)} + c_1\right]}_{\Delta x_1^{(m+1)}} \quad (1)$$

$$x_2^{(m+1)} = x_2^{(m)} + \underbrace{\frac{1}{a_{22}}\left[-a_{21}x_1^{(m+1)} - a_{22}x_2^{(m)} - a_{23}x_3^{(m)} + c_2\right]}_{\Delta x_2^{(m+1)}} \quad (2)$$

$$x_3^{(m+1)} = x_3^{(m)} + \underbrace{\frac{1}{a_{33}}\left[-a_{31}x_1^{(m+1)} - a_{32}x_2^{(m+1)} - a_{33}x_3^{(m)} + c_3\right]}_{\Delta x_3^{(m+1)}} \quad (3)$$

Wie bereits gezeigt wurde, ist es oftmals zweckmäßig oder sogar notwendig, die aus dem Iterationsschema berechneten Korrekturen zu gewichten. Die hierfür abgewandelte Iterationsvorschrift lautet:

$$\mathbf{x}^{(m+1)} = \mathbf{x}^{(m)} + \alpha \cdot \mathbf{\Delta x}^{(m+1)} . \qquad (7.20)$$

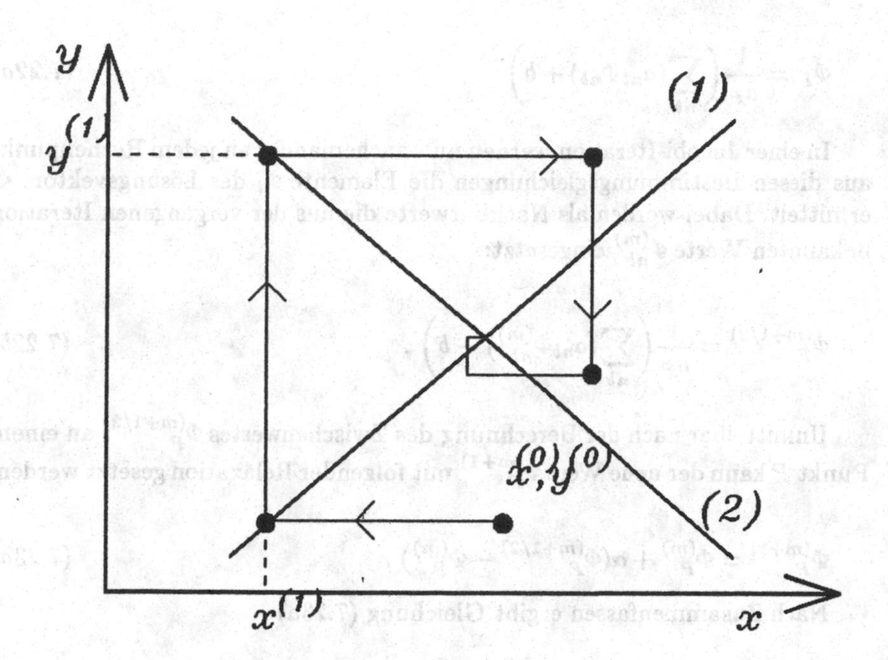

Bild 7.15. Gauß-Seidel-Iteration mit abgeschwächten Korrekturen (Bild 7.12)

Hierbei ist α der sogenannte Relaxationsfaktor. Für $\alpha > 1$ werden die Korrekturen verstärkt und für $\alpha < 1$ gedämpft. In Matrixschreibweise folgt so für die Gauß-Seidel-Iteration mit Relaxation der Korrekturen

$$\mathbf{x}^{(m+1)} = \mathbf{x}^{(m)} - \alpha(\mathsf{D} - \alpha\mathsf{L})^{-1}(\mathsf{A}\mathbf{x}^{(m)} - \mathbf{c}) \,. \tag{7.21}$$

7.2.4.1 Anwendung des SOR-Verfahrens zur Lösung der Differenzengleichungen

Dem soeben vorgestellten SOR-Verfahren kommt in der numerischen Simulation von Strömungen eine Schlüsselrolle zu. SOR-Verfahren sind, wenn auch in unterschiedlichen, noch zu besprechenden Varianten, gewöhnlich immer vertreten, wenn große nichtlineare Gleichungssysteme numerisch zu lösen sind. Dabei muß in der Regel mit einer Unterrelaxation gearbeitet werden. In diesem Abschnitt soll gezeigt werden, in welcher Weise diese Unterrelaxation schon in die Differenzengleichungen einbezogen werden kann.

Die Bestimmungsgleichung zur Berechnung einer Größe Φ_P am Punkt P folgt aus der allgemeinen Differenzengleichgung zu:

$$\Phi_P = \frac{1}{a_P}\left(\sum_{nb}(a_{nb}\Phi_{nb}) + b\right) . \tag{7.22a}$$

In einer Jacobi-Iteration werden nun nacheinander an jedem Rechenpunkt aus diesen Bestimmungsgleichungen die Elemente Φ_i des Lösungsvektors $\mathbf{\Phi}$ ermittelt. Dabei werden als Nachbarwerte die aus der vergangenen Iteration bekannten Werte $\Phi_{nb}^{(m)}$ eingesetzt:

$$\Phi_P^{(m+1/2)} = \frac{1}{a_P}\left(\sum_{nb}(a_{nb}\Phi_{nb}^{(m)}) + b\right) . \tag{7.22b}$$

Unmittelbar nach der Berechnung des Zwischenwertes $\Phi_P^{(m+1/2)}$ an einem Punkt P kann der neue Wert $\Phi_P^{(m+1)}$ mit folgender Relaxation gesetzt werden:

$$\Phi_P^{(m+1)} = \Phi_P^{(m)} + \alpha(\Phi_P^{(m+1/2)} - \Phi_P^{(m)}) . \tag{7.23a}$$

Nach Zusammenfassen ergibt Gleichung (7.23a)

$$\Phi_P^{(m+1)} = \alpha\Phi_P^{(m+1/2)} + (1-\alpha)\Phi_P^{(m)} . \tag{7.23b}$$

$\Phi_P^{(m+1/2)}$ ist dabei der Wert, der sich ohne Relaxation ergeben würde; $\Phi_P^{(m)}$ ist der Wert, der aus der letzten Iteration bekannt ist und $\Phi_P^{(m+1)}$ ist der Wert, der nach der Relaxation in der $(m+1)$-ten Iteration gefunden und mit dem weitergerechnet wird.

Aus Gleichung (7.23b) folgt

$$\Phi_P^{(m+1/2)} = \frac{\Phi_P^{(m+1)}}{\alpha} - \frac{1-\alpha}{\alpha}\Phi_P^{(m)} . \tag{7.24}$$

Wird diese Beziehung in die Differenzengleichung (7.22b) eingesetzt, ergibt sich

$$a_P^*\Phi_P^{(m+1)} = \sum_{nb}\left(a_{nb}\Phi_{nb}^{(m)}\right) + b^* . \tag{7.25a}$$

Hierbei sind

$$a_P^* = \frac{a_P}{\alpha} \qquad b^* = b + \frac{1-\alpha}{\alpha}a_P \cdot \Phi_P^{(m)} . \tag{7.25b}$$

Für $\alpha < 1$ ist damit

$$a_P^* > a_P \qquad \text{d.h.} \qquad a_P^* > \sum_{nb} a_{nb}. \tag{7.26}$$

Werden also die a_P-Koeffizienten und die Quellterme b in den Differenzengleichungen durch a_P^* und b^* ersetzt, erfolgt die Unterrelaxation und Neuberechnung der iterativen Werte in einem Schritt. Durch eine Unterrelaxation wird dabei sichergestellt, daß der Koeffizient a_P^* größer als die Summe der Nachbarkoeffizienten ist (vgl. Gleichung (7.26)). Dies ist bei block-iterativen Verfahren für die Lösung der einzelnen Subsysteme von großem Vorteil. (vgl. Kap. 7.2.5 und Kap. 7.4).

Es wurde bereits darauf hingewiesen, daß von der Wahl des Relaxationsfaktors die Konvergenzrate einer iterativen Rechnung in entscheidendem Maß beeinflußt wird. Gerade bei der Lösung von nichtlinearen Gleichungssystemen hängt vom 'richtigen' Wert des Relaxationsfaktors oft nicht nur die Konvergenzrate sondern auch die Stabilität des Iterationsverfahrens ab. Leider kann selbst für die iterative Lösung von linearen Gleichungssystemen nur in Ausnahmefällen eine Formel zur Berechnung des optimalen Relaxationsfaktors angegeben werden (z.B. Smith (1978)). Bei der Lösung von nichtlinearen Gleichungssystemen wie in der Strömungsberechnung kann der Relaxationsfaktor i.a. nur 'empirisch'(d.h. durch Probieren) optimiert werden. Als Anhalt kann hierbei nur die Erfahrung genutzt werden, die besagt, daß bei der Berechnung von stationären Strömungen gewöhnlich unterrelaxiert werden sollte.

Sollte das Lösungsverfahren mit einem eingestellten Relaxationsfaktor nicht konvergieren, hilft oft eine Verkleinerung des Relaxationsfaktors. Die Erfahrung lehrt jedoch, daß sich in manchen Problemstellungen auch mit sehr kleinen Relaxationsfaktoren die Konvergenz des Rechenganges nicht erzwingen läßt. In diesen Fällen kann die iterative Rechnung meist nur in Verbindung mit einem Zeitschrittverfahren stabilisiert werden.

7.2.4.2 Zeitschrittverfahren

Zwischen der soeben vorgestellten Art der Relaxation und einer zeitabhängigen Rechnung kann eine gewisse Analogie hergestellt werden (vgl. hierzu auch Van Doormaal und Raithby (1985)). Bei zeitabhängiger Rechnung gilt (vgl. Kap. 4.3):

$$a_P = a_{P,\text{stationär}} + \frac{\rho_P}{\Delta t} V > \sum_{nb} a_{nb} \tag{7.27a}$$

$$S = S_{\text{stationär}} + \frac{\rho_P^o}{\Delta t} V \Phi_P^o \tag{7.27b}$$

Eine ausreichende Dämpfung der Änderungen der Größe Φ kann hierbei durch kleine Zeitschritte Δt erreicht werden. Statt die Änderung von

Φ in einem iterativen Rechengang zu unterrelaxieren, kann daher auch eine Dämpfung der iterativ erzeugten Werte durch ein Zeitschrittverfahren erreicht werden. Basierend auf dieser Idee werden in der Praxis oftmals auch stationäre Strömungen anhand eines Zeitschrittverfahrens, in dem die instationären Transportgleichungen numerisch gelöst werden, berechnet. Die Rechnung wird hierbei ausgehend von einer Startbelegung der Feldwerte solange fortgeführt bis der stationäre Endzustand erreicht wird.

Zeitschrittverfahren zur Stabilisierung des numerischen Rechenganges führen erfahrungsgemäß bei der Berechnung stationärer Strömungen oft zu höheren Rechenzeiten als ein SOR-Verfahren mit geeigneten Relaxationsfaktoren. Es wurde jedoch bereits betont, daß in vielen Problemstellungen iterative Löser nur im Zusammenwirken mit einem Zeitschrittverfahren stabil arbeiten. Als typischer Anwendungsfall, in dem Zeitschrittverfahren auch zur Berechnung von stationären Strömungen eingesetzt werden, kann die numerische Simulation von schallnahen und von Überschallströmungen genannt werden.

7.2.5 Block-iterative Verfahren

Zur Lösung der diskretisierten Transportgleichungen werden heute überwiegend sogenannte block-iterative Methoden eingesetzt. Dabei werden einzelne Teile des gesamten Gleichungssystems (Blöcke) entweder direkt oder iterativ gelöst; über eine äußere Iteration wird die Kopplung der einzelnen Blöcke und die Nichtlinearität der Gleichungen berücksichtigt.

Beispiel 7.7: Linien-Gauß-Seidel-Verfahren zur Lösung der Differenzengleichungen eines ebenen Problems
Die Differenzengleichung eines Punkts i des in Bild 7.2a dargestellten Rechengitters lautet:

$$a_{i,i}\Phi_i = a_{i,i-1}\Phi_{i-1} + a_{i,i+1}\Phi_{i+1} + a_{i,i-NY}\Phi_{i-NY} + a_{i,i+NY}\Phi_{i+NY} + b_i \, .$$

Durch Umordnen folgt hieraus

$$-a_{i,i-1}\Phi_{i-1} + a_{i,i}\Phi_i - a_{i,i+1}\Phi_{i+1} = a_{i,i-NY}\Phi_{i-NY} + a_{i,i+NY}\Phi_{i+NY} + b_i \, .$$

Werden nun die Nachbarwerte in x-Richtung (E- und W-Werte) festgehalten, gilt:

$$-a_{i,i-1}\Phi_{i-1} + a_{i,i}\Phi_i - a_{i,i+1}\Phi_{i+1} = b_i^* \, ,$$

wobei

$$b_i^* = a_{i,i-NY} \cdot \Phi_{i-NY} + a_{i,i+NY} \cdot \Phi_{i+NY} + b_i$$

ist.

Werden an allen Rechenpunkten einer Gitterlinie in y-Richtung die Differenzengleichungen auf diese Form gebracht, folgt ein Gleichungssystem, dessen Koeffizientenmatrix wie im eindimensionalen Fall eine Tridiagonalmatrix ist. Dieses Gleichungssystem kann daher sehr effektiv mit dem bereits erläuterten TDMA gelöst werden.

Mit der obigen Umstellung der Differenzengleichungen kann die folgende Vorgehensweise, die als 'Linien-Gauß-Seidel-Verfahren' bezeichnet werden kann, eingeschlagen werden:

1. Aufeinanderfolgende Lösung der Differenzengleichungen längs aller Rechenlinien x_i = konst. mit festgehaltenen Werten auf den benachbarten Linien x_{i-1} und x_{i+1}. Damit folgen die Werte der $(m+1)$-ten Iteration auf einer Rechenlinie 'simultan' aus:

$$-a_{i,i-1}\Phi_{i-1}^{(m+1)} + a_{i,i}\Phi_i^{(m+1)} - a_{i,i+1}\Phi_{i+1}^{(m+1)} = b_i^{*\,(m)},$$

wobei

$$b_i^* = a_{i,i-NY} \cdot \Phi_{i-NY}^{(m+1)} + a_{i,i+NY} \cdot \Phi_{i+NY}^{(m)} + b_i$$

ist, wenn die einzelnen Rechenlinien in Bild 7.2a von links nach rechts durchlaufen werden.

2. Überprüfung der Genauigkeit der neuen Lösung; Wiederholung der Lösungsprozedur bis Konvergenz erreicht wird.

Die direkte Lösung (mit TDMA) kann dabei natürlich sowohl über Linien mit x = konst. als auch über Linien mit y = konst. und auch alternierend über alle Richtungen erfolgen (vgl. 'ADI-Verfahren', z.B. in Peyret und Taylor (1985)).

Bei der Linien-Gauß-Seidel-Methode werden die Differenzengleichungen also in mehrere Blöcke zusammengefaßt. Diese Blöcke werden dabei so definiert, daß mit ihnen jeweils ein Subsystem von Gleichungen gebildet wird, das mit einem direkten Algorithmus leicht zu lösen ist. Innerhalb einer Iteration des Linien-Gauß-Seidel-Verfahrens wird so statt nur jeweils eine Unbekannte aus einer Bestimmungsgleichung zu bestimmen immer ein ganzes Ensemble von Unbekannten aus einem Block von Bestimmungsgleichungen neuberechnet.

Neben dem Linien-Gauß-Seidel existiert eine Vielzahl anderer block-iterativer Verfahren. Allgemein kann die bei block-iterativen Verfahren durchgeführte Unterteilung der Koeffizientenmatrix A in Blöcke mit

$$\mathsf{A} = \begin{pmatrix} \mathsf{A}_{1,1} & \mathsf{A}_{1,2} & \cdots & \cdots & \cdots & \mathsf{A}_{1,q} \\ \mathsf{A}_{2,1} & \mathsf{A}_{2,2} & \cdots & \cdots & \cdots & \mathsf{A}_{2,q} \\ \vdots & \vdots & \ddots & & & \vdots \\ \mathsf{A}_{i,1} & \mathsf{A}_{i,2} & \cdots & \mathsf{A}_{i,i} & \cdots & \mathsf{A}_{i,q} \\ \vdots & \vdots & & & \ddots & \vdots \\ \mathsf{A}_{q,1} & \mathsf{A}_{q,2} & \cdots & \cdots & \cdots & \mathsf{A}_{q,q} \end{pmatrix} \tag{7.28}$$

dargestellt werden (z.B. Hageman und Young (1981)). Hier sind die $\mathsf{A}_{i,j}$ Matrizen mit $n_i \cdot n_j$ Elementen, wobei mit der Gesamtanzahl der Gleichungen N gilt, daß $N = n_1 + n_2 + \ldots + n_q$. Für $q = N$ bestehen die Untermatrizen $\mathsf{A}_{i,j}$ jeweils aus einem einzigen Element. Die in den vorigen Kapiteln besprochenen Iterationsverfahren können damit als Sonderfall der block-iterativen Verfahren interpretiert werden. Die im Kap. 7.2.3 vorgestellte Gauß-Seidel-Iteration wird so gelegentlich genauer auch als Punkt-Gauß-Seidel-Iteration bezeichnet.

Bei den block-iterativen Methoden sind zur iterativen Neuberechnung des Lösungsvektors $\mathbf{x}$, Gleichungs-Subsysteme der Form

$$\mathsf{A}_{i,i} \cdot \mathbf{x}_i^{(m+1)} = \mathbf{d}_i^{(m)} \tag{7.29a}$$

mit $\mathbf{x}_i$ als Teil des Vektors $\mathbf{x}$

$$\mathbf{x} = \begin{pmatrix} \mathbf{x}_1 \\ \mathbf{x}_2 \\ \vdots \\ \mathbf{x}_q \end{pmatrix} \tag{7.29b}$$

zu lösen. Der Rechte-Seite-Vektor $\mathbf{d_i}^{(m)}$ wird hierbei aus bekannten Größen und den Werten der Unbekannten gebildet, die entweder aus der vergangenen oder aus der gerade laufenden Iteration stammen.

Beim Linien-Gauß-Seidel Verfahren sind die Untermatrizen A_{ij} beispielsweise (Bild 7.16):

$$\mathsf{A}_{1,1} = \begin{pmatrix} \ddots & \ddots & & & 0 \\ & -a_{i,S} & a_{i,P} & -a_{i,N} & \\ 0 & \ddots & \ddots & \ddots & \end{pmatrix} \tag{7.30a}$$

$$\mathsf{A}_{2,1} = \begin{pmatrix} \ddots & & 0 \\ & -a_{i,W} & \end{pmatrix} \tag{7.30b}$$

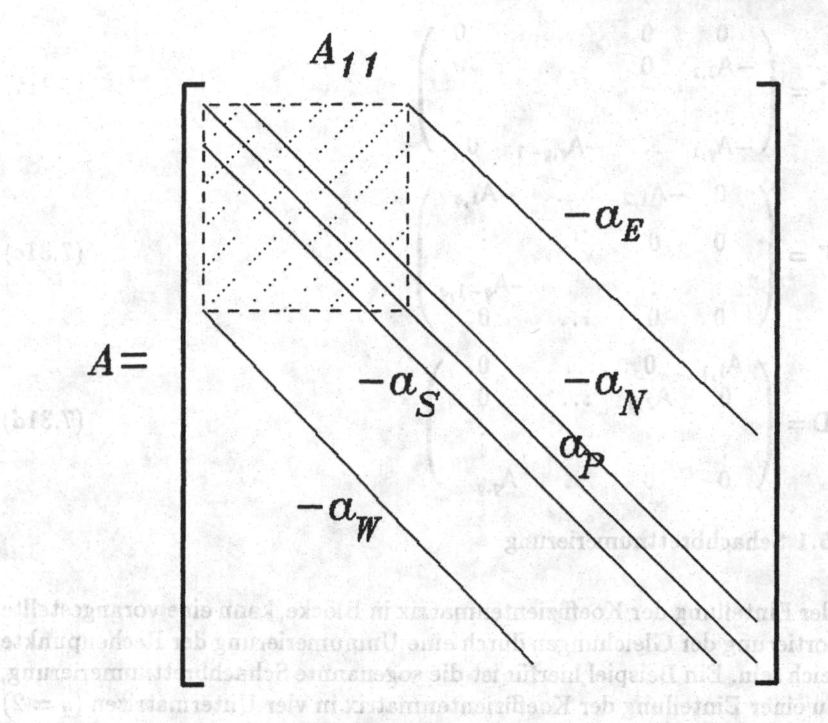

Bild 7.16. Linien-Gauß-Seidel-Iteration

Allgemein lautet die Iterationsvorschrift eines block-iterativen Gauß-Seidel-Verfahrens:

$$\mathbf{x}^{(m+1)} = (\mathsf{D} - \mathsf{L}^*)^{-1}[\mathsf{U}^* \mathbf{x}^{(m)} + \mathbf{c}^{(m)}]\,, \tag{7.31a}$$

wobei hier

$$\mathsf{L}^* = \begin{pmatrix} 0 & 0 & \dots & 0 \\ -\mathsf{A}_{2,1} & 0 & \dots & 0 \\ \vdots & \ddots & & \vdots \\ -\mathsf{A}_{q,1} & \dots & -\mathsf{A}_{q,q-1} & 0 \end{pmatrix} \tag{7.31b}$$

$$\mathsf{U}^* = \begin{pmatrix} 0 & -\mathsf{A}_{1,2} & \dots & -\mathsf{A}_{1,q} \\ 0 & 0 & \ddots & \vdots \\ \vdots & \vdots & & -\mathsf{A}_{q-1,q} \\ 0 & 0 & \dots & 0 \end{pmatrix} \tag{7.31c}$$

$$\mathsf{D} = \begin{pmatrix} \mathsf{A}_{1,1} & 0 & \dots & 0 \\ 0 & \mathsf{A}_{2,2} & \dots & 0 \\ \vdots & \vdots & \ddots & \vdots \\ 0 & 0 & \dots & \mathsf{A}_{q,q} \end{pmatrix}. \tag{7.31d}$$

7.2.5.1 Schachbrettnumerierung

Bei der Einteilung der Koeffizientenmatrix in Blöcke, kann eine vorangestellte Umsortierung der Gleichungen durch eine Umnumerierung der Rechenpunkte hilfreich sein. Ein Beispiel hierfür ist die sogenannte Schachbrettnumerierung, die zu einer Einteilung der Koeffizientenmatrix in vier Untermatrizen ($q = 2$) genutzt werden kann (vgl. 'red/black partitioning' in Hageman und Young (1981)):

$$\mathsf{A} = \begin{pmatrix} \mathsf{A}_{1,1} & \mathsf{A}_{1,2} \\ \mathsf{A}_{2,1} & \mathsf{A}_{2,2} \end{pmatrix}. \tag{7.32}$$

Es wurde bereits betont, daß die Struktur der Koeffizientenmatrix vom gewählten Diskretisierungsansatz und auch von der gewählten Numerierung der Gitterpunkte abhängt. So folgt mit der UPWIND-Diskretisierung bei der in Bild 7.17a gezeigten Numerierung eine fünfbandige Koeffizientenmatrix

$$\mathsf{A} = \begin{pmatrix} \ddots & & \ddots & \ddots & \ddots & & \ddots & \\ & -a_{i,W} & & -a_{i,S} & a_{i,P} & -a_{i,N} & & -a_{i,E} \\ & & \ddots & & \ddots & \ddots & \ddots & \ddots \end{pmatrix}. \tag{7.33}$$

Wird statt der UPWIND-Diskretisierung ein genauerer Diskretisierungsansatz verwendet kann, wie bereits in Kap. 4.2.1.4 erläutert wurde, durch eine Modifikation des Quellterms dafür gesorgt werden, daß unabhängig von der Art des gewählten Diskretisierungsansatzes immer mit der Koeffizientenmatrix der UPWIND-Diskretisierung zu arbeiten ist.

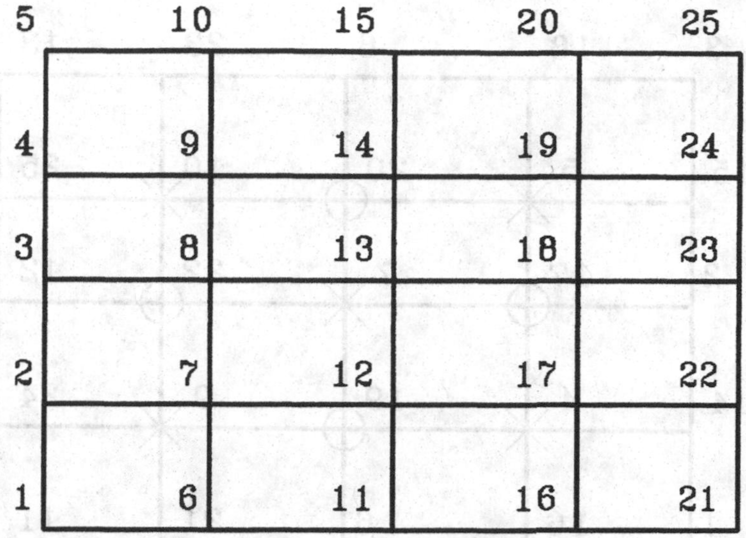

5	10	15	20	25
4	9	14	19	24
3	8	13	18	23
2	7	12	17	22
1	6	11	16	21

Bild 7.17a. Fortlaufende Numerierung der Gitterpunkte

Bei der Schachbrettnumerierung wird eine Numerierung der Punkte gewählt, die sich an der Lage der weißen und schwarzen Felder eines Schachbretts orientiert: die fortlaufende Numerierung erfolgt beispielsweise zuerst über die weißen und dann erst über die schwarzen Felder. Mit der in Bild 7.17b dargestellten Schachbrettnumerierung ergibt sich die in Bild 7.18 skizzierte Struktur des Gleichungssystems. Die Elemente von Φ_R sind dabei die Werte an den Rechenpunkten, die in Bild 7.17b mit einem Kreuz markiert sind; in Φ_B sind die Werte an den mit einem Kreis gekennzeichneten Rechenpunkten zusammengefaßt.

Mit der Schachbrettnumerierung kann das gesamte Gleichungssystem in einen Gleichungsblock zur Berechnung von Φ_R und einen zur Berechnung von Φ_B unterteilt werden:

$$\begin{pmatrix} D_R & H_R \\ H_B & D_B \end{pmatrix} \cdot \begin{pmatrix} \Phi_R \\ \Phi_B \end{pmatrix} = \begin{pmatrix} b_R \\ b_B \end{pmatrix}, \tag{7.34}$$

wobei D_R und D_B Diagonalmatrizen sind (s. Bild 7.18).

Nach Hageman und Young (1981) kann aus diesen beiden Subsystemen ein Gleichungssystem abgeleitet werden, das aus der höchstens halben Anzahl von zu lösenden Gleichungen gebildet wird. Dazu müssen die beiden Gleichungssysteme zuerst mit D_R und D_B normiert werden. Mit

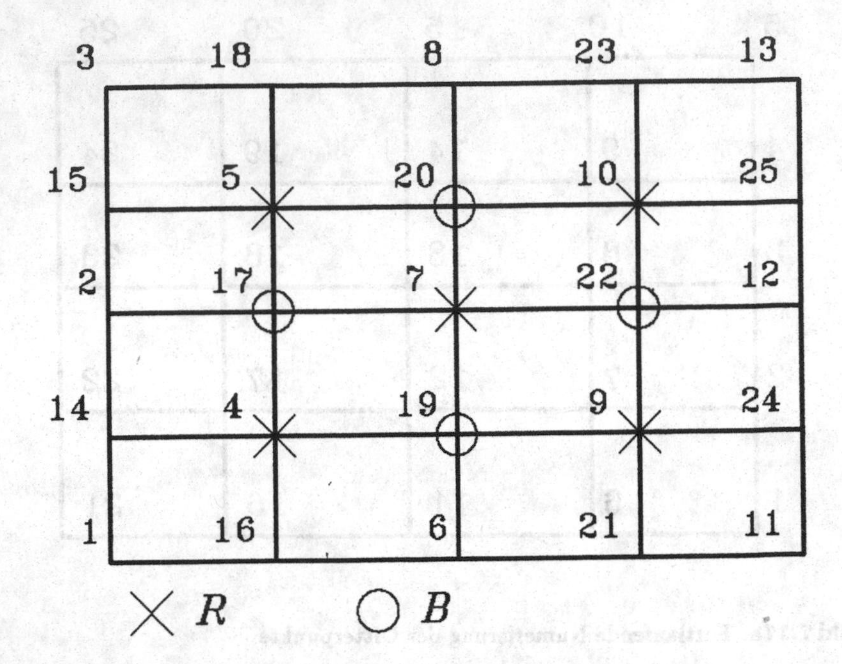

Bild 7.17b. Schachbrettnumerierung der Gitterpunkte

$$\mathsf{F}_R = -\mathsf{D}_R^{-1} \cdot \mathsf{H}_R \qquad \mathsf{F}_B = -\mathsf{D}_B^{-1} \cdot \mathsf{H}_B \tag{7.35a}$$

$$\mathbf{c}_R = -\mathsf{D}_R^{-1} \cdot \mathbf{b}_R \qquad \mathbf{c}_B = -\mathsf{D}_B^{-1} \cdot \mathbf{b}_B \tag{7.35b}$$

folgt so

$$\begin{pmatrix} \mathsf{I} & -\mathsf{F}_R \\ -\mathsf{F}_B & \mathsf{I} \end{pmatrix} \cdot \begin{pmatrix} \mathbf{\Phi}_R \\ \mathbf{\Phi}_B \end{pmatrix} = \begin{pmatrix} \mathbf{c}_R \\ \mathbf{c}_B \end{pmatrix} . \tag{7.36}$$

Wird das Gleichungssystem (7.36) mit der zugehörigen Iterationsmatrix G der Jacobi-Iteration

$$\mathsf{G} = \begin{pmatrix} 0 & \mathsf{F}_R \\ \mathsf{F}_B & 0 \end{pmatrix} \tag{7.37a}$$

multipliziert, ergeben sich mit (7.36)

$$\begin{pmatrix} \mathsf{I} - \mathsf{F}_R\mathsf{F}_B & 0 \\ 0 & \mathsf{I} - \mathsf{F}_B\mathsf{F}_R \end{pmatrix} \cdot \begin{pmatrix} \mathbf{\Phi}_R \\ \mathbf{\Phi}_B \end{pmatrix} = \begin{pmatrix} \mathbf{c}_R + \mathsf{F}_R\mathbf{c}_B \\ \mathbf{c}_B + \mathsf{F}_B\mathbf{c}_R \end{pmatrix} , \tag{7.37b}$$

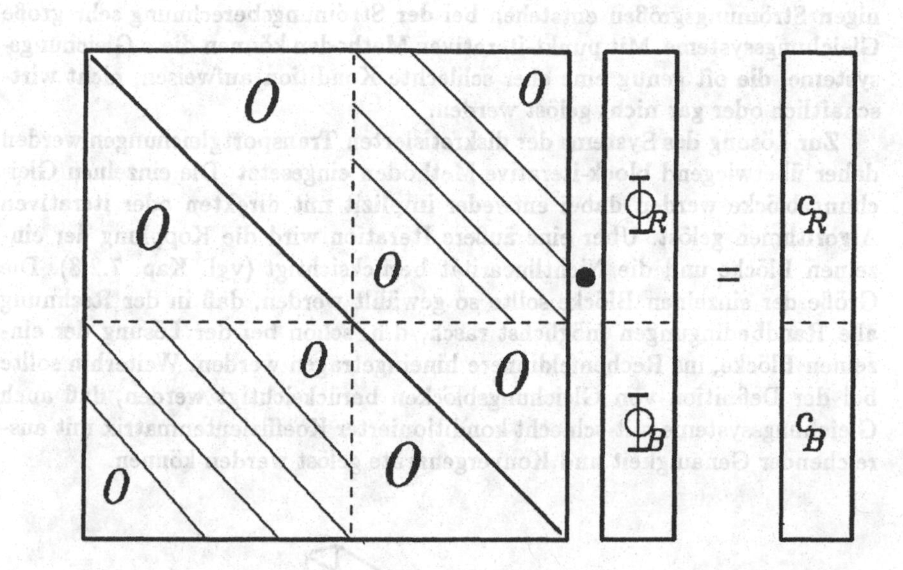

Bild 7.18. Struktur des Gleichungssystems bei Schachbrettnumerierung

zwei voneinander entkoppelte Gleichungssysteme. Zur Ermittlung des Lösungsvektors $\mathbf{\Phi}$, der sich aus den beiden Vektoren $\mathbf{\Phi_R}$ und $\mathbf{\Phi_B}$ zusammensetzt, genügt es daher, nur eines der beiden Subsysteme des Gleichungssystems (7.37b) zu lösen. $\mathbf{\Phi}_B$ folgt so beispielsweise als Lösung von

$$(\mathsf{I} - \mathsf{F}_B \mathsf{F}_R)\mathbf{\Phi}_B = \mathbf{c}_B + \mathsf{F}_B \mathbf{c}_R \,. \tag{7.38}$$

$\mathbf{\Phi}_R$ kann nun unmittelbar aus (7.36) mit

$$\mathbf{\Phi}_R = \mathsf{F}_R \mathbf{\Phi}_B + \mathbf{c}_R \tag{7.39}$$

errechnet werden. Da bei dieser Vorgehensweise nur noch ein Gleichungssystem, dessen Größe höchstens die Hälfte des ursprünglichen Gleichungssystems ausmacht, mit iterativen oder direkten Algorithmen zu lösen ist, wird der Rechenaufwand stark reduziert. Nachteilig ist die hierbei erforderliche spezielle Durchnumerierung der Rechenpunkte, die gerade in dreidimensionalen Problemstellungen umständlich und unübersichtlich sein kann.

7.2.5.2 Block-iterative Lösung der Differenzengleichungen

Zur numerischen Simulation von Strömungen sind gewöhnlich mehrere

Strömungsgrößen zu berechnen. Schon bei der Berücksichtigung von nur wenigen Strömungsgrößen entstehen bei der Strömungsberechnung sehr große Gleichungssysteme. Mit punkt-iterativen Methoden können diese Gleichungssysteme, die oft genug eine eher schlechte Kondition aufweisen, nicht wirtschaftlich oder gar nicht gelöst werden.

Zur Lösung des Systems der diskretisierten Transportgleichungen werden daher überwiegend block-iterative Methoden eingesetzt. Die einzelnen Gleichungsblöcke werden dabei entweder implizit mit direkten oder iterativen Algorithmen gelöst. Über eine äußere Iteration wird die Kopplung der einzelnen Blöcke und die Nichtlinearität berücksichtigt (vgl. Kap. 7.2.8). Die Größe der einzelnen Blöcke sollte so gewählt werden, daß in der Rechnung alle Randbedingungen möglichst rasch, d.h. schon bei der Lösung der einzelnen Blöcke, ins Rechenfeldinnere hineingetragen werden. Weiterhin sollte bei der Definition von Gleichungsblöcken berücksichtigt werden, daß auch Gleichungssysteme mit schlecht konditionierter Koeffizientenmatrix mit ausreichender Genauigkeit und Konvergenzrate gelöst werden können.

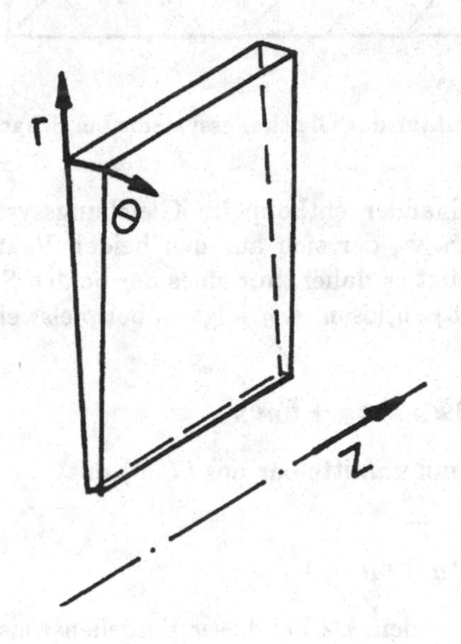

Bild 7.19. Kontrollvolumen in Zylinderkoordinaten

Dies ist von besonderer Bedeutung für die die Strömungsberechnung in konturangepaßten Koordinaten (vgl. Kap. 8.2), da durch die Koordinatentransformation in einzelnen Strömungsbereichen stark deformierte Rechenzellen entstehen können, die außergewöhnlich anisotrope Koeffizienten in der Koeffizientenmatrix zur Folge haben. Ein einfaches Beispiel für eine Anwendung, in der schnell eine schlecht konditionierte Koeffizientenmatrix auftritt, ist die Berechnung von dreidimensionalen Rohrströmungen, die in Zylinderkoordinaten durchgeführt wird. In der Nähe der Rohrachse sind aufgrund der geringen Abstände zwischen den Nachbarpunkten die Koeffizienten in Umfangsrichtung wesentlich größer als in radialer Richtung (Bild 7.19).

Eine solche Systemsteifheit kann zur Folge haben, daß ein punkt-iteratives Verfahren versagt (vgl. z.B. auch Scheuerlen u.a. (1991)). Wird mit einem Linien-Gauß-Seidel-Verfahren über die radialen Rechenlinien direkt gelöst (z.B. mit TDMA) so überwiegen in Achsennähe die starken (expliziten) Einflüsse in Umfangsrichtung gegenüber den implizit gekoppelten radialen Einflüssen. Im Laufe der Rechnung werden deshalb auch hierbei die Werte in Achsnähe nicht oder nur unzureichend korrigiert. Werden dagegen die einzelnen Blöcke aus den Gleichungen gebildet, die den Linien in θ-Richtung entsprechen und werden diese Blöcke durch ein geeignetes Invertierungsverfahren gelöst, dann können in Verbindung mit einer geeigneten (impliziten) Formulierung der Randbedingungen an den Grenzen in Umfangsrichtung die starken Einflüsse in Umfangsrichtung weitgehend eliminiert werden (z.B. CTDMA bei zyklischen Randbedingungen, vgl. Serag-El-Din (1977)). Die radialen Einflüsse werden so stärker berücksichtigt. Diese Vorgehensweise kann durch eine alternierende Wahl der Gleichungsblöcke weiter verfeinert werden und führt so zu den bereits genannten ADI-Verfahren. Bestehen die Gleichungsblöcke aus den Gleichungen, die den einzelnen r, θ-Ebenen entsprechen, folgen gewöhnlich mit einem geeigneten Lösungsalgorithmus noch weitaus geringere Rechenzeiten als mit einem ADI-Verfahren (weitere Erörterungen hierzu am Ende des Kapitels 7.2.6).

Erfahrungsgemäß gilt, daß die Effizienz eines Rechenprogramms durch die Wahl von möglichst großen Blöcken erheblich gesteigert werden kann. Dabei ist zu beachten, daß wegen des hohen Speicherplatzbedarfs von direkten Lösern große Gleichungsblöcke derzeit nur iterativ wirtschaftlich gelöst werden können. Die im nächsten Kapitel erläuterte ILU-Methode gehört zu den Verfahren, mit denen auch große Gleichungsblöcke effizient gelöst werden können.

7.2.6 ILU-Zerlegung

Es wurde schon in Kap. 7.1.3 auf die Möglichkeit hingewiesen, daß in Anlehnung an den direkten Algorithmus der LU-Zerlegung ein speicherplatzsparendes iteratives Verfahren zur Lösung des Gleichungssystems $\mathbf{A}\cdot\mathbf{x} = \mathbf{c}$ entworfen werden kann, das unter der Bezeichnung ILU-Zerlegung ('Incomplete'-LU-Zerlegung) bekannt ist. Die Matrix-Zerlegung erfolgt bei der ILU-Zerlegung so, daß das Produkt $\mathsf{L} \cdot \mathsf{U}$ die Matrix A möglichst gut annähert, wobei der Speicherplatzbedarf möglichst gering zu halten ist. So kann beispielsweise verlangt werden, daß in der L- und der U-Matrix die entsprechend gleichen Bandenstrukturen gelten wie in der Koeffizientenmatrix A. Für dreidimensionale Problemstellungen kann die Koeffizientenmatrix A, die aus der UPWIND-

Diskretisierung für ein regelmäßiges Rechengitter folgt, durch eine fortlaufende Punktenumerierung auf die im Bild 7.20 skizzierte Struktur gebracht werden. Mit der Forderung, daß in der L- und der U-Matrix höchstens die Banden belegt sein dürfen, die auch schon in der Koeffizientenmatrix A ungleich Null sind, folgen die in den Bildern 7.21 und 7.22 dargestellten Dreiecksmatrizen.

Wird für die untere und für die obere Dreiecksmatrix von vornherein eine bestimmte Bandenstruktur vorgegeben, folgt als Produkt dieser beiden Matrizen:

$$M = L \cdot U = A + F\,. \tag{7.40}$$

Dabei ist L die untere und U die obere Dreiecksmatrix. Aus der Multiplikation der so strukturierten Matrizen L und U folgt die Matrix M, die gewöhnlich mehr Banden als A aufweist. Diese zusätzlichen Banden sind in der Fehlermatrix F enthalten.

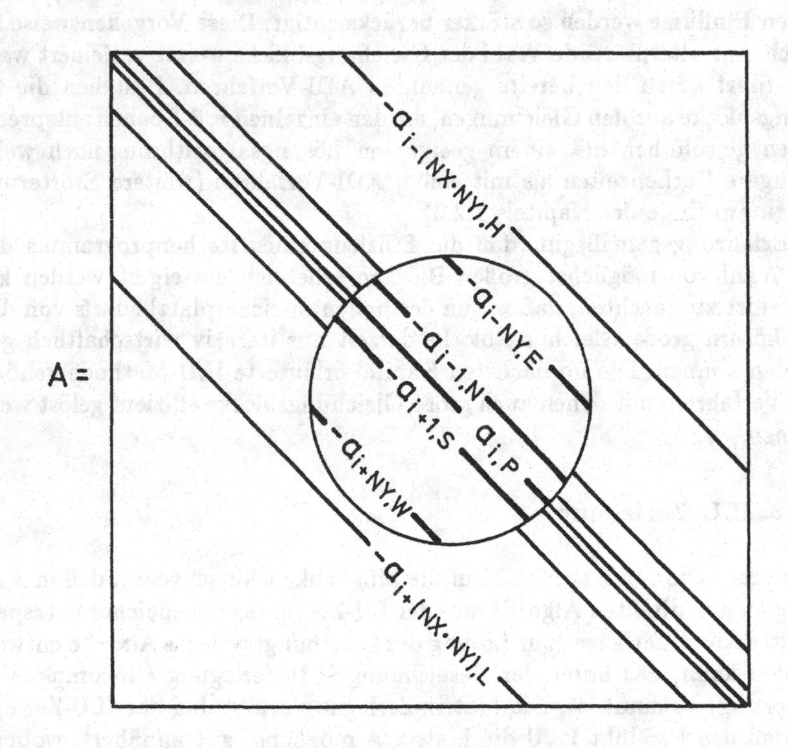

Bild 7.20. Struktur der Koeffizientenmatrix für dreidimensionale Strömungsprobleme

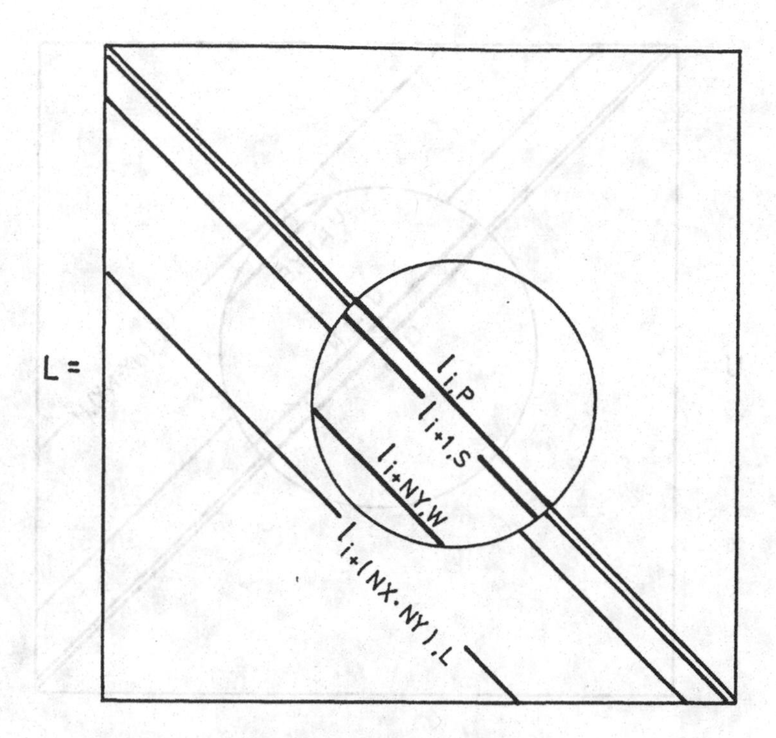

Bild 7.21. Struktur der L-Matrix bei einer ILU-Zerlegung

Da mit M die Koeffizientenmatrix nur angenähert wird, kann damit der Lösungsvektor $\mathbf{x}$ nicht direkt berechnet werden. In Verbindung mit einer guten Näherungsmatrix M können jedoch aus

$$\mathsf{M} \cdot \Delta\mathbf{x}^{(m+1)} = \mathbf{r}^{(m)} \tag{7.41}$$

geeignete iterative Korrekturen gewonnen werden. Dabei ist $\mathbf{r}^{(m)}$ der sogenannte Residuenvektor

$$\mathbf{r}^{(m)} = \mathbf{c} - \mathsf{A} \cdot \mathbf{x}^{(m)} \; . \tag{7.42}$$

Der Residuenvektor gibt Auskunft darüber, wie gut mit einer iterativ erzielten Zwischenlösung $\mathbf{x}^{(m)}$ das zu lösende Gleichungssystem erfüllt wird. Aus der Subtraktion der Gleichungssysteme

$$\mathsf{A} \cdot \mathbf{x}^{*} = \mathbf{c} \tag{7.43a}$$

$$\mathsf{A} \cdot \mathbf{x}^{(m)} = \mathbf{c} - \mathbf{r}^{(m)} \; , \tag{7.43b}$$

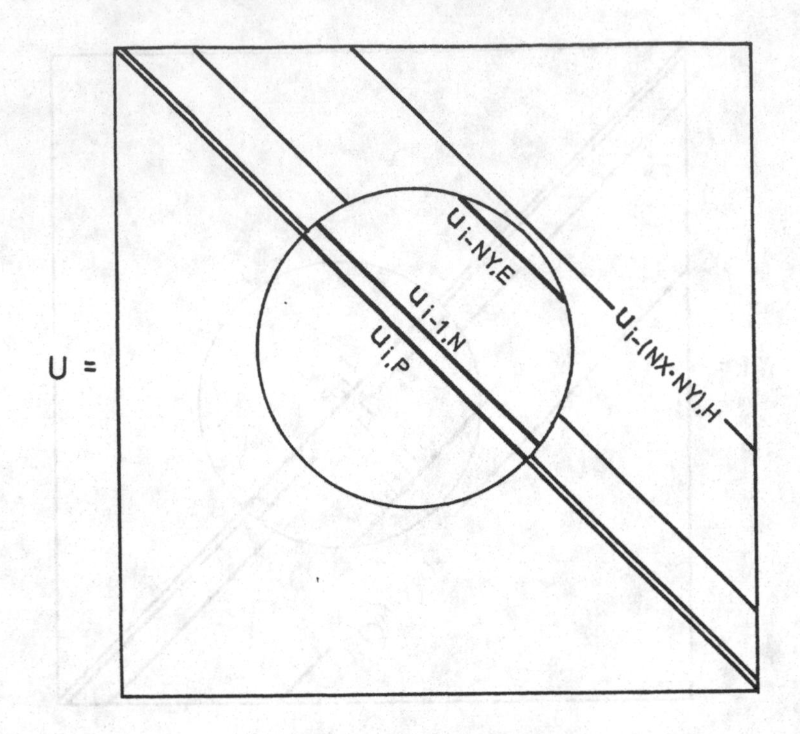

Bild 7.22. Struktur der U-Matrix bei einer ILU-Zerlegung

mit $\mathbf{x}^*$ als exakte Lösung, folgt ein Gleichungssystem zur Ermittlung des Korrekturvektors:

$$\mathsf{A} \cdot \mathbf{\Delta x}^{(m+1)} = \mathbf{r}^{(m)} \; . \tag{7.44}$$

Nach der Lösung von Gleichungssystemen der Form (7.44) oder (7.41) kann der Lösungsvektor aus der Vorschrift

$$\mathbf{x}^{(m+1)} = \mathbf{x}^{(m)} + \Delta\mathbf{x}^{(m+1)} \tag{7.45}$$

korrigiert werden. Ist der Residuenvektor überall gleich Null, folgt als triviale Lösung der Gleichungen (7.44) oder (7.41) auch der Korrekturvektor $\Delta\mathbf{x}^{(m+1)}$ zu Null. Aus diesem Grund, können die Korrekturen auch aus dem Gleichungssystem (7.41) errechnet werden, in dem die Koeffizientenmatrix nur angenähert wird. Die Hauptsache dabei ist, daß die Korrekturen in die richtige Richtung führen (vgl. hierzu Druckkorrekturverfahren, Kap. 5.2).

Bei gut konditionierten Problemstellungen ist die Fehlermatrix F klein gegenüber A. L und U sind dann ebenfalls gut konditioniert, so daß aus der

Lösung des approximierenden Gleichungssystems (7.41) eine geeignete Korrektur des Lösungsvektors gewonnen wird.

Mit $\mathsf{M} = \mathsf{LU}$ kann das Gleichungssystem (7.41) wie schon in Kap. 7.1.3 gezeigt wurde, leicht gelöst werden. So folgt aus

$$\mathsf{LU}\Delta \mathbf{x}^{(m+1)} = \mathbf{r}^{(m)} \tag{7.46}$$

mit der Substitution

$$\mathsf{U}\Delta \mathbf{x}^{(m+1)} = \mathbf{y} \tag{7.47}$$

das Gleichungssystem

$$\mathsf{L}\mathbf{y} = \mathbf{r}^{(m)}\,, \tag{7.48}$$

das durch eine Vorwärtssubstitution nach $\mathbf{y}$ aufgelöst werden kann. Daraus folgt in einer Rückwärtssubstitution mit (7.47) der Korrekturvektor $\Delta \mathbf{x}^{(m+1)}$.

Zur Berechnung der Elemente von L und U kann bei der in den Bildern 7.20 bis 7.22 skizzierten Bandenbelegung nach einem rekursiven Schema vorgegangen werden. In Bild 7.20 werden mit $a_{i,L}, a_{i,W}, a_{i,S}, a_{i,P}$, usw. die Elemente der Banden der Matrix A gekennzeichnet, die ungleich Null sind. Diese Elemente entsprechen den Koeffizienten in der allgemeinen Differenzengleichung. Die Position dieser Koeffizienten in der Matrix A folgt, wie schon erläutert wurde, aus der jeweils gewählten Numerierung der Knoten des Rechengitters. Da für die Bestimmung der insgesamt acht Banden von L und U lediglich sieben Banden der Matrix A zur Verfügung stehen, kann beispielsweise die Bande mit den Elementen $u_{i,P}$ willkürlich vorgegeben werden, wobei ein geringer Rechenaufwand mit $u_{i,P} = 1$ erreicht wird. Zur Berechnung der restlichen Elemente von L und U können damit folgende Rekursionsformeln benutzt werden:

$$l_{i,L} = -a_{i,L} \tag{7.49a}$$

$$l_{i,W} = -a_{i,W} \tag{7.49b}$$

$$l_{i,S} = -a_{i,S} \tag{7.49c}$$

$$l_{i,P} = a_{i,P} - u_{i-1,N} \cdot l_{i,S} - u_{i-NY,E} \cdot l_{i,W} - u_{i-(NX \cdot NY),H} \cdot l_{i,L} \tag{7.49d}$$

$$u_{i,N} = \frac{-a_{i,N}}{l_{i,P}} \tag{7.49e}$$

$$u_{i,E} = \frac{-a_{i,E}}{l_{i,P}} \tag{7.49f}$$

$$u_{i,H} = \frac{-a_{i,H}}{l_{i,P}} \tag{7.49g}$$

In diesen Beziehungen wird vorausgesetzt, daß sich der Index i zwischen zwei Kontrollvolumen in y-Richtung ('$S-N$'-Richtung) um 1, in x-Richtung ('$W-E$'-Richtung) um NY und in z-Richtung ('$L-H$'-Richtung) um $(NX \cdot NY)$ erhöht.

Es wurde bereits darauf hingewiesen, daß in den Fällen, in denen das Gleichungssystem gut konditioniert ist, mit der obigen ILU-Zerlegung eine gute Näherung $\Delta \mathbf{x}^{(m+1)}$ gewonnen wird. In Kap. 7.4 wird gezeigt, daß die Kondition eines Gleichungssystems umso besser ist je größer die sogenannte Dominanz der Elemente der Hauptdiagonalen der Matrix A ist. In der Strömungsberechnung auf der Basis der Finite-Volumen Diskretisierung gilt bei Beachtung der in Kap. 4.1.3 aufgestellten Forderungen an die Diskretisierung in jeder Zeile i der Matrix A

$$a_{ii} \geq \sum_j |a_{ij}| \,. \tag{7.50}$$

Matrizen, in denen die Ungleichheit in (7.50) in wenigstens einer Zeile der Matrix erfüllt ist, werden im folgenden als diagonaldominant bezeichnet.

Wie in Kap. 7.2.4.1 erläutert wurde, kann die in Gleichung (7.50) geltende Ungleichheit in einem SOR-Verfahren zur iterativen Lösung der Differenzengleichung durch Unterrelaxation noch weiter erhöht werden. Deshalb ist es in der Strömungsberechnung sehr vorteilhaft, die einzelnen Subsysteme eines block-iterativen SOR-Verfahrens mit einem ILU-Algorithmus zu lösen. An dieser Stelle sei noch auf die Varianten des ILU-Verfahrens hingewiesen, die von Stone (1968) und von Schneider und Zedan (1981) zur Lösung der Differenzengleichungen vorgeschlagen wurden.

Zum Schluß dieses Kapitels sei noch bemerkt, daß in den Fällen, in denen in der Matrix A neben den räumlichen Kopplungen zu den Nachbarwerten weitere Kopplungen berücksichtigt werden wie in der Jacobi-Matrix bei einem Newton-Verfahren zur Lösung eines nichtlinearen Gleichungssystems (vgl. Kap. 7.2.8.3), die Ungleichung (7.50) nicht mehr unbedingt gewährleistet ist. Für diesen Fall ist mit der einfachen ILU-Zerlegung, bei der die Bandenstruktur der beiden Dreiecksmatrizen gleich der der Koeffizientenmatrix ist, keine ausreichende Näherung der Matrix A mehr gegeben. Hier kann die oben angeführte Dreieckszerlegung der Matrix A nicht mehr geeignet sein und nun müssen aufwendigere ILU-Zerlegungen der Matrix A vorgenommen werden, in denen in den Dreiecksmatrizen zusätzliche Banden aufgenommen werden (z.B. Saad (1988)).

Weiterhin sei noch betont, daß mit der Unterrelaxation nur für die in einem block-iterativen Lösungsverfahren auftretenden Subsysteme eine ausreichende Kondition zu erreichen ist: durch Verkleinern des Relaxationsfaktors kann die Diagonaldominanz der Koeffizientenmatrizen dieser Gleichungsblöcke beliebig gesteigert werden. Es soll hier jedoch nicht der Eindruck entstehen, daß damit auch immer der block-iterative Lösungsprozeß, der zur Lösung des gesamten Gleichungssystem abläuft, positiv zu beeinflussen ist. Die Konvergenzrate der äußeren SOR-Iteration kann manchmal sogar durch eine Unterrelaxation verschlechtert werden.

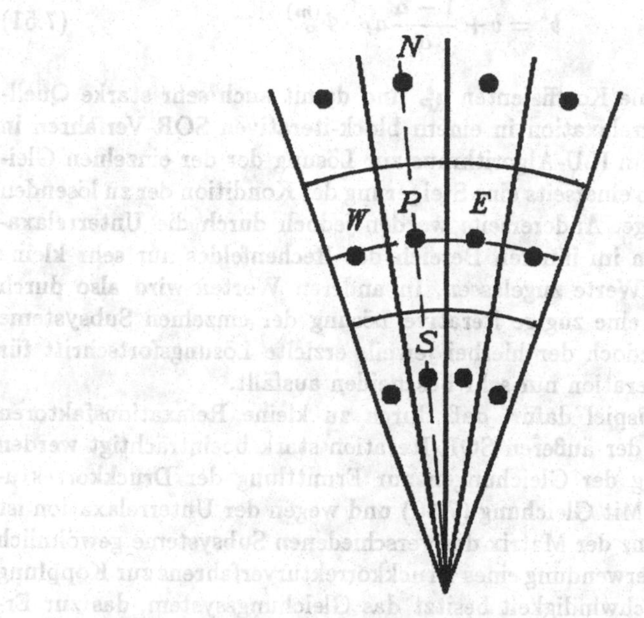

Bild 7.23. Kontrollvolumen in Polarkoordinaten

Bei der in Bild 7.23 dargestellten Rechenzelle in Polarkoordinaten tritt das bereits diskutierte Problem auf, daß im Koordinatenursprung die in dieses Koordinatensystem transformierten Transportgleichungen singulär sind. Je näher an den Ursprung heran die Rechenpunkte gelegt werden, desto mehr ist diese Singularität auch in den Differenzengleichungen zu spüren. Aus der in Bild 7.23 skizzierten Anordnung der Rechenpunkte kann erkannt werden, daß die Abstände zwischen den benachbarten Punkten in Umfangsrichtung bei den innen gelegenen Rechenpunkten sehr klein sind. Da damit die diffusiven Terme in Umfangsrichtung und deshalb die Koeffizienten a_W und a_E außerordentlich groß werden, können sich die Koeffizienten in Umfangsrichtung von denen in radialer Richtung um mehrere Größenordnungen unterscheiden. Der Effekt davon kann sein, daß in der Rechnung die Flüsse in radialer Richtung nicht mehr erfaßt werden, da diese für die inneren Kontrollzellen sehr klein gegenüber den diffusiven Flüssen in Umfangsrichtung sind. Wie bereits erörtert wurde, kann eine Änderung der Werte an den innen gelegenen Rechenpunkten durch radiale Flüsse in diesem Fall nur noch in Algorithmen erreicht werden, bei denen alle Werte auf einer Rechenlinie in Umfangsrichtung simultan verändert werden.

Wird in dieser Situation eine Unterrelaxation wie in Gleichung (7.25b) angegeben vorgenommen, folgen mit

$$a_P^* = \frac{1}{\alpha}\sum_{nb} a_{nb} \qquad b^* = b + \frac{1-\alpha}{\alpha} a_P \cdot \Phi_P^{(m)} \tag{7.51}$$

sehr große zentrale Koeffizienten a_P^* und damit auch sehr starke Quellterme b^*. Die Unterrelaxation in einem block-iterativen SOR-Verfahren in Verbindung mit einem ILU-Algorithmus zur Lösung der der einzelnen Gleichungsblöcke hat nun einerseits eine Steigerung der Kondition der zu lösenden Subsysteme zur Folge. Andererseits werden jedoch durch die Unterrelaxation der Gleichungen im inneren Bereich des Rechenfeldes nur sehr kleine Veränderungen der Werte zugelassen. In anderen Worten wird also durch die Unterrelaxation eine zügige iterative Lösung der einzelnen Subsysteme ermöglicht, wobei jedoch der hierbei jeweils erzielte Lösungsfortschritt für die (äußere) SOR-Iteration nur sehr bescheiden ausfällt.

Ein weiteres Beispiel dafür, daß durch zu kleine Relaxationsfaktoren die Konvergenzrate der äußeren SOR-Iteration stark beeinträchtigt werden kann, ist die Lösung der Gleichungen zur Ermittlung der Druckkorrekturen (vgl. Kap. 5.2). Mit Gleichung (7.50) und wegen der Unterrelaxation ist die Diagonaldominanz der Matrix der verschiedenen Subsysteme gewöhnlich gewährleistet. Bei Verwendung eines Druckkorrekturverfahrens zur Kopplung von Druck und Geschwindigkeit besitzt das Gleichungssystem, das zur Ermittlung der Druckkorrekturen zu lösen ist, eine symmetrische Koeffizientenmatrix, bei der die Hauptdiagonale wie eine Symmetrielinie für die Elemente rechts oben und links unten von der Hauptdiagonalen gesehen werden kann. Weiterhin gilt für die Koeffizientenmatrix des aus den p'-Gleichungen gebildeten Systems die Gleichheit

$$a_{ii} = \sum_j |a_{ij}| . \tag{7.52}$$

Während bei der Berechnung von allen anderen Strömungsgrößen ein Relaxationsfaktor $\alpha < 1$ eingeführt werden kann, sollten die Druckkorrekturgleichungen mit $\alpha = 1$ gelöst werden, da nur dann mit dem Lösungsvektor $\mathbf{p}'$ eine exakte Korrektur des Geschwindigkeitsfeldes durchgeführt werden kann. Eine möglichst gute Korrektur des Geschwindigkeitsfeldes zur Erfüllung der Kontinuität in jeder äußeren Iteration ist erfahrungsgemäß oftmals zum Erreichen einer hohen Konvergenzrate der äußeren Iteration und bisweilen sogar zur Vermeidung von Divergenz eine wichtige Voraussetzung. Andererseits ist aber eine gewisse Diagonaldominanz für das vorgestellte ILU-Verfahren und auch für andere sehr effiziente iterative Verfahren zwingend notwendig. Da das Gleichungssystem für die Druckkorrekturen i.a. schlecht konditioniert ist, folgen jedoch schon aus geringen Änderungen der Koeffizientenmatrix große Änderungen im Lösungsvektor $\mathbf{p}'$. Für die Praxis muß daher ein

Kompromiß gefunden werden, der sowohl die Forderung nach einer möglichst guten Kontinuitätskorrektur als auch die Forderung nach einer möglichst geringen Anzahl von inneren Iterationen (des iterativen Verfahrens zur Lösung der Subsysteme innerhalb einer äußeren Iteration eines block-iterativen SOR-Verfahrens) berücksichtigt. Numerische Experimente ergaben, daß mit einem Relaxationsfaktor von $\alpha = 0.99$ für die Druckkorrekturgleichungen in vielen Fällen ein Optimum in Bezug auf die Anzahl an äußeren (SOR-Iterationen) und die Anzahl an inneren Iterationen erreicht werden kann (Noll und Wittig (1991), Noll (1992)).

7.2.7 Methode der konjugierten Gradienten

Ein sehr effektives Lösungsverfahren, das sich wie das im vorigen Kapitel besprochene ILU-Verfahren insbesondere für die Lösung von sehr großen Subsystemen innerhalb einer block-iterativen SOR-Iteration eignet, ist die sogenannte Methode der konjugierten Gradienten (z.B. Hageman und Young (1981), Faddejew und Faddejewa (1964)). Bei der klassischen Vorgehensweise dieser Methode wird eine (symmetrische) positiv definite Koeffizientenmatrix des zu lösenden Gleichungssystems

$$\mathsf{A} \cdot \mathbf{x} = \mathbf{c} \tag{7.53}$$

vorausgesetzt. Eine Matrix A ist dann positiv definit, wenn mit einem beliebigen Vektor $\mathbf{x} \neq \mathbf{0}$ für das Skalarprodukt $\mathbf{x} \cdot \mathsf{A}\mathbf{x} > 0$ gilt. Für eine mathematisch fundierte Erläuterung des Begriffs der positiv definiten Matrix sei an dieser Stelle auf die einschlägige Fachliteratur (z.B. Rutishauser (1976)) verwiesen. Hier soll lediglich festgehalten werden, daß streng diagonaldominante symmetrische Matrizen, bei denen in jeder Zeile der Matrix $a_{i,i} > \sum_j a_{i,j}$ gilt, immer positiv definit sind, während unsymmetrische Matrizen nach Rutishauser (1976) nicht positiv definit sein können.

Unter der Voraussetzung, daß die Matrix A positiv definit ist, kann gezeigt werden, daß mit sogenannten 'A-konjugierten' Vektoren $\mathbf{p}_i$, mit denen für das Skalarprodukt $\mathbf{p}_i \cdot \mathsf{A}\mathbf{p}_j = 0.$ mit $i \neq j$ gilt, die exakte Lösung $\mathbf{x}^*$ durch eine Linearkombination dieser Vektoren dargestellt werden kann

$$\mathbf{x}^* = \mathbf{x}_0 + \sum_{i=1}^{N-1} (h_i \cdot \mathbf{p}_i) \; . \tag{7.54}$$

Dabei ist N die Anzahl der Unbekannten des zu lösenden Gleichungssystems. Mit der Forderung, daß die Richtungsvektoren $\mathbf{p}_i$ A-konjugiert sind, folgt aus der Multiplikation der Gleichung (7.54) mit der Matrix A und anschließender Bildung von Skalarprodukten mit dem Vektor $\mathbf{p}_i$

$$h_i = \frac{\mathbf{p}_i^T(\mathbf{c} - \mathsf{A}\mathbf{x}_{(0)})}{\mathbf{p}_i^T \mathsf{A}\mathbf{p}_i} . \tag{7.55}$$

Faddejew und Faddejewa (1964) zeigen, daß hieraus die folgenden Rechenvorschriften zur sukzessiven Verbesserung einer Startlösung $\mathbf{x}_{(0)}$ gewonnen werden können:

$$\mathbf{r}_i = \mathbf{c} - \mathsf{A}\mathbf{x}_i \tag{7.56}$$

$$\alpha_i = \frac{\mathbf{p}_i^T \mathbf{r}_i}{\mathbf{p}_i^T \mathsf{A}\mathbf{p}_i} \tag{7.57}$$

$$\mathbf{x}_{i+1} = \mathbf{x}_i + \alpha_i \cdot \mathbf{p}_i \tag{7.58}$$

Dieses Verfahren ist bekannt als die Methode der konjugierten Richtungen. Wegen Gleichung (7.54) ist bei vernachlässigbaren Rundungsfehlern nach $N-1$ Schritten $\mathbf{x}_{N-1} = \mathbf{x}^*$. Aus diesem Grund zählt die soeben erläuterte Methode der konjugierten Richtungen eigentlich zu den direkten Gleichungslösern.

Bei der Methode der konjugierten Richtungen wird keine Vorschrift für die Berechnung der A-konjugierten Richtungsvektoren $\mathbf{p}_i$ angegeben. Je nach Wahl der Vorgabe zur Berechnung der Richtungsvektoren folgen unterschiedliche Lösungsverfahren. Werden die Vektoren $\mathbf{p}_i$ aus einer Gram-Schmidt Orthogonalisierung (z.B. Carnahan u.a. (1969)) der Residuenvektoren $\mathbf{r}_i$ gewonnen, folgt die 'klassische' Methode der konjugierten Gradienten ('CG-Methode') mit:

$$\beta_0 = 0. \tag{7.59a}$$

$$\beta_i = -\frac{\mathbf{r}_i^T \mathsf{A}\mathbf{p}_{i-1}}{\mathbf{p}_{i-1}^T \mathsf{A}\mathbf{p}_{i-1}} \qquad i \geq 1 \tag{7.59b}$$

$$\mathbf{p}_i = \mathbf{r}_i + \beta_i \mathbf{p}_{i-1} \qquad i \geq 0 \tag{7.60}$$

$$\alpha_i = \frac{\mathbf{p}_i^T \mathbf{r}_i}{\mathbf{p}_i^T A\mathbf{p}_i} \qquad i \geq 0 \tag{7.61}$$

$$\mathbf{x}_{i+1} = \mathbf{x}_i + \alpha_i \mathbf{p}_i \qquad i \geq 0 \tag{7.62}$$

$$\mathbf{r}_{i+1} = \mathbf{r}_i - \alpha_i \mathsf{A}\mathbf{p}_i \qquad i \geq 0 . \tag{7.63}$$

Es wurde bereits darauf hingewiesen, daß mit diesem Verfahren in Abwesenheit von Rundungsfehlern nach maximal $N-1$ Schritten die exakte Lösung $\mathbf{x}^*$ des N-dimensionalen Gleichungssystems (7.53) gefunden wird, wenn die Matrix A (symmetrisch) positiv definit ist. Bei großen Gleichungssystemen wäre so ein sehr großer Rechenaufwand zu leisten. In der Praxis wird mit dieser Methode jedoch oft schon nach wenigen Schritten eine so hohe Genauigkeit der Lösung gewonnen, daß weitere Schritte nur noch eine marginal höhere Genauigkeit in der Lösung ausmachen würden.

Häufig wird eine geeignete Norm (vgl. Kap. 7.2.8) des Residuenvektors $\mathbf{r}_i$ zur Beurteilung der erreichten Genauigkeit herangezogen. Die tatsächlich erforderliche Anzahl von Schritten zur Erfüllung eines Genauigkeitskriteriums ist zwar häufig wesentlich kleiner als $N-1$, hängt aber entscheidend von der Kondition des Gleichungssystems (7.53) ab. Zur Verringerung des Rechenaufwandes wird daher gewöhnlich erst die Kondition des Gleichungssystems in einer 'Vorkonditionierung' verbessert. Hierfür sind unterschiedliche Methoden bekannt (z.B. Ajiz und Jennings (1984), Schönauer (1987), Saad (1988), Van Der Vorst und Dekker (1988), Schönauer u.a. (1989a), Schönauer u.a. (1989b)).

7.2.7.1 Verallgemeinerte konjugierte Gradienten

Eine hinreichende Bedingung für die Anwendbarkeit des klassischen Verfahrens der konjugierten Gradienten ist, daß die Koeffizientenmatrix des Gleichungssystems (symmetrisch) positiv definit ist. Aufgrund der konvektiven Terme in den Strömungstransportgleichungen sind die Matrizen der Systeme, die von den Differenzengleichungen gebildet werden, jedoch mit Ausnahme der Koeffizientenmatrix der Druckkorrekturgleichungen unsymmetrisch. Da das Produkt der transponierten Matrix A^T mit der Matrix A immer eine (symmetrisch) positiv definite Matrix ist, kann statt (7.53) im nichtsymmetrischen Fall ersatzweise das Gleichungssystem

$$\mathsf{A}^T \mathsf{A}\mathbf{x}^{(m+1)} = \mathsf{A}^T \mathbf{c} \tag{7.64}$$

mit der klassischen CG-Methode gelöst werden (z.B. Schönauer (1987)). Hierbei ist jedoch zu beachten, daß die symmetrisch positiv definite Matrix $\mathsf{A}^T\mathsf{A}$ eine schlechtere Kondition als die Matrix A aufweist, was insbesondere bei den für die Strömungsberechnung typischen Koeffizientenmatrizen zu sehr hohen Rechenzeiten führen kann.

Für Gleichungssysteme mit nichtsymmetrischer Koeffizientenmatrix sind eine Reihe von sogenannten verallgemeinerten CG-Verfahren bekannt, die wesentlich effektiver arbeiten als das klassische CG-Verfahren bei der Lösung des Gleichungssystems (7.64) (z.B. Hageman und Young (1981), Saad (1988)). Im folgenden wird eine verallgemeinerte CG-Methode vorgestellt, die erfahrungsgemäß dazu in der Lage ist, die in der Strömungsberechnung typischen Gleichungssysteme sehr effektiv zu lösen.

Concus, Golub und O'Leary (1978) berichten u.a. auch über ein CG-Verfahren für lineare Systeme. Die Anwendung dieses Verfahrens zur Lösung des Gleichungssystems (7.53) wird im folgenden beschrieben. Dabei wird mit dem Index 'i' der i-te Schritt der CG-Methode markiert.

1. Berechnung des Residuenvektors:

$$\mathbf{r}_0 = \mathbf{c} - \mathbf{A}\mathbf{x}_0 \tag{7.65}$$

Dabei ist $\mathbf{x}_0$ der Startwert des Lösungsvektors $\mathbf{x}$.

2. Ermittlung des Lösungsvektors $\mathbf{x}_i$ des i-ten Schrittes durch Lösen des Gleichungssystems:

$$\mathbf{M}\Delta\mathbf{x}_i = \mathbf{r}_i \qquad i \geq 0 \tag{7.66}$$

Dazu sollte M so gewählt werden, daß M die Koeffizientenmatrix A möglichst gut approximiert und das Gleichungssystem (7.66) einfach lösbar ist.

3. Berechnung des Richtungsvektors $\mathbf{p}_i$:

$$\beta_{(0)} = 0. \tag{7.67a}$$

$$\beta_i = -\frac{\Delta\mathbf{x}_i^T \mathbf{A}\mathbf{p}_{i-1}}{\mathbf{p}_{i-1}^T \mathbf{A}\mathbf{p}_{i-1}} \qquad i \geq 1 \tag{7.67b}$$

$$\mathbf{p}_i = \Delta\mathbf{x}_i + \beta_i \mathbf{p}_{i-1} \qquad i \geq 0 \tag{7.67c}$$

4. Korrektur des Lösungsvektors:

$$\alpha_i = \frac{\mathbf{p}_i^T \mathbf{r}_i}{\mathbf{p}_i^T \mathbf{A}\mathbf{p}_i} \qquad i \geq 0 \tag{7.68}$$

$$\mathbf{x}_{(i+1)} = \mathbf{x}_i + \alpha_i \mathbf{p}_i \qquad i \geq 0 \tag{7.69}$$

5. Berechnung des neuen Residuenvektors:

$$\mathbf{r}_{i+1} = \mathbf{r}_i - \alpha_i \mathbf{A}\mathbf{p}_i \qquad i \geq 0 \tag{7.70}$$

6. Überprüfung der Genauigkeit der neuen Lösung $\mathbf{x}_{i+1}$ und gegebenenfalls Wiederholung der Schritte 2 bis 6.

Entscheidend für die Leistungsfähigkeit des soeben beschriebenen CG-Algorithmus zur iterativen Lösung des Gleichungssystems (7.53) ist die Wahl der Matrix M, die von Concus, Golub und O'Leary (1978) als (symmetrisch) positiv definit vorausgesetzt wird. Mit M sollte, wie bereits betont wurde, die Koeffizientenmatrix A möglichst gut angenähert werden, wobei gleichzeitig die Forderung nach einer einfachen Lösbarkeit des Systems (7.66) zu erfüllen ist. Die Annahme einer positiven Definitheit und damit der Symmetrie der Matrix M für die Anwendbarkeit der obigen Vorgehensweise ist jedoch nicht immer erforderlich (vgl. auch Kosmol (1989)). Vielmehr entscheidend für den Erfolg des soeben beschriebenen CG-Verfahrens ist erfahrungsgemäß, daß die Koeffizientenmatrix A diagonal dominant und in ihrer Bandenstruktur symmetrisch ist. Eine Symmetrie der einzelnen Werte auf den verschiedenen Banden ist dabei keine zwingende Voraussetzung. Daher kann die Matrix M aus der im vorigen Kapitel beschriebenen ILU-Zerlegung bestimmt werden.

Das Verfahren, in dem der obige CG-Algorithmus mit einer ILU-Zerlegung kombiniert wird, ist erfahrungsgemäß sehr stabil und zudem sehr schnell bei der Lösung großer Subsysteme der Differenzengleichungen, die in einem block-iterativen SOR-Verfahren auftreten (Noll (1992), Noll und Wittig (1991)). Neben den Systemen von Differenzengleichungen mit unsymmetrischer Koeffizientenmatrix kann mit diesem 'ILU-CG-Verfahren' selbst das schlecht konditionierte Gleichungssystem der Druckkorrekturen mit dem Relaxationsfaktor $\alpha = 0.99$ sehr effektiv gelöst werden.

In Noll (1992) wird von einem Vergleich der Leistungsfähigkeit des vorgestellten ILU-CG-Verfahren mit zwei weiteren CG-Verfahren berichtet, die auch zur Lösung von Gleichungssystemen mit unsymmetrischer Koeffizientenmatrix geeignet sind. Eines dieser beiden Verfahren wird als BICO bezeichnet und wird beispielsweise von Schönauer (1987) beschrieben. Das andere Verfahren heißt LSQR und wurde von Paige und Saunders (1982) angegeben. In diesem Vergleich, der anhand der Berechnung einer turbulenten dreidimensionalen Drallströmung angestellt wurde, stellte sich die Überlegenheit des vorgestellten ILU-CG-Verfahren klar heraus.

7.2.8 Iterative Verfahren für nichtlineare Gleichungssysteme

Während der Schwerpunkt der bisherigen Ausführungen auf den iterativen Verfahren für lineare Gleichungssysteme lag, sollen in diesem Kapitel einige Verfahren erläutert werden, die zur Lösung von nichtlinearen Gleichungssystemen genutzt werden können. Dabei werden zunächst Erweiterungen der Verfahren für lineare Systeme auf nichtlineare Systeme besprochen. Im Anschluß daran wird eine Methode vorgestellt, die besonders zur Lösung von nichtlinearen Gleichungssystemen geeignet ist.

Bei der Behandlung nichtlinearer Gleichungssysteme wird am Ausgangspunkt gewöhnlich das zu lösende System von nichtlinearen Gleichungen $\mathbf{A} \cdot \mathbf{x} = \mathbf{c}$ umgeordnet in

$$\begin{aligned} f_1(\mathbf{x}) &= f_1(x_1, x_2, \ldots, x_N) &= 0 \\ f_2(\mathbf{x}) &= f_2(x_1, x_2, \ldots, x_N) &= 0 \\ &\vdots \\ f_i(\mathbf{x}) &= f_i(x_1, x_2, \ldots, x_N) &= 0 \\ &\vdots \\ f_N(\mathbf{x}) &= f_N(x_1, x_2, \ldots, x_N) &= 0 \ . \end{aligned}$$

Dieses gekoppelte Gleichungssystem kann durch

$$\mathbf{f}(\mathbf{x}) = \mathbf{0} \tag{7.71}$$

in einer kompakten Weise formuliert werden. Gesucht ist nun eine oder mehrere Lösungen für den N-dimensionalen Vektor $\mathbf{x}$, mit dem die Funktionen in (7.71) zu Null werden. Zur Auffindung einer solchen Lösung sind gewöhnlich nur iterative Techniken in der Lage. Hier sind Iterationsverfahren bekannt, die speziell zur Lösung von nichtlinearen Gleichungssystemen entworfen wurden. Oft genügen jedoch auch iterative Methoden, die Verallgemeinerungen der Iterationsverfahren für lineare Problemstellungen sind. Im folgenden sollen einige der Vorgehensweisen besprochen werden, die zur Lösung von nichtlinearen Gleichungssystemen angewandt werden können. Für eine weitaus ausführlichere und umfassendere Darstellung der Lösungsmethoden für nichtlineare Gleichungssysteme sei an dieser Stelle wieder auf die einschlägige Fachliteratur verwiesen (z.B. Ortega und Rheinboldt (1970), Kosmol (1989)).

7.2.8.1 Verallgemeinerung der iterativen Verfahren für lineare Systeme

Durch Umordnen des Gleichungssystems (7.71) kann analog zum linearen Fall eine Iterationsvorschrift abgeleitet werden. So kann beispielsweise durch Umstellen von $f_i(\mathbf{x}) = 0$ gewöhnlich leicht die Gleichung

$$x_i = g_i(\mathbf{x}) \tag{7.72}$$

gewonnen werden. Aus dieser Formulierung sind die Iterationsvorschriften der Jacobi-Iteration

$$x_i^{(m+1)} = g_i(x_1^{(m)}, x_2^{(m)}, \ldots, x_i^{(m)}, \ldots, x_N^{(m)}) \tag{7.73}$$

als auch die der Gauß-Seidel-Iteration

$$x_i^{(m+1)} = g_i(x_1^{(m+1)}, x_2^{(m+1)}, \ldots, x_{i-1}^{(m+1)}, x_i^{(m)}, \ldots, x_N^{(m)}) \qquad (7.74)$$

einfach abzuleiten. In Analogie zur Vorgehensweise, die bei der Lösung von linearen Gleichungssystemem eingeschlagen wird, werden hierbei die Funktionen $g(\mathbf{x})$ entweder in jeder Iteration festgehalten oder mit den jeweils frisch verfügbaren Elementen des Lösungsvektors $\mathbf{x}$ neuberechnet. Für die geometrische Veranschaulichung solcher iterativer Rechengänge sei an dieser Stelle auf die in Bild 7.13 dargestellte iterative Lösung eines nichtlinearen Systems aus zwei Gleichungen hingewiesen.

Ebenso wie das Jacobi- und das Gauß-Seidel-Verfahren können auch andere iterative Verfahren für lineare Gleichungssysteme zur Lösung nichtlinearer Gleichungen in der obigen Weise verallgemeinert werden. In der Praxis kommt von diesen verallgemeinerten Iterationsverfahren dem bereits diskutierten block-iterativen SOR-Verfahren eine dominierende Rolle zu. Die in der numerischen Strömungsberechnung zu lösenden sehr großen nichtlinearen Gleichungssysteme werden dabei in einzelne Blöcke eingeteilt, die wie bereits erläutert wurde, mit einem geeigneten direkten oder meist iterativen Verfahren gelöst werden. Die Koeffizientenmatrix und der Rechte-Seite-Vektor der einzelnen Gleichungsblöcke werden bei der Lösung dieser Subsysteme festgehalten und nur jeweils im voraus mit den aktuellen Werten des Lösungsvektors neu bestimmt. Die Berücksichtigung der Nichtlinearität erfordert so im Unterschied zu den Verfahren für lineare Systeme eine in jeder Iteration zu wiederholende Neuberechnung der Koeffizientenmatrizen und des Rechte-Seite-Vektors der einzelnen Subsysteme. Zur Lösung der einzelnen Subsysteme, können dann Algorithmen eingesetzt werden, die zum Lösen linearer Systeme geeignet sind.

Als weiteren Unterschied, der bei der iterativen Lösung nichtlinearer Gleichungssysteme im Vergleich zur Lösung linearer Gleichungssysteme zu beachten ist, soll an dieser Stelle nochmals der Umstand genannt werden, daß bei nichtlinearen Systemen manche Lösungen nur dann gefunden werden können, wenn die Startwerte des iterativen Rechenganges in einem gewissen Umfeld der Lösung liegen (Bild 7.13). Darüberhinaus hängt auch oft die 'Konvergenz' oder 'Divergenz' des iterativen Rechenganges bei nichtlinearen Gleichungssystemen im Gegensatz zu linearen Gleichungssystemen entscheidend von der Wahl der Startwerte ab (Ortega und Rheinboldt (1970)).

Neben den gerade vorgestellten Verallgemeinerungen der iterativen Verfahren für lineare Systeme, die bei der Lösung von stark nichtlinearen Systemen oftmals nur sehr langsam zu einer Lösung führen, ist eine Reihe von iterativen Methoden bekannt, die besonders zur effizienten Lösung nichtlinearer Gleichungssysteme geeignet sind. Das von diesen Verfahren wohl bekannteste ist das sogenannte Newton-Verfahren, das im folgenden besprochen wird.

7.2.8.2 Newton-Verfahren

Das als Newton-Verfahren bezeichnete Verfahren eignet sich zur Nullstellensuche einer Funktion

$$f(x) = 0 \, , \tag{7.75}$$

wobei $f(x)$ eine nichtlineare Funktion von einer unabhänigen Variablen x ist (Bild 7.24). Eine Taylor-Reihenentwicklung der Funktion $f(x)$ um einen Punkt x_0 ergibt

$$f(x) = f(x_0) + (x - x_0) \cdot f'(x_0) + \ldots \, , \tag{7.76}$$

wobei $f' = df/dx$ ist. Mit der Forderung (7.75) kann aus der Taylor-Reihe eine Vorschrift zur Ermittlung von x_0 gewonnen werden:

$$x = x_0 - \frac{f(x_0)}{f'(x_0)} + \ldots \, . \tag{7.77}$$

Wird x in mehreren Schirtten, d.h. iterativ verbessert, können die Glieder höherer Ordnung in Gleichung (7.77) vernachlässigt werden. Damit folgt die Iterationsvorschrift des Newton-Verfahrens:

$$x^{(m+1)} = x^{(m)} - \frac{f(x^{(m)})}{f'(x^{(m)})} \, . \tag{7.78}$$

Ein Verfahren, das mit dieser Iterationsvorschrift arbeitet, wird als Newton-Verfahren bezeichnet. Der Rechengang ist in Bild 7.24 graphisch dargestellt. Aus diesem Bild wird deutlich, daß das Newton-Verfahren sehr schnell zur Lösung führt, wenn der Startpunkt des iterativen Rechenganges im Konvergenzbereich der Lösung liegt (s. Punkt x_A in Bild 7.24). Startet der iterative Rechengang jedoch bei der in Bild 7.24 eingezeichneten Funktion beim Punkt x_B, konvergiert das Newton-Verfahren nicht. Hieraus wird abermals deutlich, daß bei der iterativen Lösung von nichtlinearen Gleichungen der Startpunkt der Iteration in einer ausreichenden Nähe zur Lösung liegen muß. Für die Strömungsberechnung bedeutet dies, daß der zu Beginn einer iterativen Rechnung vorliegenden Ausgangsverteilung, die oftmals nur geschätzt werden kann, eine entscheidende Bedeutung für das Gelingen der Rechnung zukommt.

In einer sogenannten Regula-Falsi-Iteration (oft auch als Sekanten-Methode bezeichnet) wird mit der gleichen Iterationsvorschrift (7.78) gearbeitet wie beim Newton-Verfahren; hier wird jedoch die erste Ableitung der Funktion f' beispielsweise durch

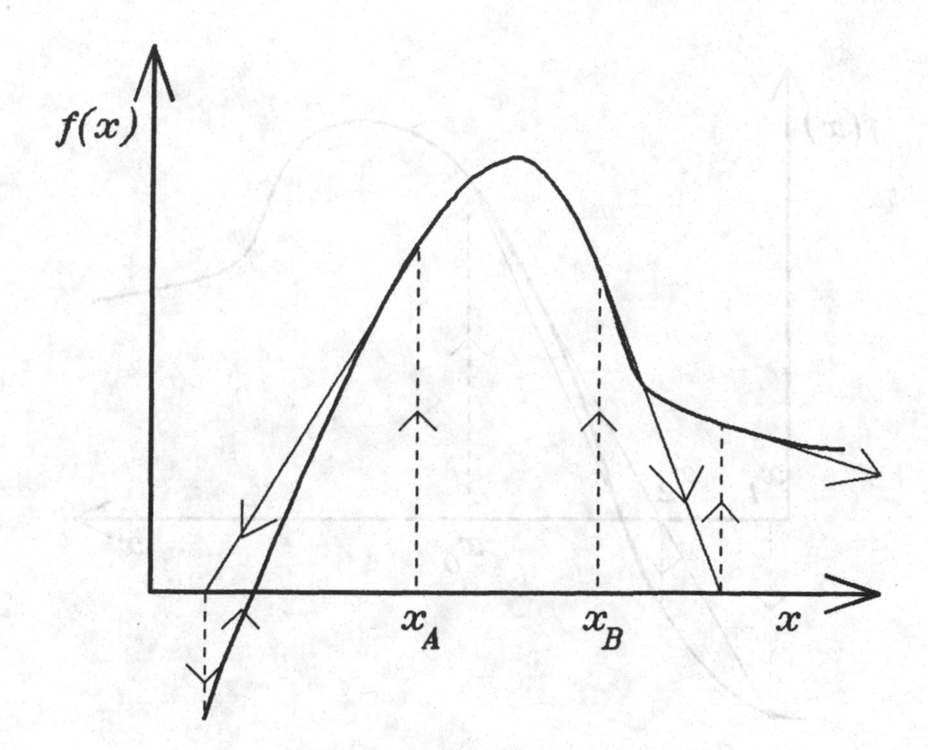

Bild 7.24. Newton-Verfahren

$$f'(x) \approx \frac{f(x_0) - f(x^{(m)})}{x_0 - x^{(m)}} \tag{7.79}$$,

mit x_0 als Startwert approximiert. Der Rechengang in einer Regula-Falsi-Iteration ist in Bild 7.25a graphisch veranschaulicht.

Aus diesem Bild wird deutlich, daß hier neben dem Startwert x_0 ein weiterer Wert x_1 zur ersten Bildung der Approximation (7.79) vorab benötigt werden. Günstig ist hierbei, x_1 so zu wählen, daß in dem zugehörigen Funktionswert $f(x_1)$ ein Vorzeichenwechsel gegenüber $f(x_0)$ stattfindet. Wird die Iterationsvorschrift, wie in Bild 7.25b dargestellt, so gewählt, daß die gesuchte Nullstelle der Funktion $f(x)$ immer zwischen zwei Iterierten liegt, kann auch für Startwerte, die zur Divergenz des Newton-Verfahrens führen, eine Lösung gewonnen werden (Kosmol (1989)).

Das soeben vorgestellte Newton-Verfahren und seine Varianten zur Lösung eines eindimensionalen nichtlinearen Problems können auch zur schnellen Lösung von mehrdimensionalen Problemstellungen eingesetzt wer-

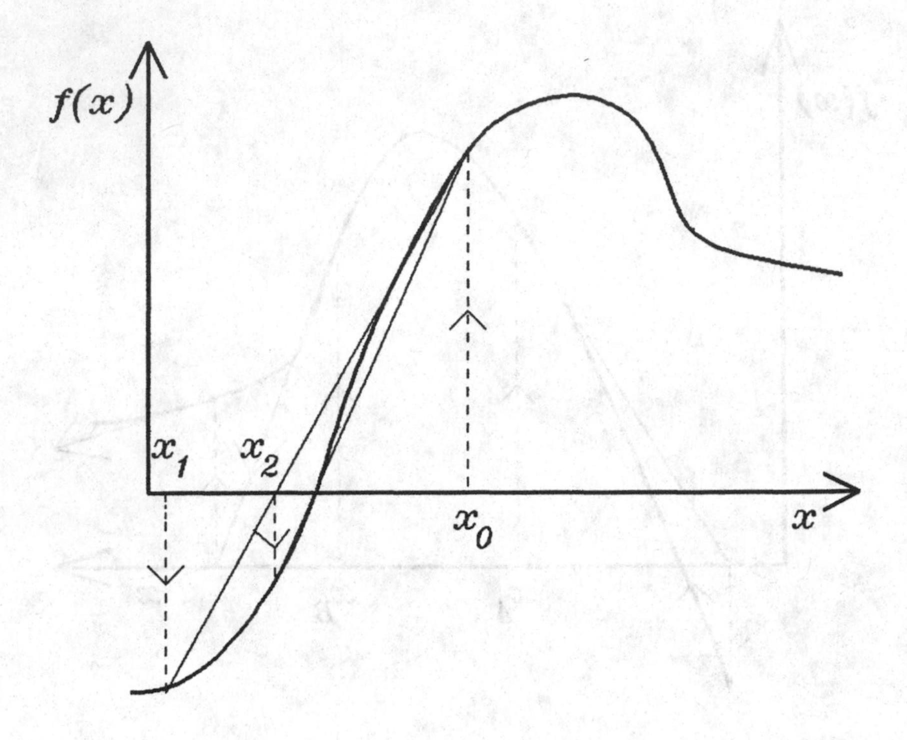

Bild 7.25a. Regula-Falsi-Iteration

den. Hier existieren eine Reihe von Rechentechniken, die aus dem vorgestellten Newton-Verfahren abgeleitet wurden. Im nächsten Kapitel wird ein solches Verfahren vorgestellt.

7.2.8.3 Newton-Verfahren für Gleichungssysteme

Eine für nichtlineare Gleichungssysteme geeignete Methode ist das manchmal als Newton-Raphson-Verfahren bezeichnete Verfahren, das aus einer Verallgemeinerung des Newton-Verfahrens auf N Dimensionen abgeleitet werden kann.

Statt der Lösung der eindimensionalen Funktion $f(x) = 0$ wird nun die Lösung von

$$\mathbf{f}(\mathbf{x}) = 0 \tag{7.80a}$$

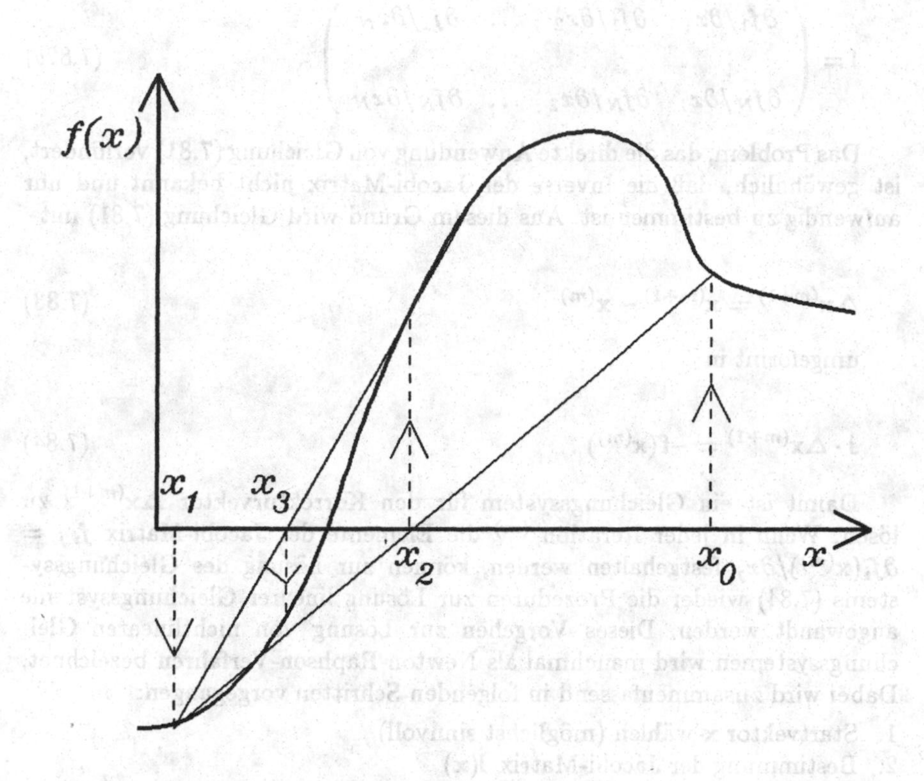

Bild 7.25b. Regula-Falsi-Iteration

angestrebt, wobei

$$\mathbf{f}(\mathbf{x}) = [f_1(\mathbf{x}), f_2(\mathbf{x}), \ldots, f_N(\mathbf{x})]^T \tag{7.80b}$$

ist. Analog zur eindimensionalen Newton-Iteration kann hierfür die Lösung aus

$$\mathbf{x}^{(m+1)} = \mathbf{x}^{(m)} - \left[\mathbf{f}'(\mathbf{x}^{(m)})\right]^{-1} \mathbf{f}(\mathbf{x}^{(m)}) \tag{7.81}$$

bestimmt werden (Carnahan u.a. (1969), Ortega und Rheinbold (1970)). Dabei ist

$$\mathsf{J} = [\mathbf{f}'(\mathbf{x}^{(m)})] \tag{7.82a}$$

die sogenannte Jacobi-Matrix, für die gilt:

$$\mathsf{J} = \begin{pmatrix} \partial f_1/\partial x_1 & \partial f_1/\partial x_2 & \dots & \partial f_1/\partial x_N \\ \vdots & & \ddots & \\ \partial f_N/\partial x_1 & \partial f_N/\partial x_2 & \dots & \partial f_N/\partial x_N \end{pmatrix}. \tag{7.82b}$$

Das Problem, das die direkte Anwendung von Gleichung (7.81) verhindert, ist gewöhnlich, daß die Inverse der Jacobi-Matrix nicht bekannt und nur aufwendig zu bestimmen ist. Aus diesem Grund wird Gleichung (7.81) mit

$$\mathbf{\Delta x}^{(m+1)} = \mathbf{x}^{(m+1)} - \mathbf{x}^{(m)} \tag{7.83}$$

umgeformt in

$$\mathsf{J} \cdot \mathbf{\Delta x}^{(m+1)} = -\mathbf{f}(\mathbf{x}^{(m)}) \,. \tag{7.84}$$

Damit ist ein Gleichungssystem für den Korrekturvektor $\mathbf{\Delta x}^{(m+1)}$ zu lösen. Wenn in jeder Iteration $^{(m)}$ die Elemente der Jacobi-Matrix $f_{i,j} = \partial f_i(\mathbf{x}^{(m)})/\partial x_j$ festgehalten werden, können zur Lösung des Gleichungssystems (7.84) wieder die Prozeduren zur Lösung linearer Gleichungssysteme angewandt werden. Dieses Vorgehen zur Lösung von nichtlinearen Gleichungssystemen wird manchmal als Newton-Raphson-Verfahren bezeichnet. Dabei wird zusammenfassend in folgenden Schritten vorgegangen:

1. Startvektor $\mathbf{x}$ wählen (möglichst sinnvoll)
2. Bestimmung der Jacobi-Matrix $\mathsf{J}(\mathbf{x})$
3. Lösung des linearen Gleichungssystems $\mathsf{J}(\mathbf{x}^{(m)})\mathbf{\Delta x}^{(m+1)} = -\mathbf{f}(\mathbf{x}^{(m)})$
4. Korrektur des Lösungsvektors $\mathbf{x}^{(m+1)} = \mathbf{x}^{(m)} + \mathbf{\Delta x}^{(m+1)}$
5. Überprüfung der Genauigkeit der Lösung $\mathbf{x}^{(m+1)}$;
   gegebenenfalls Wiederholung der Prozedur ab Schritt 2.

Die im zweiten Schritt immer wieder durchzuführende Bestimmung der Jacobi-Matrix kann entweder analytisch, d.h. aus dem vorgegebenen Gleichungssystem, oder aus einer Approximation mit Differenzenquotienten oder wie in den Quasi-Newton-Verfahren (Kosmol (1989)) erfolgen. Aus Gründen des Rechenaufwandes kann es zweckmäßig sein, die Jacobi-Matrix nicht in jeder Iteration des angeführten Newton-Raphson-Verfahrens neu zu berechnen.

Die analytische Bestimmung der Jacobi-Matrix ist für ein Rechenprogramm am effizientesten; hier ist jedoch gerade in der Strömungsberechnung sehr viel Vorarbeit von Seiten des Programmbenutzers zu leisten. Bei den in Kap. 4.2.1.5 vorgestellten Diskretisierungsansätzen, bei denen die Interpolationsvorschriften zur Bestimmung der Koeffizienten in den Differenzengleichungen je nach Strömungsrichtung oder sogar zusätzlich nach den herrschenden Gradienten der einzelnen Strömungsgrößen wie beim MLU-Ansatz ermittelt werden, scheidet die analytische Ableitung der Jacobi-Matrix von vornherein aus.

Bei den Quasi-Newton-Verfahren wird mit einfach berechenbaren Näherungen für die Jacobi-Matrix gearbeitet. Für eine Darstellung dieser Verfahren sei auf Kosmol (1989) verwiesen.

Die Approximation der Elemente $f_{i,j}$ der Jacobi-Matrix mit Differenzenquotienten kann beispielsweise durch

$$f_{i,j} = \frac{f_i(\mathbf{x} + h_j \mathbf{e}_j) - f_i(\mathbf{x})}{h_j} \tag{7.85}$$

erreicht werden (z.B. Ortega und Rheinbold (1970)). Dabei ist h_j eine Schrittweite, mit der der Vektor $\mathbf{x}$ in der Richtung der x_j-Komponente von $\mathbf{x}$ ausgerückt wird. $\mathbf{e}_j$ ist der Einheitsvektor in Richtung der x_j-Komponente von $\mathbf{x}$. h_j kann konstant gehalten werden; größere Konvergenzraten lassen sich jedoch durch im Laufe der Rechnung angepaßte Schrittweiten erreichen (Ortega und Rheinbold (1970)). Die Approximation der Elemente der Jacobi-Matrix mit Differenzenquotienten bietet den Vorteil, daß ein Rechenprogramm in die Lage versetzt wird, zu verschiedenen nichtlinearen Gleichungssystemen die Jacobi-Matrix selbst zu berechnen. Als Nachteil dieser Vorgehensweise muß jedoch festgehalten werden, daß die Ermittlung der Jacobi-Matrix aus Differenzenquotienten einen sehr hohen Rechenaufwand mit sich bringt, da damit bei N Unbekannten $N \cdot N$ Differenzenquotienten zu berechnen sind. Auch wenn die Neuberechnung der Jacobi-Matrix nicht in jeder Iteration erfolgt, kann hierbei in der numerischen Strömungsberechnung ein nicht mehr vertretbar hoher Rechenaufwand entstehen. Dieser zusätzliche Rechenaufwand kann erfahrungsgemäß oft auch nicht annähernd durch die Verringerung der notwendigen Iterationen kompensiert werden, die in einem Newton-Verfahren im Vergleich zu einem der im Kap. 7.2.8.1 besprochenen Iterationsverfahren zu leisten sind.

Unabhängig davon, wie in einem Newton-Verfahren die Jacobi-Matrix bestimmt wird, ist bei der Verwendung solcher Verfahren der folgende Punkt von Nachteil: Da in einem effizienten Newton-Verfahren die Jacobi-Matrix möglichst viele Kopplungen umfaßt, kann die Jacobi-Matrix leicht nicht mehr diagonal dominant sein. Zur Lösung des Gleichungssystems (7.84) sind nun entweder sehr aufwendige iterative Methoden oder sogar direkte Löser unumgänglich, da wie bereits angesprochen wurde, die Mehrzahl der iterativen Methoden eine gewisse Diagonaldominanz der Matrix des zu lösenden Gleichungssystems verlangt (vgl. hierzu auch Kap. 7.4). Dies kann bei den sehr großen Gleichungssystemen der Strömungsberechnung einen stark erhöhten Rechenzeit- und/oder Speicherplatzbedarf nach sich ziehen.

Aus den genannten Gründen sind derzeit in der numerischen Strömungsberechnung überwiegend die in Kap. 7.2.8.1 beschriebenen Iterationsverfahren zur Lösung der nichtlinearen Differenzengleichungen in Gebrauch.

7.3 Normen

Zur Charakterisierung von Vektoren und Matrizen mit einem einzigen Wert werden häufig sogenannte Normen benutzt. Die einem Vektor $\mathbf{x}$ zugeordnete Zahl $\|\mathbf{x}\|$ ist definitionsgemäß dann eine Norm des Vektors $\mathbf{x}$, wenn diese Zahl folgende Bedingungen erfüllt:

$$\|\mathbf{x}\| > 0 \quad \text{für} \quad \mathbf{x} \neq 0 \quad \text{und} \quad \|0\| = 0\,, \tag{7.86a}$$

$$\|\alpha\mathbf{x}\| = |\alpha| \cdot \|\mathbf{x}\| \quad \text{für einen beliebigen Skalarfaktor } \alpha\,, \tag{7.86b}$$

$$\|\mathbf{x}+\mathbf{y}\| \leq \|\mathbf{x}\| + \|\mathbf{y}\|\,. \tag{7.86c}$$

Hier werden Normen mit dem Symbol $\|\ \|$ gekennzeichnet. Die Bedeutung der Forderung (7.86c) ist in Bild 7.26 veranschaulicht. So ist der Betrag der Summe zweier Vektoren nie größer als die Summe der Einzelbeträge der beiden überlagerten Vektoren.

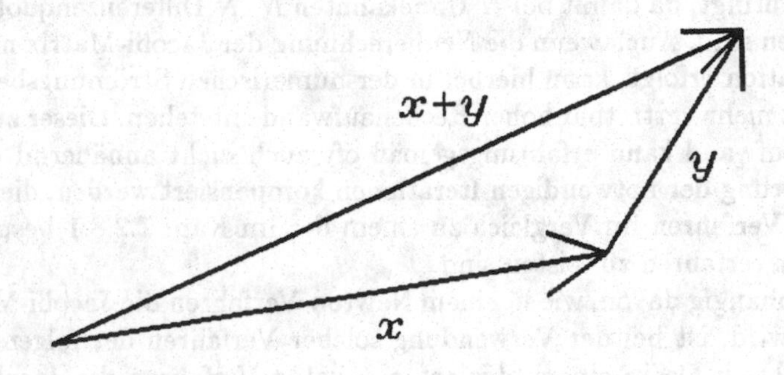

Bild 7.26. Addition von Vektoren

Zu jedem Vektor können beliebig viele Zahlen konstruiert werden, die diese[illegible] or-
sc[illegible]

[illegible] (7.87)

N ist hierbei die Dimension des Vektors $\mathbf{x} = [x_1, x_2, \ldots, x_N]^T$.

Normen, die nach dieser Regel gebildet werden, heißen 'l_p-Normen' oder einfach 'p-Normen. Hiervon sind von praktischer Bedeutung:

a) die Summe der Beträge der Elemente des Vektors ('1-Norm')

$$\|\mathbf{x}\|_1 = \sum_{i=1}^{N} |x_i| \,, \tag{7.88a}$$

b) die Vektorlänge ('2-Norm')

$$\|\mathbf{x}\|_2 = \sqrt{\sum_{i=1}^{N} |x_i|^2} \,, \tag{7.88b}$$

c) das betragsmäßig größte Element des Vektors ('infinity-Norm', '∞-Norm')

$$\|\mathbf{x}\|_\infty = \max_{1\le i\le N} |x_i| \,. \tag{7.88c}$$

Analog zu den Vektornormen können auch $N \cdot M$-Matrizen Normen zugeordnet werden, die folgende Bedingungen erfüllen:

$$\|\mathsf{A}\| > 0 \quad \text{für} \quad \mathsf{A} \neq 0 \qquad \text{und} \qquad \|0\| = 0 \,, \tag{7.89a}$$

$$\|\alpha \mathsf{A}\| = |\alpha| \cdot \|\mathsf{A}\| \quad \text{für einen beliebigen Skalarfaktor} \quad \alpha \,, \tag{7.89b}$$

$$\|\mathsf{A} + \mathsf{B}\| \le \|\mathsf{A}\| + \|\mathsf{B}\| \,. \tag{7.89c}$$

Beispiele hierfür sind:

a) größte 1-Norm der Spaltenvektoren

$$\|\mathsf{A}\|_1 = \max_{1\le j\le M} \sum_{i=1}^{N} |a_{ij}| \,, \tag{7.90a}$$

b) größtes Matrix-Element

$$\|\mathsf{A}\|_\infty = \max_{1\le i\le N} \left[\max_{1\le j\le M} |a_{ij}| \right] \,. \tag{7.90b}$$

Die Bedeutung und der Nutzen von Normen wird im folgenden Abschnitt klar werden.

7.4 Konvergenzbedingungen, Abbruchkriterien

Nachdem in den vorigen Kapiteln eine Reihe von Iterationsverfahren für lineare und für nichtlineare Gleichungssysteme vorgestellt wurden, sollen in diesem Kapitel Bedingungen genannt werden, unter denen ein iteratives Verfahren zu einer Lösung führt ('konvergiert'). Weiterhin sollen Kriterien diskutiert werden, die als Indikator für die in einer Iteration erreichte Genauigkeit und damit als Abbruchkriterien des iterativen Rechenganges dienen sollen. Da die iterative Lösung von nichtlinearen Gleichungssystemen den im folgenden angeführten Betrachtungen weitgehend unzugänglich ist, werden die folgenden Ausführungen wieder auf die iterative Lösung von linearen Gleichungssystemen konzentriert.

Wie bereits gezeigt wurde, kann die allgemeine Iterationsvorschrift

$$\mathbf{x}^{(m+1)} = \mathsf{G} \cdot \mathbf{x}^{(m)} + \mathbf{d} \tag{7.91}$$

durch Umordnen des Gleichungssystems $\mathsf{A}\mathbf{x} = \mathbf{c}$ in

$$\mathbf{x} = \mathsf{G} \cdot \mathbf{x} + \mathbf{d} \tag{7.92}$$

gewonnen werden. Gleichung (7.92) wird mit der Lösung $\mathbf{x} = \mathbf{x}^*$ exakt erfüllt. Die Differenz zwischen $\mathbf{x}^*$ und $\mathbf{x}^{(m)}$ ist der Fehlervektor $\mathbf{e}^{(m)}$:

$$\mathbf{e}^{(m)} = \mathbf{x}^* - \mathbf{x}^{(m)} \ . \tag{7.93}$$

Für den Fehlervektor folgt aus der Differenz 'Gleichung (7.92) - Gleichung (7.91)':

$$\mathbf{e}^{(m+1)} = \mathsf{G} \cdot \mathbf{e}^{(m)} \ . \tag{7.94a}$$

Ebenso gilt

$$\mathbf{e}^{(m)} = \mathsf{G} \cdot \mathbf{e}^{(m-1)} \ . \tag{7.94b}$$

Damit folgt

$$\mathbf{e}^{(m)} = \mathsf{G}^2 \mathbf{e}^{(m-2)} = \ldots = \mathsf{G}^m \mathbf{e}^{(0)} \ . \tag{7.95}$$

Ein iterativer Rechengang ist dann konvergent, wenn der Fehlervektor mit zunehmender Iterationszahl gegen den Nullvektor strebt:

$$\lim_{m\to\infty} e^{(m)} = 0 . \tag{7.96}$$

Mit Gleichung (7.95) folgt hieraus die Forderung

$$\lim_{m\to\infty} G^m = 0 . \tag{7.97}$$

Aus Gleichung (7.95) folgt für $m = 1$

$$e^{(1)} = Ge^{(0)} . \tag{7.98}$$

Der Fehlervektor $e^{(0)}$ kann als Linearkombination der Eigenvektoren von G (hier eine $N \cdot N$-Matrix) dargestellt werden, wenn alle Eigenvektoren linear unabhängig sind:

$$e^{(0)} = \sum_{s=1}^{N} (c_s \mathbf{v}_s) . \tag{7.99}$$

Damit folgt:

$$e^{(1)} = \sum_{s=1}^{N} (c_s G \mathbf{v}_s) . \tag{7.100}$$

Mit den Eigenwerten λ_s gilt für die Eigenvektoren $\mathbf{v}_s$:

$$G\mathbf{v}_s = \lambda_s \mathbf{v}_s . \tag{7.101}$$

Damit ist:

$$e^{(1)} = \sum_{s=1}^{N} (c_s \lambda_s \mathbf{v}_s) , \tag{7.102a}$$

$$e^{(2)} = Ge^{(1)} = \sum_{s=1}^{N} (c_s \lambda_s G \mathbf{v}_s) = \sum_{s=1}^{N} (c_s \lambda_s^2 \mathbf{v}_s) . \tag{7.102b}$$

Hieraus folgt:

$$\mathbf{e}^{(m)} = \sum_{s=1}^{N} (c_s \lambda_s^m \mathbf{v}_s) \tag{7.103}$$

Das bedeutet, daß $||\mathbf{e}^{(m)}|| \to 0$ dann erfüllt ist, wenn alle $|\lambda_s| < 1$ sind. Hieraus folgt als notwendige und hinreichende Bedingung für (7.97), daß der größte Eigenwert λ_1 der Iterationsmatrix G, der auch als Spektralradius bezeichnet wird, kleiner Eins sein muß (Smith (1978)):

$$\lambda_1(\mathsf{G}) < 1 \,. \tag{7.104}$$

Der praktische Nutzen dieses notwendigen und hinreichenden Konvergenzkriteriums ist aber klein, da der Spektralradius der Iterationsmatrix im allgemeinen nicht bekannt ist und die Bestimmung des größten Eigenwerts einer Matrix bei großen Gleichungssystemen sehr aufwendig ist.

Mit der Norm der Iterationsmatrix G kann jedoch ein hinreichendes Konvergenzkriterium abgeleitet werden, das zur Beurteilung der Konvergenzeigenschaften eines Iterationsverfahrens herangezogen werden kann. Hinreichende Bedingung für (7.97) ist, daß eine Norm der Matrix G kleiner Eins ist (Smith (1978)):

$$||G|| < 1 \,. \tag{7.105}$$

Mit der ∞-Norm folgt damit beispielsweise für die Jacobi- und auch für die Gauß-Seidel-Iteration als hinreichendes Konvergenzkriterium:

$$a_{i,P} > \sum_{nb} |a_{i,nb}| \,. \tag{7.106}$$

Zur Abschätzung der Rate, mit der der Fehler $\mathbf{e}^{(m)}$ von Iteration zu Iteration verkleinert wird ('Konvergenzgeschwindigkeit' oder 'Konvergenzrate') ist die Kenntnis der Eigenwerte der Iterationsmatrix G erforderlich. Unter der einschränkenden Voraussetzung, daß für die Eigenwerte von G

$$|\lambda_1| > |\lambda_2| \geq |\lambda_3| \geq \ldots > |\lambda_N| \tag{7.107}$$

gilt, kann nach Smith (1978) mit Gleichung (7.103) die Konvergenzrate abgeschätzt werden:

$$\mathbf{e}^{(m)} = \lambda_1^m \left[c_1 \mathbf{v}_1 + (\frac{\lambda_2}{\lambda_1})^m c_2 \mathbf{v}_2 + \ldots + +(\frac{\lambda_N}{\lambda_1})^m c_N \mathbf{v}_N\right] \,. \tag{7.108}$$

Für $m \gg 1$ gilt damit näherungsweise:

$$\mathbf{e}^{(m)} \approx \lambda_1^m c_1 \mathbf{v}_1 \,. \tag{7.109}$$

Ebenso ist

$$\mathbf{e}^{(m+1)} \approx \lambda_1^{m+1} c_1 \mathbf{v}_1 \,. \tag{7.110}$$

Die Konvergenzrate ist daher

$$\frac{|\mathbf{e}^{(m+1)}|}{|\mathbf{e}^{(m)}|} \approx |\lambda_1| \,. \tag{7.111a}$$

Wenn m hinreichend groß ist, wird also der Fehlervektor bei jeder Iteration m ungefähr um den Faktor λ_1 verkürzt. Nach Smith (1978) kann aus Gleichung (7.111a) auch eine Gleichung zur Abschätzung des größten Eigenwerts λ_1 gewonnen werden:

$$|\lambda_1| \approx \frac{\|\Delta \mathbf{x}^{(m+1)}\|}{\|\Delta \mathbf{x}^{(m)}\|} \,, \tag{7.111b}$$

wobei $\Delta \mathbf{x}^{(m+1)} = \mathbf{x}^{(m+1)} - \mathbf{x}^{(m)}$ ist.

Hier sei jedoch nochmals auf die oben getroffenen Einschränkungen hingewiesen, daß die Iterationsmatrix nur linear unabhängige Eigenvektoren besitzt und zudem für die Eigenwerte Gleichung (7.107) gilt.

Zum Schluß dieses Kapitels soll nun noch erläutert werden, wie die Genauigkeit einer iterativ gewonnenen Zwischenlösung kontrolliert werden kann. Da gewöhnlich zu keinem Zeitpunkt eines iterativen Verfahrens die exakte Lösung $\mathbf{x}^*$ und damit die Genauigkeit der Näherungslösung $\mathbf{x}^{(m)}$ bekannt ist, müssen anstatt des Fehlervektors andere Kriterien zum Abbruch der iterativen Rechnung benutzt werden. Im allgemeinen wird gefordert, daß beim Abbruch der iterativen Rechnung mit der gerade erreichten Lösung eine vorgegebene Fehlerschranke eingehalten wird.

Eine Möglichkeit zur Abschätzung des Fehlervektors $\mathbf{e}^{(m)} = \mathbf{x}^* - \mathbf{x}^{(m)}$ ist unter der Voraussetzung (7.107) durch

$$\mathbf{e}^{(m-1)} \approx \frac{1}{1-\lambda_1}(\mathbf{x}^{(m)} - \mathbf{x}^{(m-1)}) \tag{7.112}$$

gegeben. λ_1 kann hierfür beispielsweise mit Gleichung (7.111b) angenähert werden. Die Abschätzung (7.112) ist jedoch bei den in der numerischen Strömungsberechnung sehr großen Gleichungssystemen sehr unsicher, da die in der Ableitung von (7.112) getroffenen Voraussetzungen oft nicht gegeben sind. Daher und aufgrund der Nichtlinearität der Differenzengleichungen, durch die sich die Iterationsmatrix von Iteration zu Iteration ändert, müssen in der numerischen Strömungsberechnung gewöhnlich andere Größen als der Fehlervektor zur Formulierung eines Kriteriums zum Abbruch einer iterativen Rechnung verwandt werden.

Ein einfaches Kriterium zum Abbruch der iterativen Rechnung kann aus dem Residuenvektor

$$\mathbf{r}^{(m)} = \mathbf{c} - \mathsf{A}\mathbf{x}^{(m)} \tag{7.113}$$

definiert werden. Hiermit kann gefordert werden, daß

$$\frac{\|\mathbf{r}^{(m)}\|}{r_{ref}} \leq \epsilon \tag{7.114}$$

ist. Dabei ist $\|\mathbf{r}^{(m)}\|$ eine geeignete (beispielsweise leicht zu berechnende) Norm des Residuenvektors; r_{ref} ist ein geeigneter Referenzwert und ϵ eine vorgegebene Fehlerschranke. Bei einem block-iterativen Verfahren sollte hierbei $\|\mathbf{r}^{(m)}\|$ die größte Norm aller Normen der Residuenvektoren der einzelnen Subsysteme sein. Zwischen der Norm des Fehlervektors eines Subsystems in der m-ten äußeren SOR-Iteration

$$\mathbf{e}^{(m)} = \mathbf{\Phi}^* - \mathbf{\Phi}^{(m)}\,, \tag{7.115}$$

mit $\mathbf{\Phi}^*$ als exakte Lösung des Gleichungssystems, und dem Residuenvektor besteht bei linearen Gleichungen der Zusammenhang (vgl. Gleichung (7.44)):

$$\|\mathbf{e}^{(m)}\| = \|\mathsf{A}^{-1}\mathbf{r}^{(m)}\|\,. \tag{7.116}$$

Zwischen der letztendlich interessierenden Norm des Fehlervektors und der des einfach zu ermittelten Residuenvektors besteht also eine Proportionalität, wobei die Proportionalitätskonstante mit der Inversen der Koeffizientenmatrix zu bestimmen ist. Die Größe der Norm der Inversen der Koeffizientenmatrix ist von der Kondition des Gleichungssystems abhängig: bei einer schlechten Kondition folgen große Werte für die Norm der Inversen A^{-1}.

Das Kriterium (7.114) kann daher nur in den Fällen zuverlässig angewandt werden, in denen das Gleichungssystem mit der Koeffizientenmatrix A gut konditioniert ist. Bei einer schlechten Kondition des Gleichungssystems kann die Norm des Fehlervektors noch groß sein, obwohl die Norm des Residuenvektors schon sehr klein ist. Umgekehrt kann auch die Norm des Fehlervektors klein sein obwohl die Norm des Residuenvektors noch groß ist, so daß die iterative Rechnung bei einer zu kleinen Fehlerschranke ϵ zu lange fortgeführt wird.

Diese Problematik ist auch dann zu beachten, wenn statt des Residuums der Korrekturvektor $\Delta \mathbf{x}^{(m)} = \mathbf{x}^{(m)} - \mathbf{x}^{(m-1)}$ zur Definition des Abbruchkriteriums genutzt wird:

$$\frac{\|\Delta \mathbf{x}^{(m)}\|}{x_R} \leq \epsilon\,, \tag{7.117}$$

wobei x_R ein geeigneter Referenzwert ist.

Beispiel 7.8 Geometrische Veranschaulichung der Residuen bei der Lösung eines Systems aus zwei linearen Gleichungen mit dem Gauß-Seidel-Verfahren

Die soeben geschilderten Schwierigkeiten bei der Formulierung eines geeigneten Kriteriums zum Abbrechen einer iterativen Rechnung können anhand des in Kap. 7.2.3 angeführten Beispiels 7.5 veranschaulicht werden. Dabei wurden zwei lineare Gleichungen mit zwei Unbekannten x und y mit einem Gauß-Seidel Verfahrens gelöst. Die beiden Gleichungen seien nun in der Form

$$f_1(x,y) = b_1 - x + a_1 \cdot y = 0$$

$$f_2(x,y) = b_2 + a_2 \cdot x - y = 0$$

dargestellt. Es wurde bereits darauf hingewiesen, daß diese beiden linearen Gleichungen geometrisch als Geraden veranschaulicht werden können; die Lösung des Systems ist der Schnittpunkt der beiden Geraden. Bei der iterativen Lösung des Gleichungssystems mit dem Gauß-Seidel Verfahren werden die x-Werte mit f_1 aus

$$x^{(m+1)} = a_1 \cdot y^{(m)} + b_1$$

und die y-Werte mit f_2 aus

$$y^{(m+1)} = a_2 \cdot x^{(m+1)} + b_2$$

neubestimmt. Diese Prozedur ist in den Bildern 7.7 und 7.8 für zwei Gleichungssysteme mit unterschiedlicher Kondition aber gleicher Lösung x^*, y^*, ausgehend von einem Startpunkt $x^{(0)}, y^{(0)}$, dargestellt. In Bild 7.7 ist der Lösungsgang für ein System mit guter Kondition eingetragen, während die in Bild 7.8 eingetragene Situation ein schlecht konditioniertes System mit der gleichen Lösung x^*, y^* wiederspiegelt. Wie bereits betont wurde, sind nur bei einem großen Winkel zwischen den beiden Geraden wenige Iterationsschritte zum Erreichen der Lösung erforderlich. Bei der in den obigen Gleichungen gewählten Form der beiden Geradengleichungen ist der Residuenvektor mit

$$\mathbf{r}^{(m)} = \begin{bmatrix} f_1(x^{(m-1)}, y^{(m-1)}) \\ f_2(x^{(m)}, y^{(m-1)}) \end{bmatrix} = \begin{bmatrix} \Delta x^{(m)} \\ \Delta y^{(m)} \end{bmatrix}$$

gerade gleich den Korrekturen

$$\Delta x^{(m)} = x^{(m)} - x^{(m-1)} \qquad \Delta y^{(m)} = y^{(m)} - y^{(m-1)} .$$

Offensichtlich sind die beiden Korrekturen $\Delta x^{(m)}$ und $\Delta y^{(m)}$ und auch die Residuen in der in Bild 7.8 dargestellten Situation für ein Abbruchkriterium nicht geeignet. Dieses einfache Beispiel illustriert welche Schwierigkeiten bei der Definition eines geeigneten Kriteriums zum Abbruch einer iterativen Rechnung auftreten können.

Eine Verschärfung der Problematik, die mit den Abbruchkriterien (7.114) und (7.117) einhergeht, folgt zusätzlich aus der Tatsache, daß in der numerischen Strömungsberechnung gewöhnlich nichtlineare Gleichungssysteme, deren Koeffizientenmatrix A sich im Laufe der Iteration ändert, zu lösen sind.

Für nichtlineare Systeme veröffentlichte Kioustelidis (1978) eine Vorgehensweise, bei der anhand des Vorzeichenwechsels des Residuums der einzelnen nichtlinearen Gleichungen eines Gleichungssystems die Genauigkeit der Lösung zuverlässig überprüft wird. Diese Methode ist jedoch sehr aufwendig und daher nur für relativ kleine Gleichungssysteme geeignet; bei den in der Strömungsberechnung typischen, sehr großen Systemen ist der von Kioustelidis vorgeschlagene Weg nicht von Nutzen. Abschließend muß daher festgehalten werden, daß derzeit offenbar kein geeignetes zuverlässiges Abbruchkriterium für die in der Strömungsberechnung typischen nichtlinearen Gleichungssysteme vorliegt. Es ist somit letztendlich immer wieder dem Anwender eines numerischen Programms zur Strömungsberechnung überlassen, aus seiner Erfahrung heraus zu entscheiden, ob mit einer gewonnenen Lösung eine ausreichende Genauigkeit erreicht wurde.

8 Geometrie-Anpassung

Die Geometrie von technischen Strömungskanälen ist oftmals sehr komplex. Als Beispiele seien hier Strömungsumlenkungen und Strömungen in Kanälen mit veränderlichen Querschnitten oder Einbauten genannt. In diesem Kapitel sollen einige der Möglichkeiten zur Anpassung von veränderlichen Kanalgeometrien bei Benutzung des Finite-Volumen Verfahrens kurz vorgestellt werden.

8.1 Ausblenden von Gitterbereichen

Wird in einer numerischen Simulation das Rechenfeld in kartesischen Koordinaten diskretisiert, bleibt als Möglichkeit zur Anpassung einer veränderlichen Kanalkontur nur die Ausblendung von Gitterbereichen. In Bild 8.1 ist ein Rechengitter zur Berechnung der Strömung durch einen Kanal mit einem aus der unteren Kanalwand ragenden rechteckigen Körper dargestellt. Zur Berücksichtigung des veränderlichen Strömungsquerschnittes gehören hier die schraffierten Kontrollvolumina, die im Bereich des in die Strömung ragenden Körpers liegen, nicht zum eigentlichen Rechengebiet; sie werden 'ausgeblendet'.

Die Ausblendung von Gitterbereichen kann auf verschiedene Weisen realisiert werden:

a) Die Gitterpunkte werden so durchnumeriert, daß die Gitterpunkte, die im Bereich des ausgeblendeten Bereichs liegen, nicht in die Numerierung aufgenommen werden.

b) Die Strömungsgrößen in den ausgeblendeten Bereichen werden 'eingefroren'. Dies kann beispielsweise dadurch erreicht werden, daß für die ausgeblendeten Kontrollvolumen der lineare Anteil des Quellterms auf $S' = -\infty$ und der Konstantanteil des Quellterms auf $S = \Phi_0 \cdot \infty$ gesetzt werden. Dabei wird ∞ durch eine große Zahl (z.B. $\infty = 10^{30}$) realisiert; Φ_0 sind die Werte, auf die die einzelnen Strömungsgrößen im ausgeblendeten Bereich eingestellt werden sollen. Mit der allgemeinen Differenzengleichung

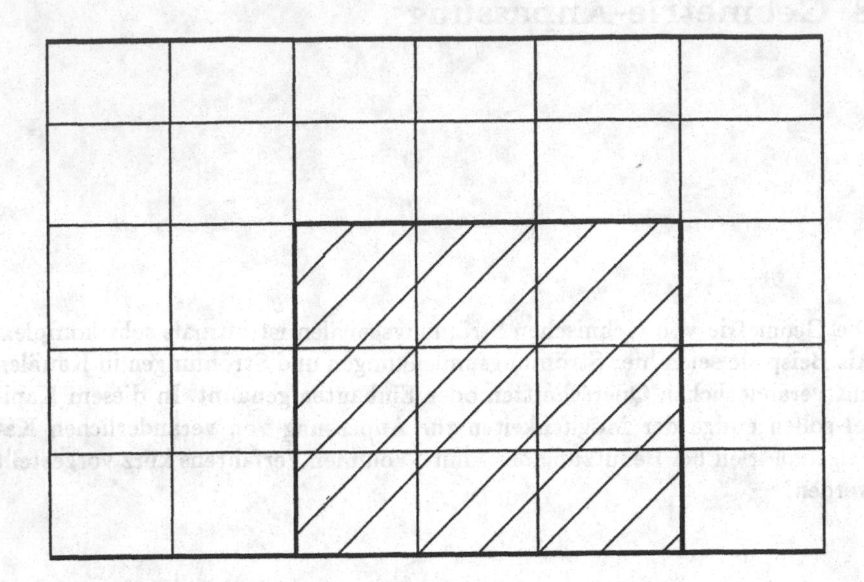

Bild 8.1. Ausblenden von Kontrollvolumen

$$\Phi_P = \frac{\sum_{nb}(a_{nb}\Phi_{nb}) + S}{\sum_{nb} a_{nb} - S'} \tag{8.1}$$

folgt damit an jedem Punkt P des ausgeblendeten Bereichs $\Phi_P = \Phi_0$.
An dieser Stelle sei darauf hingewiesen, daß diese Methode zur Einfrierung der Werte in ausgeblendeten Bereichen aufgrund von Rundungsfehlern nicht in Verbindung mit allen iterativen Lösern betrieben werden kann. Bei den in Kap. 7.2.6 und 7.2.7 vorgestellten ILU-, CG- und ILU-CG-Verfahren ist es besser, die Werte, auf die in den ausgeblendeten Bereichen eingefroren werden soll, noch vor Beginn der iterativen Rechnung zu setzen und dann dafür zu sorgen, daß alle Koeffizienten und Quellterme im ausgeblendeten Bereich immer gleich Null sind.

Unabhängig davon wie die Ausblendung von Kontrollvolumen realisiert wird, ist bei der Gittergenerierung anzustreben, daß die Kontrollvolumenoberflächen mit der Kontur des Strömungskanals bündig abschließen. Dabei können zwei Wege beschritten werden (Patankar (1980), Perić (1986)):

1) Bei der Gittergenerierung wird zuerst die Lage der Rechenpunkte festgelegt.

Davon ausgehend werden die Grenzen der Kontrollvolumen beispielsweise jeweils in der Mitte zwischen zwei benachbarten Kontrollvolumen definiert. Am Rechenfeldrand werden die Kontrollvolumengrenzen so gelegt, daß diese mit dem Rechenfeldrand zusammenfallen (vgl. Kap. 6). Bei ausgeblendeten

Bereichen innerhalb des Rechenfeldes muß bei dieser Vorgehensweise bei der Gittergenerierung immer darauf geachtet werden, daß die Rechenpunkte so liegen, daß die nachfolgend definierten Kontrollvolumengrenzen bündig mit der Kontur des Strömungskanals abschließen.
2) Bei der Gittergenerierung wird zuerst die Lage der Kontrollvolumengrenzen festgelegt.

Davon ausgehend werden dann die Positionen der Rechenpunkte beispielsweise in der Mitte der einzelnen Kontrollvolumen definiert. An den Rändern wird wie bei der unter 1) beschriebenen Methode dafür gesorgt, daß die Randpunkte in den einzelnen Kontrollvolumenoberflächen liegen. Im Vergleich zur Methode, in der zuerst die Lage der Rechenpunkte vorgegeben wird, bietet diese Vorgehensweise den Vorteil, daß die Kontrollvolumengrenzen unmittelbar an etwaige Konturveränderungen des Strömungskanals angepaßt werden können. Als Nachteil dieser Methode im Vergleich zur Methode 1) kann festgehalten werden, daß die Genauigkeit bei der Diskretisierung der Diffusionsterme mit der Methode 1) höher ist, wenn in beiden Fällen von einem Zentraldifferenzen-Ansatz ausgegangen wird. Es wurde bereits in Kap. 4.2.2 darauf hingewiesen, daß die Steigung einer Interpolationsgeraden genau in der Mitte zwischen den beiden Stützpunkten immer mit der Steigung einer Interpolationsparabel übereinstimmt, die ebenfalls durch die beiden Stützpunkte führt.

Durch Ausblenden von Gitterbereichen können mit orthogonalen Koordinaten rechtwinklige Konturen gut nachgebildet werden. Schiefwinklige oder gar krumme Körperkonturen müssen damit aber durch Stufen approximiert werden. Dadurch entstehen Fehler in Wandnähe; Strömungsvorgänge in Wandnähe können in diesem Fall nicht genau berechnet werden.

Soll beispielsweise die im Bild 8.2 skizzierte Strahlvermischung in einem Kanal mit einseitiger Querschnittsverengung auf dem im Bild 8.3 dargestellten kartesischen Gitter berechnet werden, kann die Einschnürung des Kanalquerschnitts in dem kartesischen Rechengitter nur stufenförmig abgebildet werden.

Bei stufenförmiger Annäherung einer schiefen oder krummen Kontur ist daher oftmals eine sehr feine Stufung und damit kleine Gitterabstände erforderlich. Bei einer einheitlichen regelmäßigen Gitterstruktur erstrecken sich jedoch die kleinen Gitterabstände über das gesamte Rechenfeld, so daß nun auch Stellen des Strömungsfeldes sehr fein diskretisiert werden, wo dies eigentlich nicht erforderlich wäre. Dadurch wird der Speicherplatz- und der Rechenaufwand unnötig erhöht. In dem in Bild 8.3 dargestellten Rechengitter kann dies unmittelbar erkannt werden: die feine Stufung der Rechenlinien im Bereich der Kanalverengung zieht sich auch durch Strömungsgebiete, wo schon mit größeren Gitterabständen eine ausreichende Diskretisierungsgenauigkeit erreicht werden könnte. Bild 8.3 kann weiterhin entnommen werden, daß in den Strömungsgebieten, in denen die Abstände der Gitterlinien unnötig klein sind, leicht Kontrollvolumen auftreten, deren Kan-

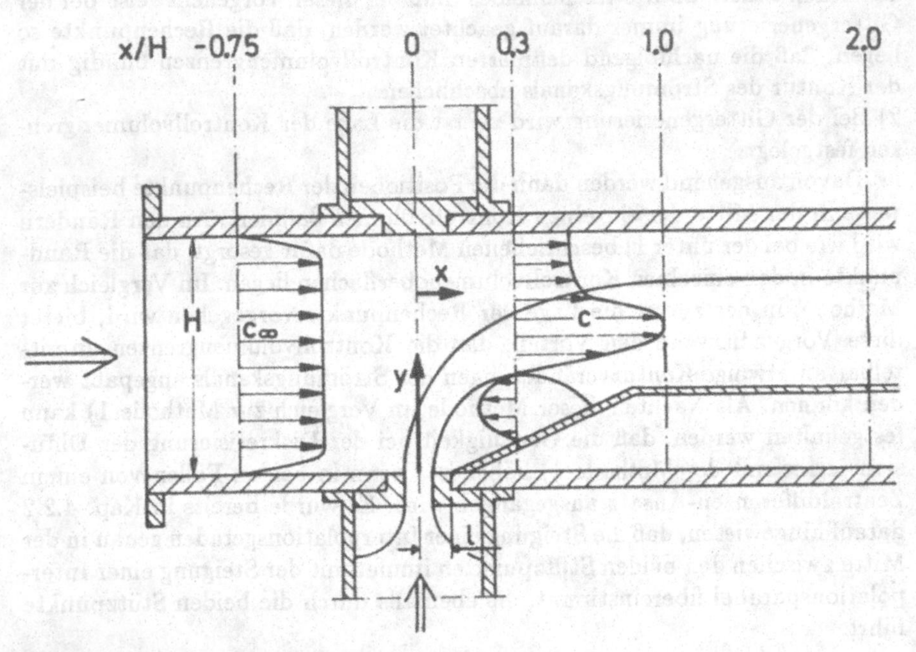

Bild 8.2. Strahlvermischung (Wittig u.a. (1983))

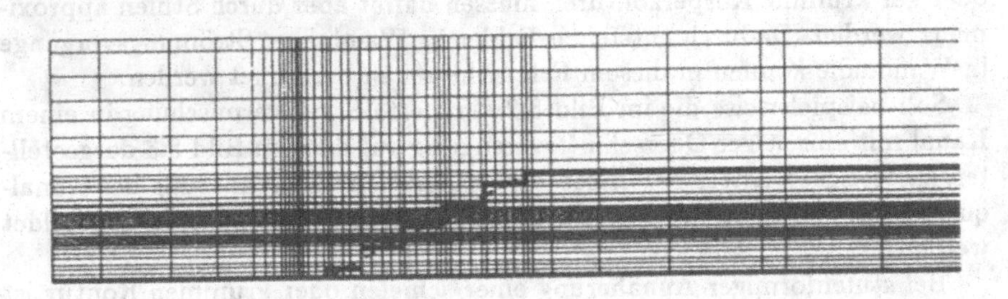

Bild 8.3. Stufenförmige Approximation einer schiefwinkligen Kanalkontur (Bauer (1989))

tenlängen sehr unterschiedlich sind. Erfahrungsgemäß wird jedoch bei großen Verhältnissen der einzelnen Kontrollvolumenoberflächen zueinander die Kondition des zu lösenden Systems aus Differenzengleichungen beeinträchtigt (vgl. Kap. 7.2.6). Aus diesem Grund kann es in manchen Fällen bei kleinen Gitterabständen in einer Richtung aufgrund einer feinmaschigen Geometrieanpassung erforderlich sein, auch die Gitterabstände in den anderen Richtungen zu verfeinern. Dadurch wird der Speicherplatz- und Rechenzeitaufwand noch weiter unnötig erhöht.

Dieser Nachteil der regelmäßigen Rechengitter tritt auch bei einer Feinstufung der Rechenlinien zur Anpassung von lokal hohen Gradienten in einer Strömung oder zur Herausarbeitung von einzelnen Strömungsdetails auf. Bei der Berechnung von Strömungen auf der Basis eines Finite-Elemente Verfahrens ist dies kein Nachteil, da mit der FE-Diskretisierung prinzipiell auch in unstrukturierten Rechennetzen gearbeitet werden kann. Empfindliche Strömungsbereiche können damit durch eine lokal erhöhte Dichte der Elemente angepaßt werden. Es sei an dieser Stelle darauf hingewiesen, daß auch die Entwicklung der FV-Methode darauf abzielt, auf völlig oder teilweise unstrukturierten Rechennetzen zu diskretisieren (vgl. hierzu Tam u.a. (1987), Kallinderis und Baron (1989), Pervaiz und Baron (1989), Benz und Wittig (1992)).

8.2 Koordinatentransformation, krummlinige Koordinaten

Ein Teil der genannten Schwierigkeiten, die bei der Ausblendung von Gitterbereichen zu berücksichtigen sind, können durch sogenannte konturangepaßte Koordinaten beseigt werden. Bei dieser Vorgehensweise werden die Transportgleichungen von kartesischen Koordinaten in ein Koordinatensystem transformiert, in dem die jeweilige Kontur des Strömungskanals direkt wiedergegeben werden kann.

8.2.1 Zylinderkoordinaten

Zur Demonstration der Methode, in der das Rechengitter in krummlinigen Koordinaten definiert wird, soll im folgenden die Transformation der Kontinuitätsgleichung in Zylinderkoordinaten erläutert werden. So lautet beispielsweise die Kontinuitätsgleichung stationärer Strömungen in der vom jeweiligen Koordinatensystem unabhängigen Vektorschreibweise

$$\operatorname{div}(\rho \mathbf{v}) = 0 \,. \tag{8.2}$$

Für kartesische Koordinaten folgt daraus

$$\frac{\partial}{\partial x}(\rho u) + \frac{\partial}{\partial y}(\rho v) + \frac{\partial}{\partial z}(\rho w) = 0 \,. \tag{8.3}$$

Es wurde bereits darauf hingewiesen, daß die Berechnung von Strömungen durch rotationssymmetrische Kanäle in kartesischen Koordinaten unzweckmäßig ist, da hierbei auch rotationssymmetrische Strömungen dreidimensional berechnet werden müssen. Besser ist hier die Transformation der Transportgleichungen auf Zylinderkoordinaten.

Bei der Formulierung der Kontinuitätsgleichung in Zylinderkoordinaten kann ausgehend von Gleichung (8.2) die Divergenz von $\rho\mathbf{v}$ in Zylinderkoordinaten ausgedrückt werden (vgl. hierzu z.B. Bird u.a. (1960)). Eine weitere Möglichkeit, die Transportgleichungen in Zylinderkoordinaten zu formulieren, bietet die Vorgehensweise, bei der von den in kartesischen Koordinaten aufgestellten Transportgleichungen ausgegangen wird. Mit Transformationsvorschriften kann so die Transportgleichung in ein beliebiges Koordinatensystem überführt werden.

Zwischen kartesischen und zylindrischen Koordinaten können folgende Beziehungen aufgestellt werden:

$$x = r \cdot \cos\theta \qquad y = r \cdot \sin\theta \qquad z = z\,, \tag{8.4a}$$

$$r = \sqrt{x^2 + y^2} \qquad \theta = \arctan\frac{y}{x} \qquad z = z\,. \tag{8.4b}$$

Bei der Überführung einer in kartesischen Koordinaten ausgedrückten Transportgleichung in ein anderes Koordinatensystem müssen die partiellen Ableitungen transformiert werden. Partielle Ableitungen einer skalaren Größe nach x, y, z können nach der Kettenregel durch Ableitungen nach den r, θ, z-Zylinderkoordinaten ersetzt werden. So ist beispielsweise:

$$\frac{\partial}{\partial x} = \frac{\partial}{\partial r} \cdot \frac{\partial r}{\partial x} + \frac{\partial}{\partial \theta} \cdot \frac{\partial \theta}{\partial x} + \frac{\partial}{\partial z} \cdot \frac{\partial z}{\partial x}\,. \tag{8.5}$$

Für Zylinderkoordinaten folgt damit:

$$\frac{\partial}{\partial x} = \cos\theta \frac{\partial}{\partial r} + (-\frac{\sin\theta}{r})\frac{\partial}{\partial \theta}\,, \tag{8.6a}$$

$$\frac{\partial}{\partial y} = \sin\theta \frac{\partial}{\partial r} + (\frac{\cos\theta}{r})\frac{\partial}{\partial \theta}\,, \tag{8.6b}$$

$$\frac{\partial}{\partial z} = \frac{\partial}{\partial z}\,. \tag{8.6c}$$

Werden damit die Terme in der Kontinuitätsgleichung für kartesische Koordinaten (Gleichung (8.3)) ersetzt, folgt die Kontinuitätsgleichung in zylindrischen Koordinaten mit kartesischen Geschwindigkeitskomponenten u,v,w:

$$\cos\theta \frac{\partial(\rho u)}{\partial r} - \frac{\sin\theta}{r}\frac{\partial(\rho u)}{\partial \theta} + \sin\theta \frac{\partial(\rho v)}{\partial r} + \frac{\cos\theta}{r}\frac{\partial(\rho v)}{\partial \theta} + \frac{\partial(\rho w)}{\partial z} = 0\,. \tag{8.7}$$

Sollen nun auch die Komponenten des Geschwindigkeitsvektors in zylindrischen Koordinaten angegeben werden, ist neben der Überführung der partiellen Ableitungen auch eine Transformation der Vektoren durchzuführen. Bei der Transformation von Vektoren sind die Transformationsvorschriften der Einheitsvektoren der jeweiligen Koordinatensysteme zu beachten. Für kartesische und zylindrische Koordinaten gilt (z.B. Bird u.a. (1960)):

$$\mathbf{e}_r = \cos\theta \cdot \mathbf{e}_x + \sin\theta \cdot \mathbf{e}_y \, , \tag{8.8a}$$

$$\mathbf{e}_\theta = -\sin\theta \cdot \mathbf{e}_x + \cos\theta \cdot \mathbf{e}_y \, , \tag{8.8b}$$

$$\mathbf{e}_z = \mathbf{e}_z \, . \tag{8.8c}$$

Die Umkehrung lautet:

$$\mathbf{e}_x = \cos\theta \cdot \mathbf{e}_r - \sin\theta \cdot \mathbf{e}_\theta \, , \tag{8.9a}$$

$$\mathbf{e}_y = \sin\theta \cdot \mathbf{e}_r + \cos\theta \cdot \mathbf{e}_\theta \, , \tag{8.9b}$$

$$\mathbf{e}_z = \mathbf{e}_z \, . \tag{8.9c}$$

Hierbei sollte beachtet werden, daß die Einheitsvektoren des kartesischen Koordinatensystems ortsunabhängig sind, während die beiden Einheitsvektoren $\mathbf{e}_r$ und $\mathbf{e}_\theta$ des zylindrischen Systems ortsabhängig sind.

Mit $\partial\theta/\partial r = 0$ folgt so für Gleichung (8.7):

$$\frac{\partial}{\partial r}(\cos\theta \cdot \rho u + \sin\theta \cdot \rho v) + \frac{\sin\theta}{r}\frac{\partial(\rho u)}{\partial\theta} + \frac{\cos\theta}{r}\frac{\partial(\rho v)}{\partial\theta} + \frac{\partial(\rho w)}{\partial z} = 0 \, . \tag{8.10}$$

Nach einigen Umformungen ergibt sich schließlich:

$$\frac{1}{r}\frac{\partial(r\rho v_r)}{\partial r} + \frac{1}{r}\frac{\partial(\rho v_\theta)}{\partial\theta} + \frac{\partial(\rho v_z)}{\partial z} = 0 \, . \tag{8.11}$$

Mit dem vorgestellten mathematischen Formalismus zur Transformation der Kontinuitätsgleichung in zylindrische Koordinaten können auch die anderen Transportgleichungen zur Beschreibung einer Strömung in zylindrische Koordinaten überführt werden.

8.2.2 Allgemeine orthogonale Koordinaten

Völlig analog zur Transformation der Transportgleichungen in zylindrische Koordinaten kann jede Transportgleichung auch in andere Koordinatensysteme überführt werden. Im diesem Kapitel soll der allgemeine Weg umrissen werden, der zur Überführung von in kartesischen Koordinaten formulierten Transportgleichungen in allgemeine krummlinige orthogonale Koordinaten beschritten wird (Bourne u.a. (1973)). Orthogonale Koordinatensysteme zeichnen sich dadurch aus, daß die Einheitsvektoren des Koordinatensystems an jeder Stelle senkrecht zueinander stehen.

Die Beziehungen zwischen allgemeinen krummlinigen orthogonalen Koordinaten zu kartesischen Koordinaten seien durch

$$x = x(\xi, \eta, \zeta) \qquad y = y(\xi, \eta, \zeta) \qquad z = z(\xi, \eta, \zeta) \tag{8.12}$$

gegeben. Für die folgenden Betrachtungen ist es zweckmäßig, anzunehmen, daß die Zuordnung $(x, y, z) \leftrightarrow (\xi, \eta, \zeta)$ eindeutig ist.

Mit dem Ortsvektor $\mathbf{r}$ eines Punktes P und

$$q_1 = \left|\frac{\partial \mathbf{r}}{\partial \xi}\right| = \sqrt{\left(\frac{\partial x}{\partial \xi}\right)^2 + \left(\frac{\partial y}{\partial \xi}\right)^2 + \left(\frac{\partial z}{\partial \xi}\right)^2}\,, \tag{8.13a}$$

$$q_2 = \left|\frac{\partial \mathbf{r}}{\partial \eta}\right| \qquad q_3 = \left|\frac{\partial \mathbf{r}}{\partial \zeta}\right| \tag{8.13b}$$

können die Einheitsvektoren in einem betrachteten Punkt P in Richtung von ξ, η, ζ gefunden werden:

$$\mathbf{e}_\xi = \frac{1}{q_1} \cdot \frac{\partial \mathbf{r}}{\partial \xi} \qquad \mathbf{e}_\eta = \frac{1}{q_2} \cdot \frac{\partial \mathbf{r}}{\partial \eta} \qquad \mathbf{e}_\zeta = \frac{1}{q_3} \cdot \frac{\partial \mathbf{r}}{\partial \zeta} \tag{8.14}$$

Dabei ist beispielsweise $\partial \mathbf{r}/\partial \xi$ die Änderung des Ortsvektors $\mathbf{r}$ bei Änderung von ξ.

$$\frac{\partial \mathbf{r}}{\partial \xi} = \lim_{\Delta\xi \to 0} \frac{\mathbf{r}(\xi + \Delta\xi) - \mathbf{r}(\xi)}{\Delta\xi} \tag{8.15}$$

Die Einheitsvektoren von krummlinigen Koordinaten können dann als Orthonormalbasis herangezogen werden, wenn sie linear unabhängig sind, d.h. wenn die sogenannte Jacobische Determinante der Transformation

$$|J| = \begin{vmatrix} \partial x/\partial \xi & \partial x/\partial \eta & \partial x/\partial \zeta \\ \partial y/\partial \xi & \partial y/\partial \eta & \partial y/\partial \zeta \\ \partial z/\partial \xi & \partial z/\partial \eta & \partial z/\partial \zeta \end{vmatrix} \neq 0 \tag{8.16}$$

ist. Unter dieser Bedingung kann ein Vektor $\mathbf{f}$ als Linearkombination der Einheitsvektoren des neuen Koordinatensystems

$$\mathbf{f} = f_\xi \cdot \mathbf{e}_\xi + f_\eta \cdot \mathbf{e}_\eta + f_\zeta \cdot \mathbf{e}_\zeta \tag{8.17}$$

dargestellt werden. Die Basisvektoren sind im allgemeinen Funktionen der Koordinaten $\mathbf{e}_\xi = \mathbf{e}_\xi(\xi, \eta, \zeta)$. Nach der Produktregel gilt somit:

$$\frac{\partial \mathbf{f}}{\partial \xi} = \frac{\partial f_\xi}{\partial \xi} \cdot \mathbf{e}_\xi + \frac{\partial f_\eta}{\partial \xi} \cdot \mathbf{e}_\eta + \frac{\partial f_\zeta}{\partial \xi} \cdot \mathbf{e}_\zeta + f_\xi \cdot \frac{\partial \mathbf{e}_\xi}{\partial \xi} + f_\eta \cdot \frac{\partial \mathbf{e}_\eta}{\partial \xi} + f_\zeta \cdot \frac{\partial \mathbf{e}_\zeta}{\partial \xi} \tag{8.18}$$

Aufgrund der Orthogonalität der Basisvektoren gilt beispielsweise für die ξ-Komponente von $\mathbf{f}$

$$f_\xi = \mathbf{f} \cdot \mathbf{e}_\xi \; . \tag{8.19}$$

Mit

$$\mathbf{f} = f_x \cdot \mathbf{e}_x + f_y \cdot \mathbf{e}_y + f_z \cdot \mathbf{e}_z \tag{8.20}$$

ergibt sich

$$f_\xi = f_x \cdot \mathbf{e}_x \cdot \mathbf{e}_\xi + f_y \cdot \mathbf{e}_y \cdot \mathbf{e}_\xi + f_z \cdot \mathbf{e}_z \cdot \mathbf{e}_\xi \; . \tag{8.21}$$

Aus

$$\mathbf{e}_\xi = \frac{1}{q_1} \frac{\partial \mathbf{r}}{\partial \xi} = \frac{1}{q_1} \left(\frac{\partial x}{\partial \xi} \cdot \mathbf{e}_x + \frac{\partial y}{\partial \xi} \cdot \mathbf{e}_y + \frac{\partial z}{\partial \xi} \cdot \mathbf{e}_z \right) \tag{8.22}$$

folgt

$$f_\xi = \frac{1}{q_1} \left(f_x \cdot \frac{\partial x}{\partial \xi} + f_y \cdot \frac{\partial y}{\partial \xi} + f_z \cdot \frac{\partial z}{\partial \xi} \right) . \tag{8.23}$$

Der Divergenzoperator lautet in kartesischen Koordinaten

$$\mathrm{div} = \frac{\partial}{\partial x} \cdot \mathbf{e}_x + \frac{\partial}{\partial y} \cdot \mathbf{e}_y + \frac{\partial}{\partial z} \cdot \mathbf{e}_z \; . \tag{8.24}$$

Mit den Transformationsvorschriften für die Einheitsvektoren und Ableitungen folgt für die Divergenz in allgemeinen orthogonalen Koordinaten (Bird u.a. (1960))

$$\mathrm{div} = g(\xi, \eta, \zeta, \mathbf{e}_\xi, \mathbf{e}_\eta, \mathbf{e}_\zeta) \,. \tag{8.25}$$

Durch Bildung des Skalarprodukts des Divergenzoperators mit einem Vektor $\mathbf{f}$ folgt in allgemeinen orthogonalen Koordinaten

$$\mathrm{div}\,\mathbf{f} = \frac{1}{q_1 q_2 q_3}\left[\frac{\partial}{\partial \xi}(q_2 q_3 f_\xi) + \frac{\partial}{\partial \eta}(q_1 q_3 f_\eta) + \frac{\partial}{\partial \zeta}(q_1 q_2 f_\zeta)\right] . \tag{8.26}$$

8.2.3 Nichtorthogonale Koordinaten

Die Generierung von Rechennetzen in konturangepaßten orthogonalen Koordinaten ist oft sehr aufwendig und manchmal sogar unmöglich. Aus diesem Grund wird bei der Anpassung des Koordinatensystems an die jeweilige Kanalkontur üblicherweise mit nichtorthogonalen Koordinaten gearbeitet (Hirsch (1989), Schönung (1990), Thompson u.a. (1985)). Die Transformation der Transportgleichungen von kartesischen in nichtorthogonale Koordinaten ist jedoch wesentlich komplexer als die Transformation in orthogonale Koordinaten. Hierbei ist insbesondere die Transformation von Vektoren zu nennen. Beispielsweise ist die in Gleichung (8.19) vorgenommene Zerlegung $f_\xi = \mathbf{f} \cdot \mathbf{e}_\xi$ nur bei orthogonalen Koordinaten möglich, weil die Einheitsvektoren nur hierbei eine Orthonormalbasis bilden können. Bei nichtorthogonalen Einheitsvektoren gilt beispielsweise im zweidimensionalen Fall

$$f_\xi = \mathbf{f} \cdot \mathbf{e}_\xi - f_\eta \cdot \mathbf{e}_\eta \cdot \mathbf{e}_\xi \tag{8.27a}$$

$$f_\eta = \mathbf{f} \cdot \mathbf{e}_\eta - f_\xi \cdot \mathbf{e}_\eta \cdot \mathbf{e}_\xi \,. \tag{8.27b}$$

Dieses Beispiel macht schon deutlich, daß die Transformation von Vektoren zu sehr unübersichtlichen Ausdrücken führt. Aus diesem Grund wird die Transformation daher meist auf die Transformation der partiellen Ableitungen beschränkt. So werden auch bei der Transformation der Navier-Stokesschen Gleichungen auf nichtorthogonale Koordinaten gewöhnlich die kartesischen Geschwindigkeitskomponenten in x-, y- und z-Richtung berechnet.

Die allgemeine Transportgleichung lautet in dreidimensionalen krummliniegen nichtorthogonalen Koordinaten ξ, η, ζ (Bauer (1989)):

$$\frac{\partial}{\partial \xi}(\rho U \Phi) + \frac{\partial}{\partial \eta}(\rho V \Phi) + \frac{\partial}{\partial \zeta}(\rho W \Phi) = \frac{\partial}{\partial \xi}[\frac{\Gamma}{|J|}(q_{11}\Phi_\xi + q_{12}\Phi_\eta + q_{13}\Phi_\zeta)] +$$

$$\frac{\partial}{\partial \eta}[\frac{\Gamma}{|J|}(q_{21}\Phi_\xi + q_{22}\Phi_\eta + q_{23}\Phi_\zeta)] + \frac{\partial}{\partial \zeta}[\frac{\Gamma}{|J|}(q_{31}\Phi_\xi + q_{32}\Phi_\eta + q_{33}\Phi_\zeta)] +$$

$$S(\xi, \eta, \zeta) \cdot |J| \,, \tag{8.28}$$

wobei $|J|$ und q_{ij} metrische Größen sind, die aus der Koordinatentransformation des kartesischen Systems x, y, z in das System aus nichtorthogonalen Gitterlinien ξ, η, ζ folgen. U, V, W sind die sogenannten kontravarianten Geschwindigkeitskomponenten, die auf den einzelnen Kontrollvolumenoberflächen senkrecht stehen und aus denen die konvektiven Flüsse zu ermitteln sind.

In Bild 8.4 ist als Beispiel hierzu ein Rechengitter dargestellt, das zur Berechnung der Strömung geeignet ist, die in Bild 8.2 skizziert ist. Hier wird die einseitige Querschnittsverengung im Rechengitter direkt angepaßt. Die mit diesem Rechengitter ermittelte Geschwindigkeitsverteilung ist in Bild 8.5 aufgetragen. Das in diesem Bild dargestellte Strömungsfeld wurde mit dem QUICK-Ansatz gewonnen, der bei konturangepaßten krummlinigen Koordinaten analog zu der in Kap. 4.2.1.4 erläuterten Vorgehensweise in die Rechnung einbezogen werden kann (Wittig u.a. (1987), Bauer (1989)).

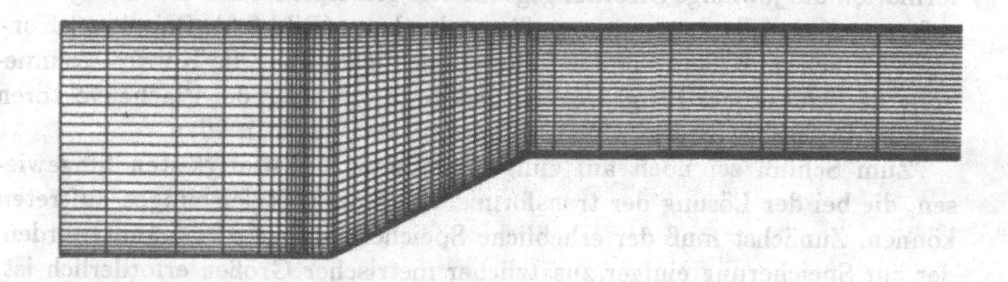

Bild 8.4. Konturangepaßtes Rechengitter bei einer schiefwinkligen Kanalkontur (Bauer (1989))

Im allgemeinen wird bei der Rechnung in konturangepaßten Koordinaten zu einem gewählten, prinzipiell beliebigen Rechengitter für jeden Rechenpunkt eine separate Transformationsvorschrift vorgegeben. In einigen speziellen Anwendungen können jedoch auch analytische Vorgaben für die Koordinatentransformation gefunden werden, die direkt in die Formulierung der Transportgleichungen einfließen können. So gibt beispielsweise Bauer (1989) die Transportgleichungen für rotationssymmetrische Räume an (vgl. auch Noll u.a. (1989)).

Mit der Koordinatentransformation können die Transportgleichungen in den krummlinigen ξ,η,ζ-Koordinaten diskretisiert werden; dabei sind

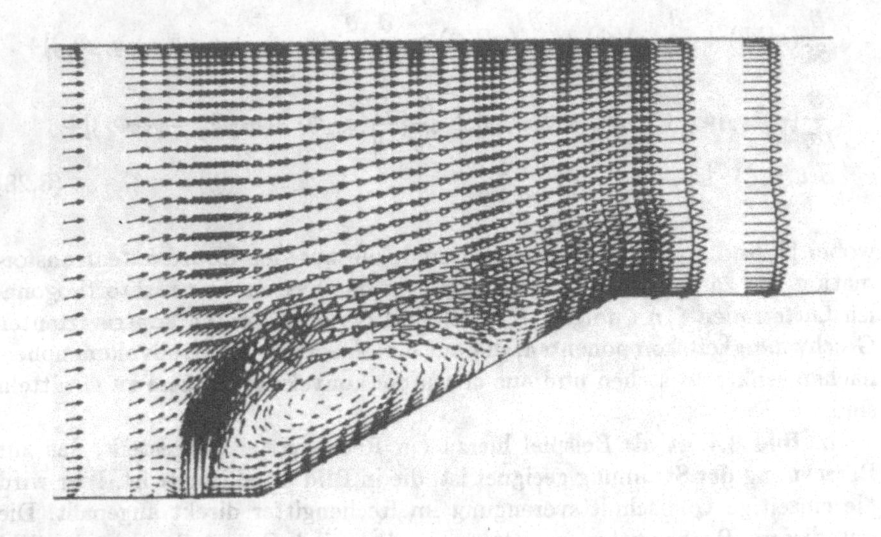

Bild 8.5. Berechnetes Strömungsfeld

würfelförmige Kontrollvolumen mit $\Delta\xi = \Delta\eta = \Delta\zeta = 1$ am zweckmäßigsten. An dieser Stelle sei darauf hingewiesen, daß alternativ zur Koordinatentransformation die jeweilige Strömungsgeometrie prinzipiell auch durch allgemein geformte Kontrollvolumen angepaßt werden kann (Bild 8.6). Bei diesen Kontrollvolumen muß dann bei der Bildung der Flüsse über die Kontrollvolumeoberflächen berücksichtigt werden, daß die Richtungen der Flächenvektoren ständig wechseln (Hirsch (1989), Demirdžić und Perić (1990)).

Zum Schluß sei noch auf einige spezifische Schwierigkeiten hingewiesen, die bei der Lösung der transformierten Transportgleichungen auftreten können. Zunächst muß der erhebliche Speicherplatzbedarf genannt werden, der zur Speicherung einiger zusätzlicher metrischer Größen erforderlich ist. Bei den derzeit angewandten Verfahren muß beispielsweise für jedes Kontrollvolumen eine eigene Transformationsvorschrift beachtet und gespeichert werden, da eine analytische Vorgabe der Transformationsvorschrift, die im gesamten Rechengebiet gültig ist, nur in den wenigsten Fällen gefunden werden kann.

Eine weitere nicht zu unterschätzende Schwierigkeit kann dann entstehen, wenn stark deformierte Kontrollvolumen aus der Koordinatentransformation resultieren (z.B. Perić (1986)). Deformierte Kontrollvolumenen können beispielsweise bei abrupten Querschnittsänderungen des Strömungskanals beobachtet werden (Noll u.a.(1989)). Bauer (1989) gibt hier als Beispiel das in Bild 8.7 dargestellte Rechengitter zur Berechnung einer Strömung über eine zurückspringende Stufe an. Bild 8.7 ist unmittelbar zu entnehmen, daß im dem Bereich, wo das Gitter aufgrund der plötzlichen Querschnittsöffnung zu expandieren ist, sehr schiefwinklige Rechenzellen entstehen.

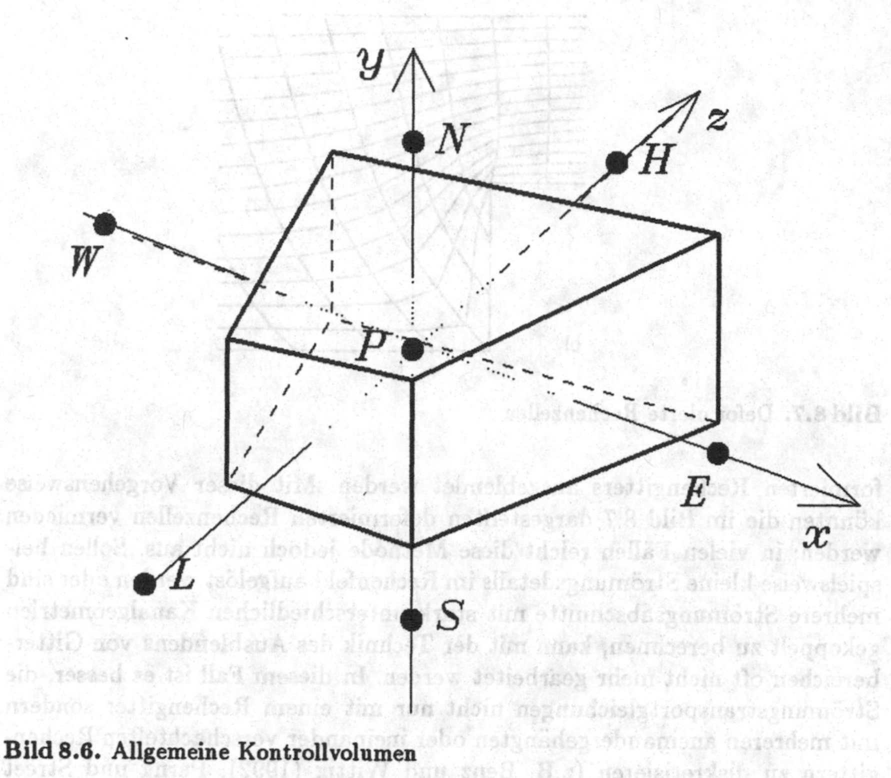

Bild 8.6. Allgemeine Kontrollvolumen

Stark deformierte Rechenzellen, die erhebliche Unterschiede zwischen den einzelnen Kantenlängen aufweisen, haben in der Regel negative Auswirkungen auf die Kondition der Koeffizientenmatrix, so daß die Konvergenzrate als auch die erreichbare Rechengenauigkeit bei der Lösung der Differenzengleichungen erheblich beeinträchtigt werden kann. Weiterhin wird bei sehr schiefwinkligen Konfigurationen (Kontrollvolumen oder Koordinaten) auch die Diskretisierungsgenauigkeit verringert (z.B. Perić (1985), Hirsch (1989), Bauer (1989), Perić (1986)).

Gerade in dreidimensionalen Rechengittern sind solche verzerrte Rechenzellen häufig nicht offensichtlich. Hier sollte das Rechennetz vorsichtshalber immer auf möglicherweise enthaltene deformierte Kontrollvolumen überprüft werden. Erfolgversprechend sind immer die Methoden, mit denen möglichst orthogonale Anordnungen von Kontrollvolumen erzeugt werden (z.B. Hung und Brown (1977), Raithby u.a. (1986)). In der Praxis zeigt sich jedoch, daß wegen der Komplexität vieler technischer Strömungen diesen Methoden enge Grenzen gesetzt sind. Oftmals sind in einzelnen Bereichen der Strömung nichtorthogonale Kontrollvolumen nicht zu vermeiden.

Eine Möglichkeit, mit der dieser Problematik zu entkommen ist, besteht darin, daß, wie in Kap. 8.1 erläutert, einzelne Gitterbereiche des trans-

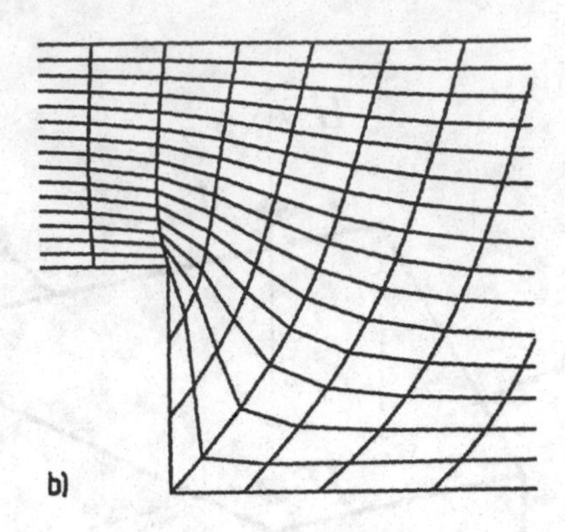

Bild 8.7. Deformierte Rechenzellen

formierten Rechengitters ausgeblendet werden. Mit dieser Vorgehensweise könnten die im Bild 8.7 dargestellten deformierten Rechenzellen vermieden werden; in vielen Fällen reicht diese Methode jedoch nicht aus. Sollen beispielsweise kleine Strömungsdetails im Rechenfeld aufgelöst werden oder sind mehrere Strömungsabschnitte mit stark unterschiedlichen Kanalgeometrien gekoppelt zu berechnen, kann mit der Technik des Ausblendens von Gitterbereichen oft nicht mehr gearbeitet werden. In diesem Fall ist es besser, die Strömungstransportgleichungen nicht nur mit einem Rechengitter sondern mit mehreren aneinandergehängten oder ineinander verschachtelten Rechengittern zu diskretisieren (z.B. Benz und Wittig (1992), Perng und Street (1991)).

Literatur

Ahmadi-Befrui, B., Gosman, A.D., Issa R.I., Watkins, A.P. (1990): EPISO - an implicit non-iterative solution procedure for the calculation of flows in reciprocating enginge chambers. Computer Methods in Applied Mechanics and Engingeering 79, 249-279

Ajiz M.A., Jennings, A. (1984): A robust incomplete Choleski-conjugate gradient algorithm. Intern. J. for Numerical Methods in Engineering 20, 949-966

Baldwin, B.S., MacCormack, R.W., Deiwert, G.S. (1975): Numerical techniques for the solution of the compressible Navier-Stokes equations and implementation of turbulence models. in: AGARD-LS-73 Compuational methods for inviscid and viscous two-and-three-dimensional flow fields

Bauer, H.-J. (1989): Überprüfung numerischer Ansätze zur Beschreibung turbulenter elliptischer Strömungen in komplexen Geometrien mit Hilfe konturangepaßter Koordinaten, Dissertation. Universität Karlsruhe, Lehrst. und Inst. für Thermische Strömungsmaschinen

Beam, R.M. and Warming, R.F. (1980): Alternating direction implicit methods for parabolic equations with a mixed derivative. SIAM J. of Sci. Stat. Comp. 1, 131-159

Benim, A.C., Zinser, W. (1985): Investigation into the finite element analysis of confined turbulent flows using a k, ϵ-model of turbulence. Computer Methods in Applied Mechanics and Engineering 51, 507-523

Benim, A.C., Zinser, W. (1986): A segregated formulation of Navier-Stokes equations with finite elements. Computer Methods in Applied Mechanics and Engineering 57, 223-237

Benz, E., Wittig, S. (1992): Prediction of the interaction of coolant ejection with the main stream at the leading edge of a turbine blade: attached grid application. Int. Symp. Heat Transfer in Turbomachinery, Athen, Greece

Bird, R.B., Stewart, W.E., Lightfoot, E.N. (1960): Transport phenomena. John Wiley & Sons

Bosnjaković, F., Knoche, K.F. (1988): Technische Thermodynamik, Teil I. Steinkopff Verlag

Bourne, D.E., Kendall, P.C. (1973): Vektoranalysis. B.G. Teubner

Bussing, T.R.A., Murman, E.M. (1987): Finite-Volume method for the calculation of compressible chemically reacting flows. AIAA-J. 26, No.9, 1070-1078

Canuto, C., Hussaini, M.Y., Quarteroni, A., Zang, T.A. (1987): Spectral methods in fluid dynamics. Springer-Verlag

Carnahan, B., Luther, H.A., Wilkes, J.O. (1969): Applied numerical methods. John Wiley & Sons

Caruso, S.C., Ferziger, J.H., Oliger, J. (1985): Adaptive grid techniques for elliptic flow problems. Rept. No. TF-23, Thermosc. Div., Stanford University

Concus, P., Golub, G.H., O'Leary, D.P. (1978): Numerical solution of nonlinear elliptic partial differential equations by a generalized conjugate gradient method. Computing, vol. 19, 321-339

Demirdžić, I., Perić, M. (1990): Finite volume method for prediction of fluid flow in arbitrarily shaped domains with moving boundaries. International Journal for Numerical Methods in Fluids, Vol. 10, 771-790

Crawford, M.E., Kays, W.M. (1976): STAN 5 - A program for numerical computation of two dimensional internal and external boundary layer flows, NASA CR-2742

Deuflhard, P., Leinen, P., Yserentant, H. (1988): Concepts of an Adaptive Hierarchical Finite Element Code. Konrad-Zuse-Zentrum für Informationstechnik Berlin, Preprint SC 88-5

Elbahar, O. (1982): Zum Einfluß von Kühlluftstrahlen und Mischzonengeometrie auf die Temperaturprofilentwicklung in Gasturbinen-Brennkammern. Dissertation, Universität Karlsruhe, Lehrst. und Inst. für Thermische Strömungsmaschinen

Elbahar, O., Noll, B., Wittig, S. (1986): Investigation of the flow-field and temperature profiles in gas turbine combustors: the results of three finite difference schemes. Paper presented at the 6th Intern. Conf. on Mechanical Power Engineering, Menoufia-University, Cairo

Escudier, M.P., Keller, J.J. (1985): Recirculation in swirling flow: a manifestation of vortex breakdown. AIAA-J. Vol. 23, No. 1, 111-116

Faddejew, D.K., Faddejewa, W.N. (1964): Numerische Methoden der linearen Algebra, R. Oldenbourg Verlag

Gentzsch, W. (1984): Vectorization of computer programs with applications to computational fluid mechanics. Notes on Numerical Fluid Mechanics, Vol. 8, Vieweg

Givi, P. (1989): Model-free simulations of turbulent reactive flows. Prog. Energy Combust. Sci., Vol. 15, 1-107

Hageman, L.A., Young, D.M. (1981): Applied iterative methods. Academic Press

Harlow, F.H., Welch, J.E. (1965): Numerical calculation of time-dependent viscous incompressible flow of fluid with free surface. The Physics of Fluids, Vol. 8, 2182-2189

Harten, A. (1984): On a class of high resolution total-variation-stable finite-difference schemes. SIAM J. of Numer. Anal. 21, No. 1, 1-23

Harten, A. Osher, S. (1987): Uniformly high-order accurate nonoscillatory schemes. SIAM J. of Numer. Anal. 24, No. 2, 279-309

Hirsch, C. (1989): Numerical computation of internal and external flows. Volume 1, John Wiley & Sons

Hirsch, C. (1990) Numerical computation of internal and external flows. Volume 2, John Wiley & Sons

Householder, A.S. (1964): The theory of matrices in numerical analysis. Dover Publication

Hung, T.-K., Brown, T.D. (1977): An implicit finite-difference method for solving the Navier-Stokes equation using orthogonal curvilinear coordinates. J. of Computational Physics 23, 343-363

Issa, R.I. (1986): Solution of the implicitly discretised fluid flow equations by operator-splitting. J. Comp. Physics 62, 40-65

Kessler, R.,Perić, M., Scheuerer, G. (1988): Solution error estimation in the numerical predictions of turbulent recirculating flows. AGARD-CP-437, Vol. 2

Jischa, M. (1982): Konvektiver Impuls-, Wärme- und Stoffaustausch. Vieweg

Kallinderis, Y.G., Baron, J.R. (1989): Adaption methods for a new Navier-Stokes algorithm. AIAA-J. 27, No. 1, 37-43

Kioustelidis, J.B. (1978): Algorithmic error estimation for approximate solutions of nonlinear systems of equations. Computing 19, 313-320

Karki, K.C., Patankar, S.V. (1989): Pressure based calculation procedure for viscous flows at all speeds in arbitrary configurations. AIAA-J., Vol. 27, No. 9, 1167-1174

Kosmol, P. (1989): Methoden zur numerischen Behandlung nichtlinearer Gleichungen und Optimierungsaufgaben. Teubner Studienbücher

Leonard, B.P. (1979): A stable and accurate convective modelling procedure based on quadratic upstream interpolation. Computer Methods in Applied Mechanics and Engineering 19, 59

Kulisch, U.W., Miranker, W.L. (Edts.) (1983): A new approach to scientific computation. Academic Press

Leonard, B.P. (1987): Locally modified QUICK scheme for highly convective 2-d and 3-d flows. in: Taylor, C., W.G. Habashi, M.M. Hafez (Edts.), Numerical methods in laminar and turbulent flow, Vol. 5, Part 1, 35-47

Leschziner, M.A. (1980): Practical evaluation of three finite difference schemes for the computation of steady-state recirculating flows. Computer Methods in Applied Mechanics and Engineering 23, 293-312

Leschziner, M.A., Rodi, W. (1981): Calculation of annular and twin parallel jets using various discretization schemes and turbulence-model variation. J. of Fluids Engineering 103, 352-360

MacCormack, R.W. (1982): A numerical method for solving the equations of compressible viscous flow. AIAA-J. 20, 1275-1281

Munz, C.D. (1988): On the numerical dissipation of high resolution schemes for hyperbolic conservation laws. J. of Computational Physics 77, No. 1,18-39

Noll, B. (1986): Numerische Berechnung brennkammertypischer Ein- und Zweiphasenströmungen. Dissertation, Universität Karlsruhe, Lehrst. und Inst. für Thermische Strömungsmaschinen

Noll, B. (1992a) Evaluation of a bounded high resolution scheme for combustor flow computations. AIAA-J. 30, no.1, 64-69

Noll, B. (1992b): Möglichkeiten und Grenzen der numerischen Beschreibung von Strömungen in hochbelasteten Brennräumen. Habilitationsschrift, Universität Karlsruhe, Lehrst. und Inst. für Thermische Strömungsmaschinen

Noll, B., Wittig, S., Steinebrunner, K. (1987): Numerical analysis of the flame-stabilizing flow in the primary zone of a combustor. Proc. of the 2nd ASME/JSME Thermal Engineering Joint Conference, Vol. 1, Honolulu, Hawaii

Noll, B., Bauer, H.-J., Wittig, S. (1989): Gesichtspunkte der numerischen Simulation turbulenter Strömungen in brennkammertypischen Konfigurationen. Z. Flugwiss. Weltraumforschung 13, 178-187

Noll,B., Wittig, S. (1991): A generalized conjugate gradient method for the efficient solution of three-dimensional fluid flow problems. Numerical Heat Transfer vol. 20, no. 2

Ortega, J., Rheinboldt, W. (1970): Iterative solution of nonlinear equations in several variables. Academic Press

Osher, S., Chakravarthy, S. (1984): High resolution schemes and the entropy condition. SIAM J. of Numer. Anal. 21, No. 5, 279-309

Paige, C.C., Saunders, M.A. (1982): An algorithm for sparse linear equations and sparse least squares. ACM-TOMS, Vol. 8, No. 1, 43-71

Patankar, S. (1980): Numerical heat transfer and fluid flow. Hemisphere Publishing

Perić, M. (1986): A finite-volume method for the prediction of three-dimensional fluid flow in complex ducts. PhD-Thesis, Imperial College, London

Perng, C.Y., Street, R.L. (1989): Three-dimensional unsteady flow simulations: alternative strategies for a volume-averaged calculation. Int. Journal for Numerical Methods in Fluids, Vol. 9, 341-362

Perng, C.Y., Street, R.L. (1991): A coupled multigrid-domain-splitting technique for simulating incompressible flows in geometrically complex domains. Int. Journal for Numerical Methods in Fluids, Vol. 13, 269-286
Pervaiz, M.M., Baron, J.R. (1989): Spatiotemporal adaption algorithm for two-dimensional reacting flows. AIAA-J. 27, No. 10, 1368-1376
Peyret, R., Taylor, T.D. (1985): Computational methods for fluid flow. Springer-Verlag
Raithby, G.D. (1976a): A critical evaluation of upstream differencing applied to problems involving fluid flow. Comp. Meth. Appl. Mech. Eng., Vol. 9, 75-103
Raithby, G.D. (1976b): Skew upstream differencing schemes for problems involving fluid flow, Comp. Meth. Appl. Mech. Eng., Vol. 9, 153-164
Raithby, G.D., Galpin, P.F., Van Doormal, J.P. (1986): Prediction of heat and fluid flow in complex geometries using general orthogonal coordinates. Numerical Heat Transfer 9, 125-142
Rhie, C.M. (1981): An numerical study of the flow past an isolated airfoil with separation. PhD Thesis, University of Illinois at Urbana-Champaign
Rhie, C.M., Chow, W.L. (1983): Numerical study of the turbulent flow past an airfoil with trailing edge separation. AIAA-J. 21, 1525-1532
Rhie, C.M. (1989): Pressure-based Navier-Stokes solver using the multigrid method. AIAA-J. 27, 1017-1018
Rodi, W. (1978): Turbulenzmodelle und ihre Anwendung auf Probleme des Wasserbaus. Habilitationsschrift, Universität Karlsruhe
Runchal, A.K. (1972): Convergence and accuracy of three finite-differencing schemes for a two-dimensional conduction and convection problem. Intern. J. for Numerical Methods in Engineering 4, 541-550
Rutishauser, H. (1976): Vorlesungen über numerische Mathematik, Band 1: Gleichungssysteme, Interpolation und Approximation. Birkhäuser Verlag
Saad, Y. (1988): Preconditioning techniques for nonsymmetric and indefinite linear systems. J. of Computational and Applied Mathematics, Vol. 24, 89-105
Scheurlen, M., Noll, B., Wittig, S. (1991): Application of Monte Carlo simulation for three-dimensional flows, 77th AGARD-Symposium of the Propulsion and Energetics Panel on CFD Techniques for Propulsion Applications, San Antonio, USA, AGARD-CP-510
Schlichting, H. (1982): Grenzschicht-Theorie. Verlag G. Braun
Schneider, G.E., Zedan, M. (1981): A modified strongly implicit procedure for the numerical solution of field problems. Numerical Heat Transfer, Vol. 4, 1-19
Schönauer, W. (1987): Scientific computing on vector computers. North-Holland
Schönauer, W., Weiß, R. (1989a): Efficient vectorizable PDE solvers. J. of Computational and Applied Mathematics 27, 279-297
Schönauer, W., Schlichte, M., Weiss, R. (1989b): Numerical experiments with data reduction (DARE) methods for the solution of large linear systems on vector computers. in: C. Brezinski (Ed.), Numerical and Applied Mathematics. J.C. Baltzer AG, Sientific Publishing Co. IMACS, 647-651
Schönauer, W., Weiss, R., Schlichte, M. (1989c): The basic ideas of the data reduction (DARE) method for the solution of large linear systems on vector computers. ZAMM 69, T184-T185
Schönung, B. (1990): Numerische Strömungsmechanik. Springer-Verlag,
Seibert, W., Fritz, W., Leicher, S. (1989): On the way to an integrated mesh generation system for industrial applications. AGARD-CP-464
Serag-El-Din, M. (1977): The numerical prediction of the flow and combustion processes in a three-dimensional can combustor. PhD-Thesis, University of London
Smith, G.D. (1978): Numerical solution of partial differential equations: finite difference methods. Clarendon Press

Steger, J.L., Warming, R.F. (1981): Flux vector splitting of the inviscid gasdynamic equations with application to finite-difference methods. J. of Computational Physics 40, 263-293

Stone, H.L. (1968): Iterative solution of implicit approximations of multidimensional partial differential equations. SIAM J. Num. Anal., vol. 5, No. 3, 530-558

Tam, L.T., Przekwas, A.J., Mukerjee, T. (1987): A multidomain global modeling technique for analysis of space shuttle main engine. AIAA-87-1801

Theilemann, L. (1983): Ein gitterfreies Differenzenverfahren. Dissertation, Universität Stuttgart

Thompson, J.F., Warsi, Y.U.A., Mastin, C.W. (1985): Numerical grid generation. North-Holland

Van Der Vorst, H.A., Dekker, K. (1988): Conjugate gradient type methods and preconditioning. J. of Computational and Applied mathematics 24, 73-87

Van Doormaal, J.P., Raithby, G.D. (1984): Enhancements of the SIMPLE method for predicting incompressible fluid flows. Numerical Heat Transfer, vol. 7, 147-163

Van Doormaal, J.P., Raithby, G.D. (1985): An evaluation of the segregated approach for predicting incompressible fluid flows. ASME 85-HT-9

Van Leer, B. (1977a): Towards the ultimate conservative difference scheme III. Upstream-centered finite-difference schemes for ideal compressible flow. J. of Computational Physics 23, 263-275

Van Leer, B. (1977b): Towards the ultimate conservative difference scheme IV. A new approach to numerical convection. J. of Computational Physics 23, 276-299

Van Leer, B. (1979): Towards the ultimate conservative difference scheme V. A second-order sequel to Godunov's method. J. of Computational Physics 32, 101-136

Vanka, S.P. (1985): Block-implicit calculation of steady turbulent recirculating flows. Intern. J. of Heat and Mass Transfer 28, 2093-2103

Williams, F.A. (1988): Combustion theory, 2nd ed., Addison-Wesley Publ. Comp.

Wittig, S. Rodi, W., Sill, K.H., Rüd, K., Eriksen, S., Scheuerer, G., Schulz, A. (1982): Experimentelle und theoretische Untersuchung zur Bestimmung von Wärmeübergangszahlen an gekühlten Gasturbinenschaufeln. FVV-Vorhaben Nr. 241, Abschlußbericht

Wittig, S.L.K., Noll, B.E., Elbahar, O.M.F., Willibald, U. (1983): Einfluß von Mischluftstrahlen auf die Geschwindikgeits- und Temperaturentwicklung in einer Querströmung. VDI-Berichte Nr. 487, 161-169

Wittig, S.L.K., Elbahar, O.M.F., Noll, B.E. (1984): Temperature profile development in turbulent mixing of coolant jets with a confined hot crossflow. J. of Engineering for Gas Turbines and Power 106, 193-197

Wittig, S., Bauer, H.-J., Noll, B. (1987): On the application of finite-difference techniques for the computation of the flow field in gas turbine combustors. AGARD-CP-422

Zienkiewicz, O.C. (1977): The finite element method. McGraw-Hill

Zierep, J. (1976): Theoretische Gasdynamik. G.Braun

Zierep, J. (1979): Grundzüge der Strömungslehre. G.Braun (5. Aufl. Springer-Verlag, 1993)

[illegible] (198[illegible]) A [illegible] multidimensional global modeling technique for analysis of some [illegible] engines. AIAA-8[illegible]

Sachverzeichnis

Springer-Verlag und Umwelt

Als internationaler wissenschaftlicher Verlag sind wir uns unserer besonderen Verpflichtung der Umwelt gegenüber bewußt und beziehen umweltorientierte Grundsätze in Unternehmensentscheidungen mit ein.

Von unseren Geschäftspartnern (Druckereien, Papierfabriken, Verpackungsherstellern usw.) verlangen wir, daß sie sowohl beim Herstellungsprozeß selbst als auch beim Einsatz der zur Verwendung kommenden Materialien ökologische Gesichtspunkte berücksichtigen.

Das für dieses Buch verwendete Papier ist aus chlorfrei bzw. chlorarm hergestelltem Zellstoff gefertigt und im ph-Wert neutral.